비행교육안내서

FLIGHT TEACHING GUIDE BOOK

박원태

비행교관과 학생조종사의 비행지식 및
비행훈련 지도를 위한 안내서

북넷

머리말

비행분야에 들어선 시간이 어느덧 35년이 되었다. 그동안 보고 경험한 비행분야는 괄목할 만한 성장을 거듭해 왔다. 항공기는 첨단화를 경신해가고 있고, 이에 따른 비행관련 교육 및 훈련도 변화하고 발전해 왔다.

우리나라에서 운송항공사의 조종사를 꿈꾸는 사람들은 대부분 항공운항학을 가르치는 대학이나 비행훈련원, 항공조종교육 업체 등을 통하여 초기 비행교육과 훈련을 하고, 운송항공사에서 원하는 비행시간을 고려하여 관련 분야에서 교관 등을 통한 자격보완과정을 거치는 경우가 대부분이다. 일부에서는 군에서 조종사생활과 교관 조종사를 거치고 운송항공사로 취업하는 경우도 있다. 이러한 과정에서 반드시 거치는 자격이 비행교관 자격이며, 비행교관은 항공안전에 가장 중추적인 역할을 담당하고 있다.

그 동안의 비행교육 및 훈련분야의 연구는 주로 비행시간을 통한 훈련성과에만 집중되어 왔다. 이러한 연구를 바탕으로 제공된 비행훈련 프로그램은 성과에만 한정되어 학습에 대한 전문적인 이해, 인간행동과 소통의 전문성을 바탕으로 한 적용, 교육활동의 분석과 적용, 비행교관의 전문성 강화 및 위험관리를 종합하여 적용하는 것에는 부족했던 것이 사실이다.

이 책은 비행분야를 어느 정도 이해하는 학생조종사부터 비행교관들이 비행교육 및 훈련을 체계적으로 이해할 수 있도록 가능한 한 쉽게 집필하고자 노력하였다. 이 책은 다음과 같이 구성하였다.

첫째, 독자들에게 쉽게 다가설 수 있도록 내용을 쉽게 다루었다. 항공안전에 가장 중요한 비행교관과 학생조종사들이 쉽게 이해하기 위함이다.

둘째, 대학에서 한 학기 동안 교재로 다룰 수 있도록 구성하였다. 교재의 내용이 지나치게 많거나 너무 부족하지 않도록 구성하여 교육의 내실을 기하도록 하였다.

셋째, 비행교육에 임하는 구성원들이 전문성을 갖추도록 내용을 설명하였다. 비행교육의 중요한 이슈들은 생략 또는 논리적인 비약이 없도록 하였다.

이런 고려에도 불구하고 부족한 점은 많이 있으리라고 생각하며, 부족한 점은 독자들의 발전적인 비판과 의견을 구하여 더욱 새로운 책으로 출간될 수 있도록 노력을 하겠다. 책을 집필하면서 또 하나 부족한 점은 책의 내용을 그림으로 표현하는 것이었다. 책 표지와 내용 속에 있는 그림들을 멋지게 구사해 책의 완성도를 높여 준 디자이너 박 고운과 책의 출판을 위해 최선을 다해준 북넷출판사에 깊은 감사를 드린다.

2019년 5월

박원태

차 례

CHAPTER 02 인간행동

CHAPTER 03 효과적인 의사소통

PART 02 교수 프로세스 및 교육활동

CHAPTER 04 교수 프로세스

CHAPTER 05 교육활동계획

PART 03 비행교관의 전문성 및 위험관리

CHAPTER 07 비행교관의 책임과 전문성

CHAPTER 08 비행교육기법

부 록

PART 01

학습, 인간행동, 효과적인 소통

PART 1 학습, 인간행동, 효과적인 소통

PART 2 교수 프로세스 및 교육활동

PART 3 비행교관의 전문성 및 위험관리

CHAPTER 01 학습프로세스

CHAPTER 02 인간행동

CHAPTER 03 효과적인 의사소통

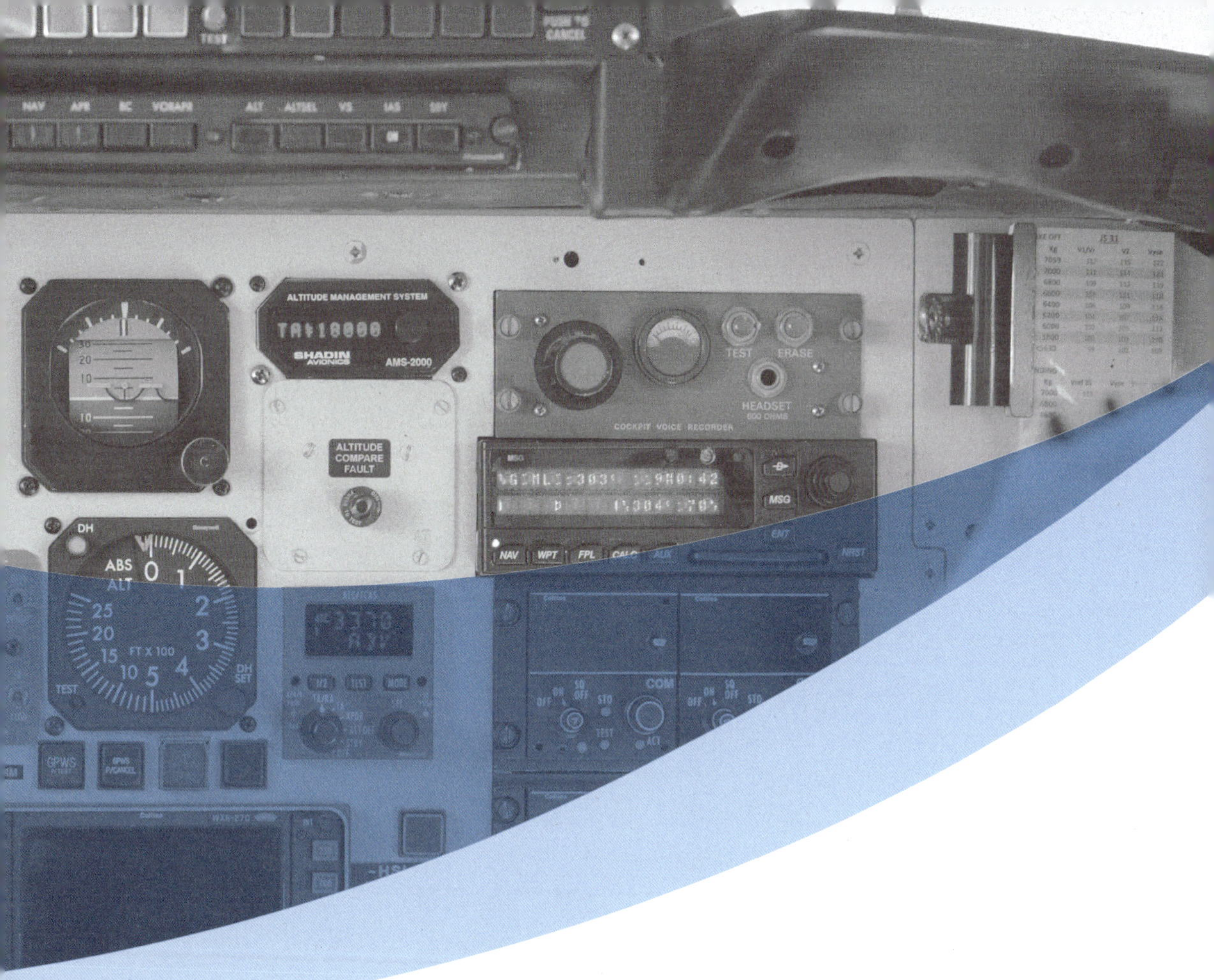

CHAPTER 01

학습프로세스

CHAPTER 01

학습프로세스

01 학습과정

1. 학습이란 무엇인가?

학습은 다음과 같이 여러 가지로 정의할 수 있다.

학습의 정의

- 경험의 결과로서 학습자의 행동변화이다. 행동변화는 물리적, 명시적인 변화일 수도 있고 지적변화, 사고방식의 변화일 수도 있다.
- 경험에 의해 행동의 상대적인 영구적 변화를 가져오는 프로세스이다.
- 경험과 관행으로부터 야기되는 행동의 변화이다.
- 공부, 지도 또는 경험을 통한 지식이나 기술의 획득 및 행동의 개발이다.
- 공부, 경험 또는 교육을 통한 지식이나 기술의 획득과정이다.
- 경험으로부터 야기되고 행동에 직접적으로 영향을 미치는, 상대적으로 영구적인 인지변화이다.

2. 첫 비행

학생조종사는 비행훈련 초기단계에서는 각각의 기술수행에 온 정신을 집중한다. 교관조종사가 학생조종사에게 질문을 던지거나 한 번에 두 가지 임무를 수행할 것을 요구하면 학생조종사는 어디까지 작업이 진행되었는지를 잊어버리고 처음부터 다시 시작하는 경우가 많다.

학생조종사는 비행하면서 실수를 연발하기도 하고 자신이 실수한 것을 깨달을 때 눈에 띄게 좌절하기도 한다. 때로는 실수를 저질렀는지 조차 모르고 아무 일도 없었던 것처럼 비행을 계속하기도 한다.

3. 평가비행

몇 개월이 지나면 학생조종사는 교육 첫날과는 전혀 다른 사람인 것같은 느낌을 받게 된다. 학생조종사의 지식은 그 폭과 깊이가 대폭 성장하여, 단순히 내용을 반복하여 말하는 것이 아니라 필수 지식외에 현지 기상패턴의 미묘한 차이와 같은 현장 환경에 대해서도 파악하고 있기도 한다.

평가비행 중 여전히 실수를 저지르기는 했지만 사소한 실수일 뿐더러 즉시 실수를 깨닫고 시정조치를 취하고 실수를 범했을 때도 여전히 좌절감을 느끼긴 했지만 심호흡을 한 다음 하던 절차를 계속 진행할 수 있는 능력이 키워진다.

4. 첫 비행의 검토와 평가비행

학생조종사는 훈련 첫날부터 실기시험전날 사이에 현저한 변화를 다음과 같은 경로를 통하여 겪고 발전해간다.

학생조종사의 발전과정

- 기억한 내용을 비행방법의 심층적 이해로 발전시키고 이러한 지식을 문제해결과 의사결정에 적용하는 법을 배운다.
- 처음에 어색하고 온 신경을 집중해야 수행할 수 있었던 기술을 점점 매끄럽고 효율적으로 해내게 된다.
- 주의력 분산과 방해에 잘 대처하며 까다로운 상황에서도 집중력을 유지하게 된다. 즉 지식과 기술이 조화를 이룬다.
- 실수가 있지만 빈도수가 줄고 실수를 신속히 확인하고 바로 잡는다.
- 동기와 열정은 훈련 첫날에 못지 않게 높이 유지시키며 잘하던 분야뿐 아니라 부족한 분야까지 모든 분야에서 숙련도를 보인다.
- 초기학습에 방해가 되었던 좌절감과 같은 심리적 장애를 이겨내게 된다.

5. 학습의 특성

훌륭한 비행교관은 교육주제, 학생조종사, 학습프로세스 및 상호관계를 이해하고 이를 잘 적용하여 학생조종사를 지도한다. 즉, 훌륭한 비행교관은 학습의 특성을 이해하고 그에 따라 학생조종사를 도와주게 된다.

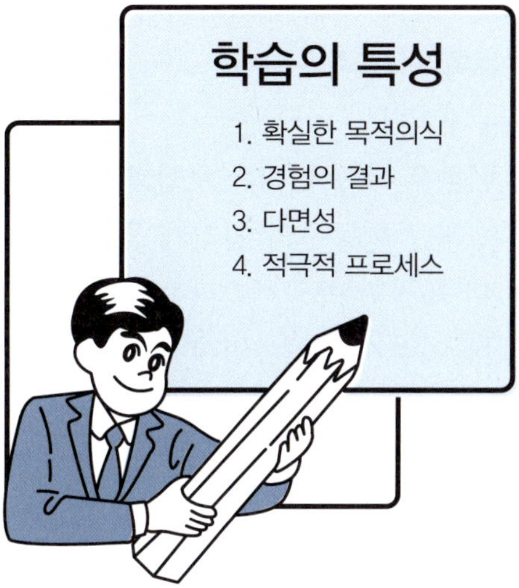

훌륭한 비행교관은 학습의 특성을 이해하고 그에 따라 학생조종사를 도와준다.

02 학습이론

학습이론이란 사람들이 기술, 지식 및 태도를 어떻게 습득하는지를 설명하기 위해 심리학자와 교육학자들이 주창한 원리이다. 공식적인 훈련프로그램에서 학습프로세스를 향상시키고 가속화하기 위해 학습이론의 다양한 분야가 적용된다. 학습이론을 적절히 통합함으로써 비행교관을 비롯해 조종사 교육프로그램 개발자들에게 유용하게 활용할 수 있다.

현대의 학습이론은 사람의 학습방법에 대한 두 가지 개념, 즉 행동주의와 인지이론으로부터 성장되어져 왔다.

1. 행동주의

행동주의는 인간의 행동을 전적으로 자극에 대한 관찰가능하고 측정할 수 있는 반응의 측면에서 설명하는 심리학의 한 학파이다. 모든 인간행동이(정도차는 있어도) 환경내부의 사건들에 의해 좌우된다고 믿음 즉, 인간행동은 보상과 처벌을 토대로 예측할 수 있다는 것이다.

교육에서의 행동주의 이론은 학습에 대한 보상과 처벌, 즉 "당근과 채찍" 접근방식의 시스템을 강조한다. 최근 행동주의 인기가 줄어든 것은 학습이 단순히 자극에 대한 반응보다 훨씬 더 복잡한 프로세스라는 것을 밝혀낸 연구때문이었다. 인간은 수동적인 경험의 산물이라기보다는 언제나 환경과 적극적으로 상호작용하는 존재인 것이다.

2. 인지이론

인지이론은 인간의 마음속에서 일어나는 일에 초점을 맞춘다. 인지이론은 자극과 반응보다는 인지(생각과 학습의 프로세스), 즉 이해, 파악, 문제해결, 의사결정, 인식 및 기타 관련된 지적활동에 더 많은 비중을 둔다. 학습은 단순히 행동의 변화만이 아니며, 학습자가 생각하거나 이해하거나 느끼는 방법의 변화이다. 교육계의 최근 심리학적 사고와 실험에는 대부분 인지이론의 일부가 포함되어 있다.

인지학습의 초기이론은 John Dewey, Jean Piaget, Benjamin Bloom, Jerome Bruner

Jerome Bruner　　John Dewey　　Edward L. Thorndike　　Benjamin Bloom

초기인지 학습이론을 확립한 심리학자와 교육가들

와 같은 심리학자와 교육가들에 의해 확립되었다. 지난 100여년에 걸쳐 인지이론을 다루는 연구데이터는 점점 더 증가하고 이에 대한 수많은 해석은 여러 다양한 학습모델로 이어져 왔다.

인지이론을 교관조종사와 학생조종사를 관련하여 생각해보면, 학생조종사는 비행에 관한 상당한 지식을 갖추고 첫 교육에 임했기 때문에 비행교관은 학생조종사에게 이 이론을 효과적으로 적용할 수 있다.

기본적인 지식위에 쌓아가는 방식으로 비행교관은 공기역학에 관해 학생조종사가 알고 있는 것을 시범과 토론을 통해 강화하면서 항공기를 직진 수평비행으로 유지하는 법을 지도할 수 있게 되는 것이다. 또한 공기역학은 비행수업에서 지속적으로 등장하기에 비행교관은 학생조종사의 기술과 지식이 증가함에 따라 반복적으로 기본적인 개념으로 되돌아가고 그 위에 지식을 구축해감으로써 나선형 교육과정을 적용할 수 있다.

인지이론에 대한 지속적인 연구는 정보처리이론, 구성주의 등과 같은 이론으로 이어진다.

3. 정보처리이론

정보처리이론은 인간학습의 한 모델로 컴퓨터시스템을 사용한다. 인간의 두뇌는 들어오는 정보를 처리하고, 정보를 저장 · 인출하고 정보에 대한 반응을 한다. 여기에는 정보의 수집과 표현(부호화), 정보의 보유 및 필요한 경우 인출과 같은 여러 가지 인지과정이 포함된다.

정보처리 학습시스템은 한계가 있어 적절한 방식으로 운영되어야 한다. 컴퓨터는 키보드, 마우스 등을 통해 정보를 얻는 반면에, 인간의 두뇌는 시각, 청각, 촉각, 미각, 후각으로부터 정보를 얻기 때문에 이를 고려하여 학습에 반영해야 한다.

4. 구성주의

구성주의 이론이란 학습자가 수동적으로 지식과 기술을 습득하는 것이 아니라 자신의 경험을 기반으로 적극적으로 그것을 구성 및 구축해가는 것을 말한다.

구성주의는 학습할 때 학습자의 내면에서 진행되는 지식의 구성 · 구축과정을 강조한다. 따라서 학습자가 자신의 학습에 책임을 지는 학습자 중심적인 학습환경이 중시된다. 따라서 구성주의는 실천학습으로 지식, 이해, 적용, 분석, 종합, 평가로 구성한다. 각 구성에는 세부적으로 다시 분류되며 이를 학습에 적용한다. 다음의 표는 실천학습으로 분류된 세부 항목들을 보여준다.

실천학습의 분류

지 식	고르기, 목록만들기, 이름짓기, 규정하기, 묘사하기, 기억하기, 분류하기, 확인하기, 탐색하기, 암송하기, 나타내기, 인정하기
이 해	설명그림넣기, 표현하기, 예를 들기, 다시 쓰기, 바꿔말하기, 다시 말하기, 넓히기, 해석하기, 상호관련시키기, 요약하기, 드러내기, 설명하기
적 용	조직화하기, 일반화하기, 각색하기, 준비하기, 만들어내기, 고르기, 스케치하기, 쓰기, 풀기, 끌어당기기, 보여주기, 그리기
분 석	비교하기, 분해하기, 나누기, 지적하기, 드러내기, 분류하기, 구별하기 세분화하기, 추론하기, 조사하기, 선택하기, 우선순위화하기
종 합	작문하기, 시작하기, 가설세우기, 발전시키기, 설계하기, 결합시키기, 구성하기, 창조하기, (방안, 방침을)계획하기, 창작하기, 발명하기, 체계화하기
평 가	판단하기, 관계시키기, 역할을 다하기, 비판하기, 지지하기, 평가하기, 숙고하기, 비평하기, 권고하기, 요약하기, 뜯어보기, 비유하기

5. 고차원적 사고기술(Higher Order Thinking Skills, HOTS)

고차원적 사고기술(HOTS)은 다른 인지기술과 마찬가지로 단순한 것에서 복잡한 것으로, 구체적인 것에서 추상적인 것으로 진행된다.

고차원적 사고기술(HOTS)의 효과적인 교육을 위한 전략과 방법은 다음과 같다.

고차원적 사고기술(HOTS) 교육에서 반드시 기억해야 될 것은 주제상황에서 비판적 사고기술을 가르쳐야 한다는 것이다. 학습자들은 단순한 것부터 복잡한 것으로 나아가기 때문에 암기학습을 넘어 주제에 관해 생각하기 전에 어느 정도의 정보를 가지고 있어야 한다. 예를 들어, 항공기의 중량과 균형한도를 준수하는 것이 비행안전에 매우 중요하다는 것을 안다고 하더라도 무게중심이 중량 및 균형과 어떻게 상호작용하는지에 대해 아무것도 알지 못한다면 그 학생조종사는 중량-균형차트를 해석할 수 없을 것이다. 학생조종사가 아직 주제에 대한 지식을 충분히 갖추지 못했다면, 복잡한 개념을 가르칠 때 학생조종사의 경험을 활용할 수도 있다.

고차원적 사고기술(HOTS) 교육전략과 방법

- 문제-기반학습(problem-based learning: PBL) 교육실시
- 실제적 문제해결
- 현실적 문제해결
- 학생조종사 중심 학습수행
- 활동적인 학습수행
- 협동학습수행
- 개별학습자의 요구를 충족시키기 위한 맞춤화된 교육수행 등

6. 시나리오 기반훈련(Scenario-Based Training, SBT)

시나리오 기반훈련(SBT)은 고차원적 사고기술(HOTS)의 핵심 교육방법으로 운영환경에서 비행훈련목적을 위해 실제상황의 시나리오 대본을 이용하는 훈련시스템이다.

시나리오 기반훈련(SBT)은 운영환경에서 임무를 제시하기 때문에 보다 현실적인 의사결정기회를 제공한다. 시나리오 기반훈련(SBT)을 활용하는 훈련에는 초기훈련, 기종전환훈련, 업그레이드 훈련, 정기훈련 및 특수훈련 등이 있다.

비행교관은 항공기, 비행특성 및 가능한 비행환경에 맞춰 시나리오를 조정하고, 학생조종사에게 현실환경에서 실제상황과 같은 결정을 내리도록 요구해야 한다. 시나리오는 (처음 한 두번의 비행을 제외하고 혹은 학생조종사가 필요한 기술을 습득할 때까지를 제외하고) 언제나 학생조종사가 계획하고 주도해야 한다.

03 인 식

모든 학습은 인식으로부터 오고, 이것은 오감(시각, 청각, 촉각, 후각, 미각) 중 한 가지 이상에 의해 뇌로 전해진다. 또한 정보가 두 가지 이상의 감각을 통해 받

아들여질 때 가장 신속히 학습이 이루어진다는 것도 발견되어졌다.

대부분의 학습은 시각을 통해 이루어지지만 시각과 청각의 조합이 모든 인식의 약 88%를 차지한다.

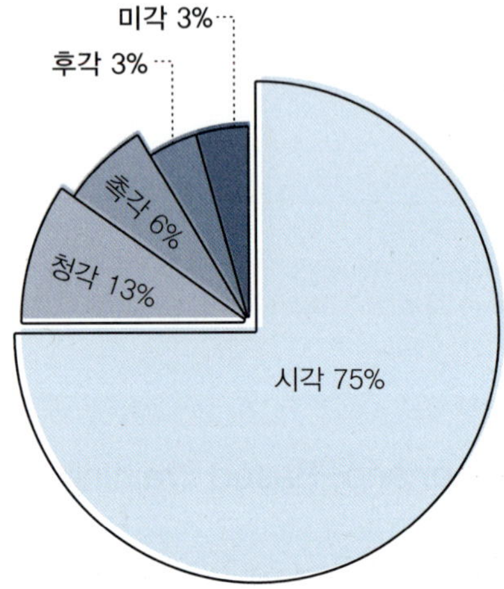

대부분의 학습은 시각을 통해 이루어지지만
시각과 청각의 합이 모든 인식의 약 88%를 차지한다.

1. 인식에 영향을 미치는 요소

인식에 영향을 미치는 요소로 다음에 소개되는 내부요소와 외부요소가 모두 개인의 인식능력에 영향을 미친다.

인식에 영향을 미치는 요소

- 신체적 유기체
- 자아개념
- 위협요소
- 목표와 가치
- 시간과 기회

(1) 신체적 유기체

인간은 신체적인 유기체이다. 인간은 주변의 세계를 감지하기 위한 인식기관을 갖추고 있다. 조종사는 비행중에 반드시 충분히 보고, 듣고, 느끼고, 반응할 수 있어야 한다.

인간은 신체적인 유기체이다.

(2) 목표와 가치

인간은 목표와 가치를 추구한다. 인간의 중추신경계에 전달되는 모든 경험과 감각은 개인의 믿음과 가치구조에 의해 채색된다. 야구경기 관람객들은 응원하는 팀에 따라서 규칙위반이나 파울을 다르게 바라볼 수 있다.

비행교관이 학생조종사의 가치관을 파악하는 것은 매우 중요한데 학생조종사의 가치관을 알고 있으면 학생조종사의 경험과 지시를 해석하는 방식의 예측에 도움이 되기 때문이다. 목표는 개인의 가치구조의 산물이다.

(3) 자아개념

인간은 자아개념을 가지고 있다. 자아개념은 학습에 대단히 큰 영향을 미치는 결정요인이다. 자신만만이나 불안정과 같은 용어로 표현되는 학생조종사의 자아상은 전체적인 인식프로세스에 커다란 영향을 미친다. 좋은 자아상에 도움이 되는 경험을 한 학생조종사는 이후의 경험에 대해 수용적 자세를 유지하나, 반대로 자아상에 상충되는 부정적 경험을 한 학생조종사는 추가적인 훈련을 거부하는 경향이 있다. 자신을 긍정적으로 생각하는 학생조종사는 새로운 경험, 지시 및 시범에 대해 덜 방어적이며 보다 수용적으로 된다.

(4) 시간과 기회

인식을 하기 위해서는 시간과 기회가 주어져야 한다. 학습은 그 학습에 선행되는 다른 인식과 새로운 것들을 감지하고 이전의 인식에 연결시킬 수 있는 시간적 여유가 얼마나 되느냐에 따라 좌우된다.

일반적으로 경험을 장기화하고 그 빈도수를 늘리는 것은 항상 효율적이지는 않을지 몰라도, 학습의 속도를 높이는 가장 명확한 방법이다. 적절히 계획된 훈련 교수요목은 학생조종사의 인식에 대한 시간과 기회를 배려하는 만큼 그 효율성이 높아진다.

(5) 위협요소

위협요소는 효과적인 학습에 전혀 도움이 되지 않는다. 실제로 두려움은 인식의 장(場)을 좁힘으로써 인식에 좋지 않은 영향을 미친다. 학생조종사는 두려움과 맞설 때 그 위협적인 객체나 조건에 자신의 관심있는 사항을 제한하곤 한다. 예컨대 사람은 공포를 느낄 때 시야가 좁아지고 모든 인식능력이 두려움을 발생시킨 대상에 집중되게 된다.

2. 인식과 관련된 학습프로세스

학습은 논리적인 프로세스라기보다는 심리적인 프로세스이다. 불만족스러움을 나타내는 보고나 보복을 통해 학생조종사에게 두려움을 주고자 하는 시도는 논리적으로는 타당할지 몰라도 심리학적으로는 유효하지 않다.

(1) 학습프로세스에서의 비행교관 고려사항

훌륭한 비행교관은 학생조종사들의 심리학적 요구에 적합하게 교육과정을 구성하며, 비행교관은 이를 적극적으로 고려해야 한다. 상황이 위압적으로 느껴지면 학생조종사는 관련된 모든 요소를 다룰 수 없다고 여긴다. 즉, 위협이 존재하는 것이다.

(2) 인식에 영향을 미치는 요소를 학습에 고려

훌륭한 비행교관은 학생조종사의 행동이 학생조종사가 인식하는 방법에 의해 직접적인 영향을 받고, 인식은 앞에서 기술한 모든 요소들에 의해 영향을 받는다는 것을 잘 알고 있어야 한다. 인식에 영향을 미치는 이러한 요소들(신체적 유기체, 목표와 가치, 자아개념, 시간과 기회, 위협요소)을 파악하고 고려할 때 비로소 교육의 효과가 지속되게 된다.

04 통 찰

통찰은 인식들을 의미있는 집단으로 집단화(grouping)하는 것이다.

통찰을 이끌어내는 것은 비행교관의 주요 책임 중 하나이며, 통찰을 이끌어내기 위해 비행교관은 각 학생조종사가 새로운 경험을 지속적으로 수용하고, 학습할 내용의 전체패턴에서 각 부분이 다른 부분들과 어떻게 연관되는지를 이해하도록 지도해야 한다. 진정한 학습은 각각의 요소가 어떻게 다른 요소들에 영향을 미치는지에 대한 이해와 그 중 한 가지 요소의 변화가 다른 모든 요소들에 미치는 영향에 대한 지식을 얻는 것이다.

통찰은 관련 인식들을 서로 연관시키고 집단화하는 것으로 인식의 수가 증가함에 따라 학생조종사는 이것들을 큰 블록으로 조립함으로써 통찰을 개발하며, 그 결과 학습은 더 많은 의미를 지니고 더 지속적으로 이어진다.

통찰들을 함께 묶어두는 기준점이 더 많아지면 망각은 큰 문제가 되지 않는다. 학생조종사가 여러 종류의 경험을 인식하고 그 상호관계를 이해할 수 있도록 시범과 설명을 조직화하고 연습을 지휘하는 것은 비행교관의 중요한 책임이다. 연관성이 발생할 때 그 관계를 알려주고 위협없는 안정된 학습환경을 제공하며, 학생조종사가 적절한 자아개념을 얻고 유지하도록 하는 것은 통찰개발에 있어서 핵심적인 단계인 것이다.

05 지식습득

비행교관의 직무 중 일부는 학생조종사의 지식습득을 돕는 것이다. 지식은 인간이 의식적으로 알고 있고 분명히 표현할 수 있는 정보를 말한다.

특정 항공기의 연료용량에 대한 지식, 내연기관의 작동방법에 대한 이해, 항공기의 중량과 균형을 결정할 수 있는 능력 등이 지식에 해당된다.

다음은 지식의 세 가지 단계로 학생조종사가 지식을 습득하는 과정을 보여준다.

지식의 세 가지 단계

학생조종사는 기억, 이해, 적용을 통해 지식을 습득한다.

① 새로운 주제를 접한 경화는 그 내용을 습득, 기억하고자 한다

② 학습이 진행됨에 따라 경화는 자신이 기억한 것들을 이해하기 위해 지식을 조직화하기 시작한다

③ 학습과정이 계속되면서 경화는 자신이 정리한 지식으로 문제를 해결하고 결정을 내릴 때 이용하는 법을 배운다

1. 기 억

학생조종사가 새로운 주제에 대한 지식을 습득하고자 할 때, 첫 시도는 절차에서 각 단계의 내용을 기억하는 것이다. 예를 들어 학생조종사가 고도계를 사용하는 방법을 배울 때, 계기상의 손잡이는 현재의 대기압을 맞추는 데 사용되고 이 수치는 반드시 방송기록을 통해 얻은 것이어야 하며 비행전에 설정되어야 한다는 것을 기억하려고 할 것이다.

단계별 내용을 기억하면 좋은 점은 학생조종사가 보다 빨리 습득할 수 있다는 것이다. 학생조종사가 고도계 상의 조절 knob의 목적과 현재의 대기압을 얻는 절차를 기억하면 즉시 고도계를 비행에 적절하게 설정할 수 있게 된다.

기억은 학생조종사가 학습 · 유지한 정보와 학습한 것을 적용하는 인지프로세스 사이의 필수적인 연결고리이다. 기억은 정보를 부호화하고(초기인식과 정보등록) 저장하며(일정 기간 동안 부호화된 정보보유) 인출하는(저장된 정보를 이용하는 프로세스) 유기체의 능력으로 감각기억, 단기기억, 장기기억으로 구분된다. 사람이 과거경험(및 기술)을 상기한다는 것은 그 경험에 관한 정보가 부호화되고 저장되고 인출된 것이라 할 수 있다.

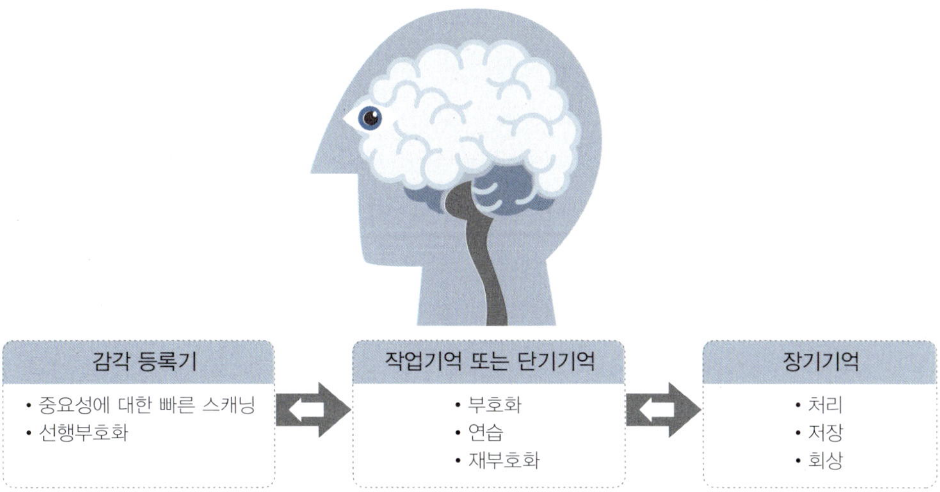

기억시스템

(1) 감각기억(Sensory Memory)

감각기억은 환경으로부터 첫 자극을 받아들이고 이전에 중요도와 관련해 미리 인식된 개념에 따라 자극을 처리하는 기억시스템의 일부이다. 다른 요소들도 감각기억에 의한 정보의 수용에 영향을 미칠 수 있는데, 예를 들어 받아들이는 과정이 극적이거나 오감 중 두 가지 이상을 자극하면 그 정보는 깊은 인상을 남길 가능성이 더 높아지게 된다.

감각기억은 환경으로부터의 자극을 수초이내에 처리한다. 무관한 것으로 간주되는 것은 버리고 관련이 있다고 판단된 것은 처리하게 되는데, 이것은 선택적인 프로세스이며 여기에서 감각등록기는 특정한 자극을 인식하고 행동을 위해 이것들을 즉시 단기기억(STM, Short-Term Memory)으로 전송하도록 설정된다. 이 프로세스를 선행부호화(pre-coding)라고 하는데, 선행부호화의 예로는 화재경보의 인식을 들 수 있다. 감각등록기가 화재경보를 감지하면 그 시점에 무슨 일이 일어나고 있든 작업기억이 즉시 경보를 인식하고 미리 설정된 반응이 일어난다.

감각기억은 정보를 매우 짧은 기간 동안만 유지할 수 있으며, 관련정보는 수초 이내에 단기기억으로 전달된다.

(2) 단기기억(STM)

단기기억은 기억시스템의 일부로 약 30초 동안 정보가 저장되고 그 후에는 개인의 우선 순위에 따라서 급속히 사라지거나 장기기억에 통합된다. 단기기억 내의 기억을 유지시키는 데는 몇 가지 단계가 있는데, 그 단계는 연습, 반복, 체계적인 분류, 범주화 등이다.

분류프로세스는 보통 코딩이라고 불린다. 단기기억의 핵심적인 한계는 정보를 적절히 부호화하는 데 5~10초가 걸리고, 부호화과정에서 방해를 받으면 그 정보는 단 30초 동안만 저장되기 때문에 쉽게 잊어버린다는 것이다.

단기기억은 정보를 더 오래 기억할 수 있도록 연습하는 동안만큼 정보를 유지한다. 예를 들어 학습자가 숫자를 되풀이 외우면 그 숫자는 조금 더 긴 기간의 저장장치로 옮겨질 수 있는데, 정보를 장기간 유지하기 위해서는 반드시 단기기억에서 장기기억(LTM, Long-Term Memory)으로 전달되어야 한다. 이 과정에는 부호화, 즉 장기기억으로의 정보통합이 이루어지고 그런 다음 장기기억으로부터의 인출이 가능하게 된다.

(3) 장기기억(LTM)

장기기억은 무제한의 정보를 저장하는 상대적으로 영구적인 저장장치이다. 장기기억 내의 기억은 평생동안 남아있을 수 있다. 장기기억 내에 저장된 것들은 외부세계에 대한 그 사람의 인식에 영향을 미치고 환경에서 어떠한 정보를 받아들일 때에도 영향을 미치게 된다.

단기기억에서 장기기억으로 전달되는 정보는 어떤 의미가 주어지는데 예를 들어, 조종사는 처음으로 단독비행을 하던 날을 잊지 못한다. 이것은 모든 조종사들의 훈련과정 중에서 매우 의미있는 날이고, 그래서 그 정보가 처리될 때 정보에 의미가 부여되었으며 그 정보는 중요한 것으로 간주되었기에 장기기억으로 옮겨지게 되는 것이다.

특정 정보가 장기기억으로 옮겨지는 데는 또 다른 요인들도 있으며 그 중 한 가지는 반복이다. 어떤 일을 더 많이 반복할수록 사람은 그것을 오래 기억하는 경향이 있다.

정보가 어떤 방식으로든 의미있는 것과 결부되어 있으면 장기기억으로 옮겨지기도 한다. 남자들은 여자친구에게 청혼하던 날 그녀가 입고 있던 옷이나 핸드백 등을 기억할 수 있는데, 이런 것들이 중요한 역할을 하지않지만 그것이 청혼의 기억과 결부되어 있기 때문이다.

(4) 학습내용 기억하기

사람이 새로운 것을 학습하고 그것을 지식과 기술목록에 추가하는 순간 두 번째 임무 즉, 기억하는 임무에 직면하게 된다. 기억은 망각이라는 인간의 자연스러운 특징 때문에 도전과제가 되곤 한다. 망각은 기억활동의 뚜렷한 일부여서 사람들이 기억이라는 주제를 꺼낼 때 흔히 가장 먼저 떠올리는 대상이다.

기억과 망각이 어떻게 예측가능한 방식으로 일어나는지에 대해 이해가 필요한데, 이는 매일의 삶에서 기억을 적절히 유지하는 데 도움이 될 것이다. 기억은 다음에 필요한 것을 생생하게 유지하고 더 이상 쓸모가 없어진 것은 지워버린다. 무엇을 기억하고 무엇을 망각하는지 결정하는 요소들을 알면 비행교관과 학생조종사는 기억을 최대한 활용할 수 있을 것이다.

(5) 이용빈도와 최근(신근성)이 기억에 미치는 영향

기억으로부터 지식이나 기술을 인출하는 능력은 다음의 두 가지 사항과 관련되는데, 그것은 먼저 과거에 얼마나 자주 그 지식을 이용했었는지(이용빈도)와 다음으로, 최근에 얼마나 그 지식을 이용했는지(신근성)이다. 이 두 가지 요소를 각각 이용빈도와 신근성이라고 부른다.

이용빈도와 신근성은 개별적으로 혹은 조합되어 존재할 수 있다. 이용빈도와 신근성이 모두 갖춰진 경우에는 빈도와 신근성이 모두 있는 지식은 신속하게 인출

될 가능성이 높으며, 이는 과거부터 현재까지 지속적으로 많이 이용해온 지식으로 지식과 기술의 이용에 있어 가장 이상적인 조건이다.

이용빈도만 갖춰진 경우에 과거에는 많이 이용했으나 최근에 이용하지 않은 지식으로 잊어버리기 쉬우며 이러한 유형의 지식은 느리게 인출되거나 전혀 인출되지 않는다. 이러한 지식과 기술을 인출하려면 기억을 되살리기 위해 가까운 기간 내 반복이나 연습이 필요하다.

신근성만 갖춰진 경우에는 과거에 이용한 적이 없고 최근부터 이용한 지식은 근래에 습득된 지식으로 이러한 유형의 지식은 잘 잊어버리기 쉽다. 이러한 지식이 매시간의 일기예보와 같은 '잊어버려도 되는' 지식과 구별되지 않기 때문이다. 이러한 지식을 기억하려면 지식의 빈도를 늘리기 위해 정기적인 연습프로그램이 필요하다.

(6) 망 각

망각은 기억의 상실을 말하며 기억인출의 실패와 관련되어 있다. 기억인출의 실패란 단기기억에 일시적으로 저장되어 있던 정보가 소멸되었거나 중복기재로 인한 것일 수 있다. 일반적으로 망각은 장기기억에서 정보가 상실된 것을 가리킨다.

사실상 정보는 완전히 상실되는 것이 아니라 본질적으로 그 사람의 장기기억 어딘가에 존재하지만 인출하고 기억해낼 수 없을 뿐이다. 지식에서 망각이 언제나 안 좋은 것만은 아니다. 과거의 정보를 망각해야 새로운 정보가 최신상태로 유지되는 것이다. 망각현상에는 인출실패, 쇠퇴, 간섭, 억압, 억제 등이 있다.

2. 이 해

기억의 다음 단계는 이해이다.

내용과 학습한 단계 사이의 유사성에 주목하고 관련지을 수 있는 능력은 지식습득 프로세스에서 중요한 단계이다. 이해단계에서 학습자는 지식을 유용한 방식으로 조직하기 시작하고 기억한 내용의 집합은 이해로 전환된다. 학생조종사가 알게 된 내용과 단계들을 일관성 있는 그룹으로 조직하고 그러한 그룹이 한데 모여 어떤 일이나 프로세스가 진행되는 방법에 대해 이해하게 될 때 이해력이 성장하게 된다.

(1) 이해는 기억에 어떠한 영향을 미치게 될까?

기억능력은 학습한 내용에 대해 어느 정도 이해했는지에 큰 영향을 받는다. 기억처리의 깊이 효과는 여러 연구에 의해 입증되었는데, 이는 자신이 배운 것에 대해 더 깊이 생각할수록 나중에 그 지식을 인출할 수 있는 가능성이 더 높아진다는 것이다. 깊이가 있는 기억처리는 앞에서 설명한 여러 학습활동의 자연스러운 결과이며, 기억한 정보를 정교화하기, 연상하기, 재구성하기 등이 이에 해당된다. 이러한 것들은 모두 이해의 깊이를 추구하는 활동이다.

(2) 이해력을 갖추게 되면 다음과 같은 이점이 생기게 된다

학습자는 기억한 내용에 국한되는 질문을 넘어 더 복잡한 질문에도 답변할 수 있게 된다. 하나의 프로세스를 이해한 학습자는 익숙하지 않은 항공기, 새로운 항공전자시스템 및 생소한 공항절차를 보다 쉽게 이해할 수 있게 된다. 이해가 공유될 때 사람들은 보다 효율적으로 소통할 수 있게 된다. 절차단계의 목적을 이해한 학습자는 나중에 절차단계를 보다 잘 기억할 수 있고 잊어버리는 경우에도 다시 쉽게 재구성할 수 있다.

3. 개념학습

개념학습은 사람들이 각기 구별되는 사물, 사건, 생각, 사람 등을 한 가지 이상의 주요한 속성으로 집단화(grouping)한다는 가정을 기반으로 한다. 또한 개념학습은 대상사물이나 생각의 유형이 기존 개념의 안에 있는지 밖에 있는지를 구별하는 것이기도 하다.

사람은 정보를 개념으로 집단화함으로써 삶의 복잡성을 줄이고 관리가능한 범주를 만들어내는데, 개념학습에 관해서는 여러 가지 이론이 있고 범주화(categorization)는 항상 그 중심에 자리하고 있다. 대부분의 학습자는 범주화가 자연스럽게 이루어지고 자신이 만든 범주에 속한 것들을 식별하는 데 능숙하다. 만일 한 가지 범주에 적합하지 않은 무언가를 접하면 새로운 범주를 만들거나 기존 범주의 정의를 수정해야 한다.

학습프로세스의 중요한 부분은 학습자가 새로운 사물 또는 이전에 분류한 사물들과 다른 예외대상을 마주칠 때 범주를 지속적으로 수정하는 것이다. 또 다른 일반화 유형은 schema(사람이 정보를 조직하고 해석할 때 사용하는 인지프레임) 이다. schema는 새로운 정보에 의해 수정될 수 있고, 사람들이 방대한 양의 정보를 해석할 때 지름길을 제공해 주기에 매우 유용하다.

인간은 자주 관찰되거나 일어나는 일에서 재 발생되는 패턴을 인식할 때 schema를 형성한다. 학습자는 새로이 마주한 대상에서 schema와 일치하는 특정한 요소를 예상하도록 자신을 준비시킴으로써 그 대상을 해석하게 된다. 경험이 많은 조종사가 항공교통관제소(Air Traffic Control: ATC)가 지시하는 많은 량의 출발허가를 잘 듣고 다시 되풀이할 수 있는 이유는 바로 schema 때문이다.

06 손다이크와 학습법칙

교육심리학의 개척자 중 한 사람인 E. L. Thorndike는 20세기 초에 세 가지 학습법칙을 제시하였다. 세 가지 학습법칙은 준비성의 법칙, 연습의 법칙, 효과의 법칙이다. 이 세 가지 법칙은 교육계에 널리 받아들여져 모든 유형의 학습에 적용되어 왔다.

Thorndike의 법칙이 발표된 이후 최우선(초두성)의 법칙, 강도의 법칙 및 신근성의 법칙이 추가되었다.

E. L. Thorndike(1874~1949)

1. 준비성의 법칙

학습이 이루어지기 위해서는 반드시 학습자가 주어진 내용을 학습하기를 원해야 하고 이에 필요한 지식과 기술을 갖춰야 한다. 학생조종사는 자신이 지식을 습득해야 할 명확한 이유를 인지하고 있을 때 새로운 지식을 가장 잘 습득하게 된다. 그래서 때로는 자신이 알아야 할 필요가 있다고 믿는 대상을 학습하는 데 지

대한 관심을 보이고, 즉각적인 필요성을 느끼지 않는 것들은 관심이 없게 된다.

비행교관은 학생조종사가 학습준비상태를 유지하도록 두 가지 조치를 취할 수 있는데, 그것은 첫째, 비행교관은 학생조종사에게 명확한 학습의 목적을 전달하고 각각의 새로운 주제들을 이 목적에 결부시켜야 한다는 것과, 둘째, 비행교관은 논리적 순서대로 주제를 소개하고 학생조종사가 다음 주제를 학습해야 할 필요성을 인식하도록 해야 한다는 것이다.

학습을 위한 준비성은 가르칠 수 있는 순간 즉 사람이 무언가를 배울 때 특별히 호응을 보이는 교육적 기회의 순간과 관련된다. 뛰어난 비행교관이 되기 위한 가장 중요한 기술 중 하나는 비행훈련에서 가르칠 수 있는 순간을 파악하고 이것을 활용하는 것이다.

가르칠 수 있는 순간은 학생조종사에게 관련성 있고 효과적이며 기억할 수 있는 방식으로 정보를 전달할 수 있는 기회가 된다. 특정 정보나 기술이 실제 상황에서 어떻게 이용되는지 학생조종사가 명확히 알 수 있을 때 이러한 순간이 일어난다.

2. 연습의 법칙

연결은 연습과 함께 강화되고 연습이 중단되면 약화되게 된다. 즉, 사용하지 않으면 잊어버린다는 격언이 반영되는 것이다. 학습자는 학습한 것을 이해하고 기억하기 위해 배운 것을 연습해야 한다. 또한, 실제 적용상황안에서 기술을 학습할 때 연습은 가장 의미있고 효과적이다.

3. 효과의 법칙

모든 학습은 연결되고 이 연결은 효과의 법칙에 따라 강화 또는 약화된다. 만족감이 따르는 상황에 대한 반응은 강화되고 불편함이 따를 때 반응은 약화된다. 학습에서의 연결성 또한 그러하며, 이에 따라 유쾌하거나 만족스러운 느낌이 수반되는 경우에는 학습이 강화되고 불유쾌한 감정이 수반될 때는 약화된다.

패배, 좌절, 분노, 혼란 또는 허무감을 발생시키는 경험은 학생조종사에게 불유쾌한 경험일 것이다. 예를 들어, 만약 비행교관이 첫 비행중에 학생조종사에게 착륙을 가르친다면 학생조종사는 열등감과 좌절을 느낄 수 있으며 이것은 학습에서의 연결성을 약화시키게 된다.

비행교관은 학습의 즐거움과 동기부여를 유지하기 위해, 학생조종사가 좀 더 향상되어야 할 분야에 대해 논의하기에 앞서 학생조종사의 발전에 관한 긍정적인 코멘트를 주어야 한다. 비행교관은 비행 Briefing 중에 이러한 교육을 할 기회가 있다. 예를 들어, 비행교관은 모든 비행단계 중 먼저 학생조종사의 항공기 조종능력에 대해 칭찬하고, 그런 다음 착륙중에 활주로 중심선을 보다 잘 유지하는 방법에 관한 건설적인 논평을 하는 것이 좋은 방법이다.

4. 최우선(초두성)의 법칙

최우선이라는 의미의 초두성은 일반적으로 처음 접하는 시점에 가장 강하고 흔들리지 않는 인상이 형성된다는 것을 뜻한다. 이는 비행교관이나 학생조종사나 첫 번째 시간에 바르게 가르치고 바르게 배워야 함을 시사하고 있다. 예를 들어, 학생조종사가 잘못된 주의분배기법을 배우면 비행교관은 그 잘못된 기법을 바로잡고 올바른 기법을 다시 가르쳐야 하는데, 이때 재학습은 최초의 학습보다 더욱 어려워지게 된다. 최초의 경험은 긍정적이고 실용적이며 뒤따르는 모든 과정의 기초가 되어야 한다.

5. 강도(Intensity)의 법칙

실제 상황과 연결된 즉각적이고 흥미로운 학습, 드라마틱한 학습은 일상적이거나 지루한 경험보다 학습자가 더 많은 것을 배울 수 있게 해준다. 학습절차와 임무를 통합한 실제 상황의 적용(시나리오)은 학습자에게 생생한 인상을 남기며 학습자는 그러한 경험을 거의 잊을 수 없을 것이다. 현실적인 시나리오의 활용은 비행기동, 작업 및 단일조종사 자원관리(SRM, Single-Pilot Resource Management)기술의 숙련도 개발에 매우 효과적일 것이다.

6. 신근성의 법칙

신근성은 가장 최근에 학습된 것이 가장 잘 기억된다는 원리에 대한 것이다. 반대로 새롭게 학습했거나 이해한 시점에서 시간이 지나면 지날수록 기억하기가 더 어려워진다. 예를 들어, 몇 분 전에 사용된 토크값을 기억하는 것은 쉽지만, 몇 주일 전에 사용된 익숙하지 않은 토크값을 기억하는 것은 어렵거나 불가능할 것이다.

비행교관은 지상교육강의, 기술실습기간 및 비행 후 평가에 대해 미리 요약할 때 신근성의 원리를 고려해야 한다. 학습자가 잘 기억할 수 있도록 수업을 마칠 때 중요한 사항을 한 번 더 반복하거나 재 강조해야 한다. 신근성을 얼마나 고려하느냐에 따라 교육과정내 강의의 성과가 좌우된다.

07 학습영역

인지이론에 중요한 역할을 한 교육심리학자 B. Bloom 박사는 사람들이 무엇을 어떻게 학습하는지에 관심을 가지고 학습과 사고의 중요한 분야 이해에 도움이 되는 학습영역을 세 가지 기본틀 즉, 인지적 영역(사고), 정의적 영역(감정), 심리운동 영역(행동)을 제시하였다.

B. Bloom(1913~)

Bloom 박사는 또한 인식영역 분류법(사람의 사고 기능을 회상 · 이해 · 응용 · 분석 · 종합 · 평가 등 여섯 단계로 나눈 것)을 활용하면 사고력과 독해력을 효과적으로 높일 수 있다고도 하였다.

세 가지 학습영역

인지적 영역(사고)	정의적 영역(감정)	심리운동 영역(행동)
• 정보기억 • 이해 • 적용 • 분석 • 종합 • 평가	• 지각 • 반응 • 가치화 • 조직 • 통합	• 관찰 • 모방 • 연습 • 습관

1. 인지적 영역(사고)

인지적 영역은 잘 알려진 교육영역의 하나로, 특정 사실(내용지식)의 기억을 비롯해 지적능력과 기술을 발전시키는 데 도움이 되는 개념들을 포함한다. 가장 간단한 행동(지식, 기억)부터 가장 복잡한 것(평가)까지 여섯 가지의 주요 범주가 있다.

인지영역 분류의 여섯 가지 주요 범주와 유형 및 목적의 예

능 력		입증된 기술	실 패
I	지식: 정보기억	정의, 식별, 분류, 서술, 열거, 매치, 선택	1. 해수면의 표준온도를 기술한다. 2. 비행기록부 기입사항을 정의한다.
II	이해: 정보의 의미 설명하기	묘사, 일반화, 환언, 요약, 추정, 논의	1. 비행에 표준온도가 사용되는 이유를 한 문장으로 설명한다. 2. FAA에서 기록부 작성을 요구하는 이유를 설명한다.
III	적용: 구체적 상황에서 추상적 개념 적용하기	결정, 차트작성, 시행, 준비, 해결, 이용, 개발, 설명, 적용, 관련짓기, 지시, 설명, 교육	1. 표준체감률을 사용하여 4000기압 고도에서의 온도를 결정한다. 2. 언제 기록부 입력이 필요한지를 결정한다.
IV	분석: 전체를 부분으로 분리하기	지적, 차별화, 구별, 시험, 구분, 비교, 개요, 우선순위 정하기, 인지, 세분화	1. 표준체감률을 기준으로 특정 기압 고도에서의 상이한 온도를 비교한다. 2. 기록부 기입이 필요한 정보를 결정한다.
V	종합; 부분을 취합하여 새로운 집단을 형성하기	창조, 설계, 계획, 조직, 생성, 기록, 적응, 비교, 형성, 고안, 모형화, 수정, 통합	1. 12000까지의 고도에 대한 온도를 보여주는 차트를 작성한다. 2. 오일교환에 대해 기입한 기록부를 작성한다.
VI	평가: 생각, 자료, 현상의 가치에 대해 판단하기	평가, 비평, 판단, 중요성 평가, 가치평가, 선택, 비교와 대조, 옹호, 해석, 지지	1. 조종사에게 있어 특정 정보의 중요성을 평가한다. 2. 비행기록부 기록의 필요성을 평가한다.

실용적인 학습단계는 암기, 이해, 적용(응용), 상호연관 네 가지이며, 각 단계별로 다음의 내용으로 발전된다.

학습은 점진적인 것이며, 여러 기본적 레벨에서 이루어진다.

가장 낮은 단계는 이해하거나 학습한 것에 대한 응용능력없이 배운 것을 반복하는 능력이며 이것을 암기학습이라 부른다. 납득, 이해단계에서는 두 가지 이상의 개념을 융합하며 묘사, 추정, 설명과 같은 용어로 이를 표현한다. 적용(응용)단계에서는 두 가지 이상의 개념을 융합하여 새로운 것을 형성하며, 전형적으로 결정, 개발, 해결과 같은 용어로 이를 표현한다. 상호연관단계는 학생조종사가 학습한 요소를 다른 학습단계나 블록에 연관시킬 수 있는 단계로 비행교육의 목적이 되어야 한다.

다른 학습단계는 이전에 학습한 항목이나 기술 또는 앞으로 수행될 새로운 학습과제 등이 있다.

2. 정의적 영역(감정)

정의적 영역은 학습경험에 대한 학습자의 감정을 다룬다. 정의적 영역에는 느낌, 가치, 열정, 동기부여 및 태도가 포함되며, 지각, 반응, 가치, 조직, 통합, 다섯 개 단계에서 교육의 기본틀을 제공한다.

3. 심리운동 영역(행동)

심리운동 영역은 기술을 기반으로 하고 신체적 움직임, 조정 및 운동기능 분야의 이용을 포함한다. 이 기술의 개발은 반복적 연습을 요하고, 속도, 정밀도, 거리 및 기법이 기준으로 평가되며 다양한 심리운동 영역의 예가 존재한다. 비행훈련 목적을 위한 실용적인 교육단계에는 관찰, 모방, 연습, 습관이 있다.

4. 비행교관의 지도요강

비행교관은 학생조종사가 지식을 습득할 수 있도록 다음과 같이 지도해야 한다.

학생조종사에게 새로이 습득한 지식을 암기하거나 연습하도록 지시해야 한다. 학생조종사의 이해상태를 확인하는 질문을 던지고 학생조종사가 학습한 내용을 다른 방식으로 생각해보도록 유도해야 한다. 학생조종사가 자신의 지식을 문제-해결이나 의사결정에 적용해볼 수 있는 기회를 제공해야 한다. 학생조종사의 지식한계를 시험하는 문제나 의사결정사항을 제시해야 한다. 지식을 이해하고 적용하는 것의 유익함을 보여주어야 한다. 언제나 수업목적에 맞는 새로운 주제를 소개해야 한다.

08 학습의 특성

1. 학습영역 및 특성

학습영역은 인지적 영역, 정의적 영역, 심리운동 영역으로 구분되며 목표수준을 세부적으로 구분하면 다음의 표와 같은 특성을 가지고 있다.

인지적 영역은 평가, 종합, 분석, 적용, 이해, 지식의 목표수준을 가지고 각 단계별 행동용어는 다음과 같다.

목표수준		각 단계의 행동용어
인지적 영역	평 가	감정(鑑定), 평가, 해석, 판단, 등급부여, 점수 부여, 기록
	종 합	편집, 구성, 설계, 재구축, 형성
	분 석	비교, 구분, 구별, 분리
	적 용	계산, 시범, 활용, 운영, 해결
	이 해	변환, 설명, 위치확인, 보고, 재서술, 선택
	지 식	묘사, 식별, 명명, 지적, 인지, 상기

정의적 영역은 특성화, 조직, 가치화, 반응, 받아들이기의 목표수준을 가지고 각 단계별 행동용어는 다음과 같다.

목표수준		각 단계의 행동용어
정의적 영역	특성화	감정(鑑定), 대표, 연습, 영향, 수정, 유지
	조 직	책임수용, 준수, 방어, 형성
	가치화	이해, 따라감, 합류, 정당화, 관심표현, 공유
	반 응	순응, 인사, 지원, 수행, 암송, 기록
	받아들이기	질문, 선택, 제공, 위치확인, 선택, 의존, 사용

심리운동 영역은 발생, 적응, 복합외현반응, 기계화, 유도반응, 태세, 인식의 목표수준을 가지고 각 단계별 행동용어는 다음과 같다.

목표수준		각 단계의 행동용어
심리운동영역	발 생	결합, 구성, 구축, 설계, 창안
	적 응	적응, 변경, 변화, 재배열, 재조직, 수정
	복합외현반응	유도반응과 동일하나 높은 수준으로 통합
	기계화	유도반응과 동일하나 보다 높은 숙련도
	유도반응	집합, 구축, 교정, 고정, 연마, 개선
	태 세	시작, 움직임, 반응, 출발, 선택
	인 식	선택, 발견, 식별, 분리, 비교

2. 분명한 목적의식이 있는 학습

대부분의 사람들은 자신이 무엇을 하고 싶고 무엇을 이루고자 하는지에 대해 확실한 생각을 가지고 있다. 각 학생조종사는 특정한 의도와 목표를 가지고 있고, 그 중 일부는 다른 학생조종사들과 공유하기도 한다. 학생조종사들은 자신의 목표를 확장시키는 모든 활동에서 학습이 가능하다. 그들의 개별적인 욕구와 태도는 그들이 학습하게 되는 것뿐만 아니라 비행교관이 그들에게 가르치려는 것까지도 좌우한다. 학습프로세스에서 학생조종사의 목표는 가장 중요한 요소이다. 훌륭한 비행교관이 되기 위해서는 새로운 학습을 학생조종사의 목표와 결부시키는 방법을 찾아야 한다.

3. 학습은 경험의 결과

모든 학습은 경험에 의한 것이지만, 학습은 다양한 형태로 다양한 깊이와 양으로 이루어진다. 예를 들어 어떤 사람은 어떤 경험을 직접 체험하는 반면에, 또 다른 사람은 전해들은 것과 기억에 의해서만 경험하기 때문에 비행교관은 다양하고 의미있는 적절한 학습경험을 제공해야 한다. 반복적인 연습을 통해 일련의 단어들을 말하거나 특정한 비행원리를 암기할 수는 있지만, 그것을 실제 상황에 적용할 수 있을 만큼 올바르게 잘 이해한 경우에만 학습내용이 의미를 가질 수 있기 때문이다. 도전의식을 불러일으키는 경험, 학생조종사의 과거 느낌, 생각, 기억과 관련된 경험, 신체활동과 관련된 학습경험은 단순히 암기에 의존하는 학습경험보다 훨씬 효과적이다.

09 기술지식습득

비행교관은 학생조종사의 기술지식습득을 지도해야 한다. 기술지식이란 어떤 작업을 수행할 때 저절로 드러나는 운동기술이나 손기술, 인지기술이나 심리기술에 내포된 지식이다. 기술지식은 서술적 지식과는 다르다. 기술지식은 보통 학생이 의식적으로 자각하거나 분명히 표현할 수 없기 때문이다. 기술지식을 입증하기 위해서는 그 성과를 관찰해야 한다. 작업수행방법과 관련된 이러한 지식은 반복적인 연습을 통해 저장된다. 기술지식의 일상적인 예로는 자전거 타기를 들 수 있다.

1. 기술습득단계

학생조종사는 세 가지 기술지식습득 단계를 거쳐 초보자에서 전문가로 나아간다. 모든 기술습득은 인지적 단계, 연합단계, 자동성 단계의 세 가지 단계를 거치며 발전한다. 비행교관은 학생조종사의 단계를 가늠하기 위해 학생조종사의 성과에서 각 단계를 파악하는 법을 알아야 한다.

(1) 인지적 단계

인지적 학습은 사실적 지식을 기반으로 한다. 학생조종사는 사전에 비행지식이 없기 때문에 비행교관은 먼저 학생조종사에게 기본적인 기술을 소개해야 한다. 학생조종사는 그 기술을 수행하는 데 필요한 단계들을 기억한다. 이 기억한 단계들을 수행해 나갈때 학생은 그 과정을 의식하지 못하거나 한 가지 측면에 고착될 수 있다. 이 단계에서 기술을 수행하려면 학생은 보통 모든 정신을 집중시켜야 한다. 비행교관이 학생조종사의 집중력을 분산시키면 실행되는 결과가 악화되거나 중단될 수 있다.

학생조종사의 작업수행준비를 위한 최선의 방법은 명확한 단계별 예를 제공하는 것이다. 따라야 할 모델을 갖추면 각 단계의 명확한 그림을 얻을 수 있기 때문에 학생조종사는 무엇이 필요한지, 그것을 어떻게 수행하는지를 이해하게 된다. 비행훈련에서 비행교관은 각 단계와 기법을 강조하면서 시범을 보인다. 강의실 수업에서는 외부 전문가가 직접 또는 영상 프레젠테이션을 통해 강의에 참여할 수 있다. 어떠한 경우든 학생조종사는 그들이 무엇을 해야 하는지에 대한 명확한 그림을 갖추고 있어야 한다.

(2) 연합단계

어떤 일의 수행방법을 입증했다고 해서 학생조종사가 그 기술을 학습한 것으로 결론지어서는 안 된다. 학생조종사가 시각, 촉각과 함께 움직임을 조정하는 방법을 배우기 위해서는 연습이 필요하다. 다양한 비행기동을 수행하는 학습에는 연습이 필수적이다. 또한 연습을 통해 학생조종사의 기술이 숙련됨에 따라 구두교육 역시 더욱 중요해진다. 학생조종사가 기술수행을 시작하기 전에는 길고 상세한 설명이 혼란스럽게 느껴지지만, 기술을 부분적으로 마스터한 다음에는 구체적인 코멘트가 보다 의미있고 유용해진다.

연습을 통해 기술이 축적됨에 따라 학생조종사는 실행의 개별단계에서 예상결과를 도출시키는 것을 배운다. 학생조종사는 더 이상 기억한 단계들을 수행하는데 그치지 않고 경로를 따라가는 자신의 과정을 평가하고 조정할 수 있게 된다. 또한 기술수행 시 여전히 의식적으로 관심을 집중시켜야 하지만 주의력 분산에 더 잘 대처할 수 있게 된다.

(3) 자동반응단계

자동성은 연습의 결과 중 하나이다. 절차가 자동화됨에 따라 절차수행에 주의를 덜 기울여도 되기 때문에, 동시에 다른 일을 하는 것이 가능해지거나 적어도 다른 일을 보다 편안히 할 수 있게 된다. 이 단계가 되면 학생조종사의 기술수행은 신속하고 원만해진다. 의식적으로 정신을 집중시키는 것이 줄고, 대화를 나누면서 작업을 수행하거나 동시에 다른 작업을 수행하는 것이 가능해진다. 수행도중에 조정해야 하는 경우도 점점 더 줄어든다. 이 단계에서 학생조종사는 더 이상 개별단계를 일일이 기억하거나 기술수행방법을 세세히 설명할 수 없을 만큼 기술이 숙달된다.

예를 들어, 학생조종사가 선회에 들어가면서 원만하게 출력과 요크상의 압력 및 trim을 증가시킨다. 선회중에 비행교관이 학생조종사에게 관련없는 주제에 대해 질문해도, 학생조종사는 질문에 답변하면서 pitch와 trim을 조금씩 조정하고, 고도계를 목표고도의 중심에 유지하면서 선회를 완료한다. 비행교관은 향상된 수행능력을 보면서 학생조종사에게 이렇게 질문한다. “이전과 달라진 점이 무엇인가?” 학생조종사의 답변은 다음과 같다. “감을 익혔습니다.”

2. 기술지식의 결과

일부 단순한 기술의 학습에서는 학생조종사가 자신의 오류를 쉽게 발견하지만 복잡한 비행기동 임무학습과 같은 경우에는 그렇지 않다. 학생조종사는 무엇인가 잘못된 것은 알지만 그것을 바로 잡는 방법은 알지 못한다. 비행교관은 어느 때든지 학생조종사들이 자신의 현 단계를 확인하도록 도움을 주고 때로는 비판적인 feedback을 제공해야 한다.

학생조종사가 잘못을 저지른 경우 못지 않게 잘한 경우에도 그것을 아는 것이 중요하다. 학생조종사는 실행 후 가능한 한 빠르게 잘잘못을 알아야 한다. 실수를 연습하도록 허용해서는 안 된다. 기술을 처음부터 올바르게 학습하는 것보다 자신의 실수를 잊고 올바른 기술을 재학습하는 것이 더 어려운 일이다. 학생조종사로 하여금 자신의 수준을 알게 하는 한 가지 방법은 시범이나 실례를 반복하여 학생조종사가 궁극적으로 도달해야 할 표준을 보여주는 것이다.

3. 기술지식의 개발방법

인지적 단계의 부자연스럽고 의식적인 수행에서 자동반응단계의 원만하고 자신감있는 수행으로 기술이 발전하는 것에 관한 이론에는 한 가지 공통점이 있다. 진보는 반복적 연습에 달려있다는 것이다. 기술의 자동화를 향한 진보는 대체로 기술을 얼마나 반복적으로 수행하느냐의 문제이다. 기술학습에 있어서 첫 시도는 느리고 조정력 또한 부족하다. 실수도 빈번하지만 각각의 시도는 이후의 향상을 위한 발판이 된다. 학생조종사는 조종관을 잡는 방법이나 올바른 pedal 조절방법과 같은 여러 가지 기술측면을 계속해서 수정해나간다.

기술이 숙련되려면 어느 정도의 기간이 필요할까? 기술학습에 관한 연구결과, 진보는 소위 연습의 멱함수법칙이라고 하는 것을 따르는 경향이 있다. 이 법칙은 매우 단순하다. 작업수행속도는 그 작업을 수행한 횟수의 거듭제곱에 따라 향상된다는 것이다. 특정 작업에 대한 반응시간의 로그(對數)값은 연습횟수의 로그값에 선형적으로 감소한다. 정성적으로 이 법칙은 연습이 수행결과를 향상시킨다는 것을 말해준다.

다음 그림의 그래프는 연습의 멱함수법칙에 따른, 기술연습횟수에 대한 기술 수

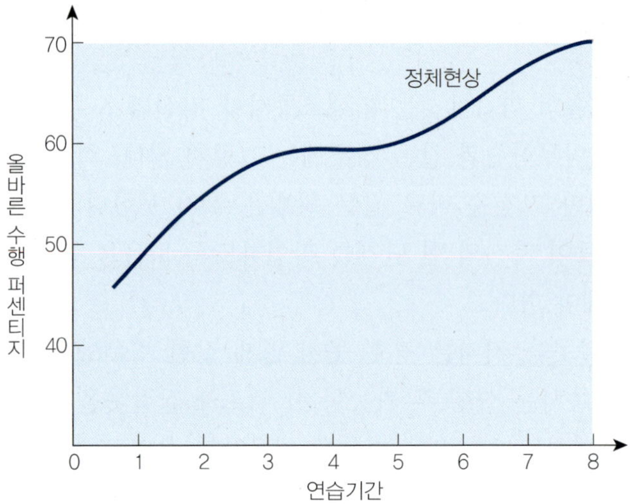

학생조종사는 훈련의 어느 지점에서 학습정체현상을 겪게 될 것이다.

행시간을 보여준다. 연습을 몇 번이나 수행했을 때 학생의 기술이 숙련된 수준에 이를지 예상하는 것은 불가능하지만, 연습의 멱함수법칙의 일반적 형태는 몇 가지 단서를 제공한다. 학습의 진보는 향상될 여지가 많은 초기에는 빨랐다가 숙련도가 향상되면 느려지는 경향이 있다. 그 이후의 학습단계에서는 향상이 더욱 완만해진다. 그리고 곡선이 평탄해지면 상당한 기간 동안 이 평탄한 상태를 유지할 수 있다. 추가적인 향상이 불가능해 보일 정도이다. 이것을 학습정체현상이라고 부른다.

4. 학습정체현상

학습정체현상은 학습프로세스의 정상적인 일부이고 보통은 일시적이지만, 비행교관과 학생조종사는 이에 대비해야 한다. 학습정체현상은 특정 상태를 의미할 수 있다. 예를 들어 학생조종사의 능력이 한계에 도달했거나 기술수준을 통합하고 있거나 흥미가 줄어들었을 수 있다. 혹은 진보를 위해 학생조종사에게 더 효율적인 방법이 필요한 경우일 수도 있다. 때로는 비행교관이 학생조종사에게 지나치게 과도한 연습을 시킴으로써 학생조종사의 학습정체현상을 초래시킬 수 있다. 어떠한 작업이든지 3~4회 연습을 반복한 후에는 학습정체현상의 발생을 피하기 위해 휴식을 취하도록 해야 한다. 숙련도가 더 이상 향상되지 않는다고 해서 반드시 학습이 중단되었음을 의미하는 것은 아니라는 사실을 염두에 두어야 한다. 운동기술의 학습에서 중요한 점은 더 이상 향상이 이루어지지 않는 상태, 즉 정체현상이 정상적인 것이고 초기의 급속한 향상 기간 이후에 이를 예상해야 한다는 것이다. 비행교관은 학생조종사가 좌절하지 않도록 이러한 상황에 미리 대비시켜야 한다. 학생조종사가 이러한 학습정체현상에 대해 알고나면 좌절을 최소화할 수 있다.

비행교관은 학습정체현상을 겪고있는 학생조종사를 교과과정의 다른 부분으로 유도하고 현재의 작업을 쉬게 함으로써 극복을 도울 수 있다. 때로는 비행교관이 과도한 연습으로 학생조종사의 학습정체현상을 초래할 수 있다는 것을 알아야 한다. 학습정체현상 문제는 비행교관이 수업의 내용과 목적 및 그것이 학생조종사에게 어떻게 적용될지를 보다 잘 설명함으로써 완화시킬 수 있다.

10 비행연습 유형

학생조종사가 학습한 기술을 잘 기억하기 위해서는 일부연습을 계속하는 것이 중요하지만, 연습의 멱함수법칙은 연습을 계속해도 더 이상 향상으로 이어지지 않는 지점에 대한 의문이 생긴다. 특히 운동분야 코치들은 수행능력의 극대화에 관심이 높기 때문에 이 주제에 대한 많은 연구가 이루어져 왔다. 최근 수년간의 연구에 의하면 학습한 것을 유지하는 데 있어 연습방법이 매우 중요한 영향을 미치는 것으로 보고되었다.

연습에는 계획적 연습, 획일화연습, 무작위적 연습의 세 가지 유형이 있으며, 이것들은 기술습득에 있어서 각기 다른 결과를 낳는다.

비행연습의 세 가지 유형

- (계획적 연습): 특정 분야의 특정 목표를 겨냥한 연습
- (획일화연습): 움직임이 자동화될 때까지 반복연습
- (무작위적 연습): 습득한 기술을 무작위로 혼합연습

1. 계획적 연습

학생조종사가 기술지식을 쌓고 자동반응수준으로 수행할 수 있기 위해서는 반드시 계획적 연습이 있어야 한다. 이 연습은 특정 목표를 겨냥한 연습이다. 이를 통해 학생조종사는 향상을 위한 특정 분야를 연습하고 연습후에는 구체적인 feedback을 받는다. feedback은 실제 수행한 것과 추구하는 목표 사이의 불일치점들을 지적해낸다. 학생조종사는 계획적 연습중에 이러한 불일치를 제거하는 데 초점을 맞춰야 한다.

기술학습연구에 의하면, 계획적 연습중에 주의력 분산을 피하면 학생조종사는 보다 좋은 결과를 달성한다. 학생조종사의 수행을 바로 잡기 위한 feedback은 간결하고 명시적이어야 한다. 조종사 개인기술의 예로는 착륙, 실속, 급선회, 절차의 흐름 등이 있다.

기술학습은 지식습득과는 달리 비행교관이 학생조종사에게 새로운 생각을 제시하거나 과거의 생각을 새로운 방식으로 생각하도록 촉구하는 것이 큰 효과가 없다. 한편 비행교관은 기술학습중의 주의력 분산을, 학생조종사를 돕기 위한 적절한 주의력 분산과 혼동해서는 안 된다. 후자는 학생조종사가 어느 정도 숙달된 작업을 조정할 때 자신의 주의력 통제를 배울 수 있도록 비행교관이 의도적으로 주의력을 분산시킬 수 있다.

2. 획일화연습

획일화연습은 움직임이 자동화가 될 때까지 동일한 훈련을 반복하는 것이다. 같은 작업을 반복적으로 수행하면 단기적으로는 실력이 향상되지만 장기적 학습에는 불리하다. 이는 학생조종사 뿐만 아니라 비행교관 역시 그 기술이 잘 학습되었다고 오인하게끔 한다. 획일화연습은 현재의 수행능력을 향상시키긴 하지만 개념학습이나 장기기억인출을 개선하는 것은 아니다.

조종사는 수행능력을 향상시키기 위해 반복적으로 측풍착륙을 연습한다.

3. 무작위적 연습

무작위적 연습은 연습기간 전체에 걸쳐 습득한 기술들을 혼합하는 것이다. 이러한 유형의 연습은 기억에도 보다 효과적이다. 일련의 개별적인 기술을 무작위적 순서로 수행함으로써 각 기술의 유사점과 차이점을 인식하게 되고, 이는 연습을 보다 의미있게 만들기 때문이다. 학습자는 기술을 장기기억에 더 효율적으로 저장할 수 있다. 이때 학생조종사는 장기기억으로부터 단계와 파라미터를 인출해야 하며 이것은 학생조종사의 작업 간의 패턴을 인식하는 데 도움이 된다.

획일화연습성적은 무작위연습성적과 비교할 때 실제 수행중에 점수가 더 우수하다. 그러나 다음날 실시된 평가를 통해서 보면 무작위연습이 획일화연습보다 더 효과적이라는 것을 알 수 있다. 비행지식의 장기적 기억을 위해 비행교관은 시나리오 기반훈련(SBT)을 잘 구성하여 활용하도록 한다. 이는 무작위적 연습을 권장하여 정보에 대한 기억을 더 오래 유지시킨다.

높은 숙련도를 달성하기 위해서는 얼마나 많은 연습이 필요할까? 학생조종사의 기술습득을 계획함에 있어서 주된 고려사항은 연습에 투입되는 시간이다. 초보 학생조종사는 추가적으로 연습을 행해도 결과가 좋지 못하거나 오히려 기술습득에 방해가 되는 시점이 있을 수 있다. 이렇게 되면 실수가 늘고 동기부여는 감소된다. 경험을 쌓아감에 따라 보다 긴 연습기간을 두는 것이 유익하다.

또 다른 고려사항은 연습기간을 분할할지 여부의 문제이다. 관련된 내용까지 여러 부분으로 분할할 수도 있고, 하나의 연속적이고 통합된 시퀀스를 계획하는 것이 더 유리할 수도 있다. 이는 기술의 특성에 따라 달라진다. 어떤 기술은 서로 연관된 단계들로 구성되어 각 단계의 내용이 이전 단계내용과 긴밀히 연결된다.

학습에서 최대한 많은 것을 얻기 위한 연습의 한 방법은 학생조종사를 다른 상황에서 동일한 지식과 기술에 노출시키는 것이다. 예를 들면, 항공기에서 단거리 착륙을 연습한 다음에 강의실로 돌아와 모형비행기를 사용하여 절차를 반복한다. 그 다음에는 여러 가지 연속착륙을 보여주는 영상을 감상하고 학생조종사에게 무엇이 잘 되고 무엇이 잘못되었는지 설명해보도록 한다. 이러한 각각의 학습방법은 학생조종사의 기술저변에 새로운 인식과 통찰을 주면서 학생조종사에게 기동을 연습할 수 있는 기회를 제공한다.

11 학습프로세스 정리

학습프로세스는 학습의 성격, 학습의 법칙, 인지와 통찰력, 망각과 기억력, 학습의 이전, 학습의 단계들, 학습기술과 학습곡선으로 정리할 수 있다.

1. 학습의 성격

학습은 경험의 결과로 행동에 변화를 주는 것이다. 행동의 변화는 물리적이고 명백한 것(더 나은 활공경로 등)일 수도 있고, 심리적이며 태도에 관한 것(더 나은 동기, 예리한 지각, 통찰력 등)일 수도 있다. 학습의 진행은 다음에 오는 요소 어떤 것 혹은 전부(구두, 개념, 지각, 운동신경의 기술, 감정, 문제해결)를 포함할 것이다. 주어진 과제를 학습하는 동안 학생조종사는 문제 이외의 다른 유용한 것을 더 잘 배울 수도 있을 것이다. 이러한 학습은 우연적이라 불리며 학생조종사의 종합적인 발전에 의미있는 충격이 될 수도 있다.

2. 학습의 법칙

Edward L. Thorndike는 학습진행에 적용되는 학습의 법칙을 준비의 법칙, 연습의 법칙, 효과의 법칙, 최우선의 법칙, 강도의 법칙, 최근성의 법칙으로 구분하였다.

(1) 준비의 법칙

준비의 법칙은 학생조종사가 배울 준비가 되어 있는지 강한 목적과 명확한 목표가 있는지 배움을 위한 확고한 이유가 있는지를 설명한다.

(2) 연습의 법칙

연습의 법칙은 가장 자주 반복되어지는 것들이 가장 잘 기억나고 잘 활용되어질 수 있음을 설명한다.

(3) 효과의 법칙

효과의 법칙은 배우는 사람과의 감정적인 반응과 연관되어진다. 학습은 즐겁고 만족스러운 느낌으로 구성되어 있을 때 더 강해지며, 학습은 즐겁지 않은 느낌으로 연관되어 있을 때 약해진다.

(4) 최우선(Primacy, 초두성)의 법칙

최우선(초두성)의 법칙은 처음으로 학습된 것들이 때로 강하게 받아들여져 대부분 헷갈리지 않는 인상을 준다는 것을 설명한다. 초기에 배운 나쁜 습관은 고치기가 어렵다는 것을 의미하므로 비행교관은 기동의 처음부터 정확한 실행을 강조해야 한다.

(5) 강도의 법칙

강도의 법칙은 발랄하고 감동적이며 재미있는 경험을 기계적이고 지루한 것보다 더 가르쳐야 함을 설명한다. 강도의 법칙은 학생조종사는 대체물에서보다 실제적인 것에서 더 많은 것을 배운다는 것을 의미한다.

(6) 최근성(신근성)의 법칙

최근성(신근성)의 법칙은 가장 최근에 배운 것이 가장 잘 기억된다는 것을 설명한다.

3. 인지와 통찰력

(1) 인 지

인지는 오감의 자극에 의해 얻어진 것 이상을 말하며, 인지의 결과는 사람들이 그것에 의미를 부여받을 때 경험한 것이 되므로 모든 학습의 기초가 된다. 사람의 기본적 욕구는 조직체 자체가 영구적이며, 보호받고, 강해지고, 유지되는 것이므로 모든 인지는 이러한 기본욕구에 영향을 받는다. 자기개념이나 자기형상은 종합적인 인지적 진행에 많은 영향을 준다. 두려움이나 위협요소는 학생조종사의 인지능력을 적어지게 만든다. 결과적으로 부정적인 요소는 사람들의 인지를 통한 학습능력이 제한될지도 모른다는 것이다.

(2) 통 찰

통찰은 인지된 것들이 의미있는 것으로 묶여졌을 때 일어난다. 통찰을 일깨우는 것은 가르치는 사람의 중요한 책임이다. 교육은 각 개념들의 관계를 가르침으로써 교육속도를 높이고 학생조종사들의 통찰력을 향상시킨다. 비행교관은 안전한 학습환경을 제공함으로써 학생조종사들의 통찰력의 발전에 도움을 줄 수 있다.

4. 망각과 기억력

망각은 쓰지 않은 이론, 간섭의 이론, 억압의 이론 세 가지가 있다.

쓰지 않은 이론은 사람들이 무언가를 사용하지 않음으로써 잊는 것을 설명한다. 학생조종사들은 수료 후(수년 뒤) 보관된 실제 자료를 조금밖에 기억하지 못하는 것이 여기에 속한다.

간섭의 이론은 새로운 경험이 처음 배운 경험을 덮어버려 잊는 것을 설명한다. 새롭거나 유사한 사건은 이전에 학습된 요소를 대체할 수 있다.

억압의 이론은 몇몇 망각의 생각에 잠김에 의한 것이거나 잠재의식속의 생각들 때문임을 설명한다. 불쾌함이나 걱정을 유발하는 것들은 사람에 따라서 의도하지 않더라도 잊어지며 이것을 잠재의식과 방어응답이라 한다.

즐거울 수 있는 반응의 응답은 상이라 부르며, 상은 즐거울 수 있는 반응이 또 있기를 바라기 때문에 기억을 자극한다.

5. 학습의 이전

학습은 이전에 배운것들에 의해서 방해가 되거나 도움이 되기도 한다는 것이다. 이 과정이 학습의 이전이라고 부른다. 학습의 이전은 긍정적 이전과 부정적 이전으로 나타난다.

긍정적 이전은 하나의 기동을 배운 것이 다른 학습에 도움을 줄 때 나타난다. 예를 들어, 4각형 pattern 비행은 장주비행에 도움을 준다.

부정적 이전은 현재 기동조작이 다른 기동학습으로 방해받을 때 일어난다. 예를 들어, 자동차운전처럼 조종간으로 항공기를 조종하여 지상활주하려하는 것을 들 수 있다. 부정적 이전은 망각에 의한 방해이론과 부합된 결과를 가져온다.

각기 다른 상황에 무슨 학습을 적용시킬 수 있는가를 학생조종사로 하여금 확실히 인식시켜 줌으로써 비행교관학습의 올바른 전달에 도움이 될 것이다.

단계별 교육기술이 필요한 이유는 다음 단계과제가 소개되기 전에 각각의 간단한 과제가 올바르게 수행되어야 하는 것으로, 초기교육전에 더욱 복잡하고 진보된 작동에 대한 교육소개가 공공연히 행해지면 실행요소에서 올바르지 못한 습관의 발전으로 이끌어지게 된다.

6. 학습의 단계들

학습은 많은 경우, 기계적 암기학습단계, 이해하는 단계, 적용하는 단계, 연합단계 네 가지 단계로 이루어진다.

(1) 기계적 암기학습단계

기계적 암기학습단계는 최하위 단계로 이해나 학습된 사항의 적용능력이 필요성없이 교육된 것이며 단순히 암기하고 되뇌는 단계를 말한다.

(2) 이해하는 단계

이해하는 단계는 배운것을 반복할 수 있을 뿐만 아니라 그 지식의 근간이 되는 이론과 원리를 이해하는 단계이다. 예를 들어, 총 중량이 제한속도에 어떻게 영향을 주는지 설명할 수 있는 것으로, 설명할 수 있는 것(강의하는 것이 아님)은 이해하는 수준이라고 할 수 있다.

(3) 적용하는 단계

적용하는 단계는 이론을 이해하는 것만 아니라 배워온 것을 적용할 수 있고 지식과 일치시켜 수행하는 단계를 말한다.

(4) 연합단계

연합단계는 여러 가지 학습한 요소를 다른 부분이나 학습단계, 혹은 공적과 연관시키는 단계를 말한다.

7. 학습기술과 학습곡선

학생조종사의 과제수행준비를 위한 가장 좋은 방법은 간단하고 단계적인 예를 제시하는 것이다. 학생조종사는 무엇을 어떻게 하는지를 나타내는 간단명료한 지시를 필요로 한다. 학습은 통상적으로 한 가지 형식을 따르는데 그래프로 나타낸다면 학습곡선이라고 부를 수 있다. 곡선의 첫 부분은 빠른 초기향상을 나타내며, 이후 곡선은 수평으로 바뀐다. 이러한 평범하고 일시적인 개인학습율 곡선의 수평변환은 학습고원이라 불린다.

12 학습관련 장애들

학습관련 장애는 대표적으로 나쁜 자아상, 방어심리, 스트레스와 근심을 들 수 있다.

1. 자아상(Self-Concept)

자아상이란 자신의 모습을 어떻게 보느냐 하는 문제이다. 자아상은 배움에 있어서 가장 중요한 요소이며, 자아상은 총 지각에 커다란 영향을 끼친다. 나쁜 자아상으로 인해 대부분의 학생조종사들은 새로운 경험을 하지 않고 추가적인 훈련을 거부한다. 학생조종사들에게 좋은 자아상을 심어주고 유지시키면 통찰력을 키워줄 수 있다.

2. 방어심리과정

방어심리는 현재 나쁜 상황에 대한 우리의 잠재적인 방어이다. 인간은 이러한 방어를 사용해 실패에 대한 위로, 죄책감의 완화, 그리고 자신에 대한 값어치와 충족감을 보호한다. 방어심리가 좋을 때도 있지만 배움에 있어서는 현실의 망상과 혼동을 가져올 수도 있다. 방어심리는 원인을 완화시키지 못하고 증상을 완화시킨다.

흔한 방어심리로는 합리화, 도피, 공격성, 체념이 있다.

(1) 합리화

합리화는 자신의 행동에 대하여 받아들이지 못할 때 핑계를 댈 사유를 허락하며, 이것은 잠재적인 심리로써 평시에 용납되지 못할 것을 허락하는 것을 의미한다.

(2) 도 피

도피는 신경 쓰이는 것을 심리적 또는 육체적으로 피하는 것이다. 육체적 증상으로는 도피하려는 학생조종사가 그 자리에서 도피할 수 있도록 몸이 아프든지 그 비슷한 증상을 보이게 된다. 도피는 육체적인 도피보다 정신적인 도피 또는 공상에 더 쉽게 빠지게 된다.

(3) 공격성

공격성은 공격적인 성격으로 좌절감을 피하려고도 하며, 소리를 지르거나 다른 사람에게 죄를 뒤집어 씌우는 것이 대표적이다. 일반적으로 학생조종사들의 공격성 반응은 다음과 같은 형태로 나타난다. 그것은 엉뚱한 질문을 하거나 수업에 반대 또는 방해를 하는 것이다.

(4) 체 념

체념은 너무 좌절하여 관심을 잃고 포기하는 것이다. 더 이상 이익이 없거나 일할 수 없다고 생각하거나, 학생조종사가 기초를 확실히 다지지 못하고, 상급반에 올라갈 때 당황하여 발생하는 경우가 많다.

3. 스트레스와 근심

일반적인 사람은 경험과 훈련을 통해 스트레스에 재빨리 정확한 방법으로 자동 대응한다. 이것이 비상상황에 대한 올바른 훈련이 요구되는 이유이다. 효과적인 사람은 자신의 주변에 예민하고 생각과 행동이 민첩하다.

(1) 스트레스로 인한 반응

스트레스로 인한 비정상적인 반응은 다음과 같이 나타난다.

지나친 협조, 고통스러운 자세, 엉뚱한 웃음이나 노래, 갑작스레 변하는 감정 등의 엉뚱한 반응을 보이거나, 기분의 편차가 큰 변화(신이 났다가 갑자기 우울해지는 등), 비행교관같은 경우 학생조종사에게 심하게 말도 안 되는 화를 내는 것 등이다.

(2) 근 심

비행교육에 가장 큰 심리적인 벽은 바로 근심이다. 스트레스는 많은 상황으로 인한 지나친 걱정(비상시, 평가 등) 때문에 생기게 된다.

근심은 다음과 같은 방법으로 대치할 수 있다. 두려움을 다른 반응과 같이 취급하지 않는다든지, 비행에 대한 즐거움을 학생조종사에게 다시 인식시키거나 두려움 또한 감당하는 훈련을 실시하는 것이다.

4. 자만심 또는 성급함

성급함은 조종능력을 배우는데 커다란 장애가 된다. 성급한 학생조종사는 초등교육의 중요성을 못 느껴 결과만 중요시하고 수단을 가리지 않게 된다. 성급한 학생조종사를 도우려면 비행교관이 세부적으로 과정을 나눈 후 한 가지씩 목표를 세우며 가르쳐야 한다.

자만한 학생조종사들은 실수를 적게하므로 실수할 때마다 수정해줘도 중요하게 생각하지 않는다. 이러한 자만심은 매우 나쁜 결과를 초래한다. 이러한 경향이 있는 학생조종사에게는 비행교관이 지속적으로 교육수준을 조금씩 높여 더 많은 노력을 기울이게 하여야 한다.

C·H·A·P·T·E·R 02

인간행동

CHAPTER 02

인간행동

01 인간행동의 정의

02 인간의 본성과 동기부여

03 학습을 저해하는 인간요소

04 학생조종사의 감정적 반응

01 인간행동의 정의

인간의 행동은 선천적인 인간의 본성과 개인적 체험 및 환경의 산물이다. 또한, 인간행동은 특정한 욕구를 충족시키기 위한 시도의 결과로도 정의할 수 있다. 인간행동에 대한 실용적 지식은 비행교관이 학생조종사를 보다 잘 이해하는 데 도움이 된다.

인간행동의 또 다른 정의는 전형적인 인간의 삶의 과정에 초점을 맞춘다. 이러한 접근방식은 뚜렷한 물리적, 생리학적 및 행동학적 특성에 의해 인간행동이 특징지어지는 인간발달이나 순차적 성장단계를 강조한다.

비행교관은 인간행동을 관찰함으로써 학생조종사들의 학습욕구뿐 아니라 비행교관으로서 자기자신을 보다 잘 이해하는 데에도 필요한 지식을 얻을 수 있어, 인간행동의 이해는 성공적인 교육으로 이어지게 된다.

1. 성격유형

(1) MBTI 성격지표

인간행동의 원인을 알아내고자 하는 지속적인 탐구를 통하여 1962년 Myers-Briggs Type Indicator(MBTI) 테스트를 개발하게 되었다. MBTI는 Carl Jung의 이론, 성격특성에 대한 이전의 연구 및 인간행동에 대한 오랜 개인적 관찰을 기반으로 한 것이다. Katherine Cook Briggs와 Isabel Briggs Myers가 100가지 설문으로 자기보고방식(Self-reporting)을 통한 성격지표를 16가지로 분류하였다. 성격지표 테스트는 사람들의 직업선택에서부터 배우자 선택에 이르기까지 광범위하게 이용되고 있다.

MBTI 성격지표

E (외향형) 단체활동선호 생각을 표출하여 말하기를 선호	←→ 에너지의 방향	**I (내향형)** 혼자하는 활동선호 내면에 담고 글쓰는 것을 선호
S (감각형) 실용적이고 현실적-숲보다는 나무를 봄 이미 일어난 적이 있는 일에 초점	←→ 인식방식	**N (직관형)** 미래를 추구하고 이상적-나무보다 숲을 봄 두루뭉슬하고 자기만의 방식이 있음
T (사고형) 객관성과 합리성에 초점, 논리적인 성향 일과 목표, 효율성 중시	←→ 결정방식	**F (감정형)** 감정표현에 예민, 공감적인 성향 대인관계와 사람 중시
J (판단형) 결단력이 있고, 철저하게 조직적 명확성, 예측 가능성 및 계획 중시 결과의 올바름 중시	←→ 삶의 패턴	**P (인식형)** 융통성 있고 편안함 중시 자유롭고 즉흥적 과정의 올바름 중시

MBTI 성격지표는 에너지의 방향, 인식방식, 결정방식, 삶의 패선으로 구분하여 제시하고 있다.

(2) Big Five 요인모델에 의한 성격지표

MBTI가 가진 나름의 의의에도 불구하고, 직무성과를 제대로 예측하지 못한다는 단점을 Big Five는 모든 성격을 파악 가능함으로 보완하고 있다.

최근 성격심리학에서는 다수의 연구와 요인분석 등을 통해 기본적인 성격 요인이 다섯 가지로 압축된다고 보고하고 있다. 이를 Big Five 요인모델이라고 부르

개방성 Openness to experience | 성실성 Conscientiousness | 외향성 Extraversion | 친화성 Agreeableness | 불안정성 Neuroticism

Big Five 요인모델에 의한 성격지표는 경험에 의한
개방성, 성실성, 외향성, 친화성, 불안정성으로 제시하고 있다.

며, Big Five 요인모델은 앞 글자들 즉 경험에 의한 개방성(openness to experience: O), 성실성(conscientiousness: C), 외향성(extraversion: E), 친화성(agreeableness: A), 불안정성(neuroticism: N)으로 OCEAN 요인모델로 부르기도 한다.

1) Big Five 요인모델의 연구배경

인간의 심리와 사고, 행동의 차이를 설명하려는 노력은 역사적으로 다양하게 이어져 왔으며, Allport는 사람의 사고와 행동의 차이를 결정짓는 특질을 공통특질과 개인특질로 구분하고, 같은 자극에도 상이한 반응을 불러일으키는 개인특질에 중점을 두어 이를 밝히려고 했다. Cattell은 요인분석을 사용해서 특질을 연구했는데, 특질을 개인의 성격의 핵심이자 비교적 일관성 있고 안정적으로 유지되는 근원적인 특질과 상황이나 시간에 따라 다르게 발현되어 나타나는 표면적인 특질로 구분했다. Cattell은 요인분석으로 수줍음과 대담함, 신뢰와 의심이 많음과 같은 16개의 근원적인 특질을 추출했다.

이러한 연구들을 토대로 Eysenck는 성격의 기본유형으로서 외향성(extraversion), 불안정성(neuroticism), 정신병(psychoticism)의 세 가지를 제안하고, 이를 기준으로 삼아 개인의 성격과 사고, 행동의 차이를 설명했다. 불안정성 성향이 높은 사람들은 정서적으로 불안정하며, 늘 긴장해 있고 초조한 반면, 불안정성 성향이 낮은 사람들은 안정적이다. 정신병 성향이 높은 사람들은 냉담하고 자기중심적이며 비사회적이고 공격적이다. 외향성이 높은 사람은 즉흥적인 면과 함께 비계획성, 모험성, 충동성이 높은 반면에, 내향성이 강한 사람은 외부에서 오는 자극이 적고 안정적인 상황을 선호한다.

2) Big Five 요인모델의 요소들

Big Five 요인모델은 앞에서 설명한데로 앞 글자만 모아서 OCEAN 요인모델이라고도 한다. Costa와 McCrae가 개발한 NEO-PI-R(NEO-Personality Inventory Revised)는 총 240문항으로 5점 척도상에서 응답하도록 구성되어 있으며, 중요한 다섯 가지 요인과 각 요인에 속하는 여섯 가지 하위요인을 측정하도록 되어 있다.

① 경험에 의한 개방성(openness to experience: O)

경험에 의한 개방성은 사람들에게 아주 쉽게 드러나는 특질 중 하나이며, 이러한 성향이 높은 사람들은 전반적으로 상상하는 것을 좋아하고 독특하거나 예술적으로 느껴지는 물건이나 상황, 취미 등에 관심이 많다. 개방적인 성격을 가진 사람들은 사회생활을 할 때 새로운 일이나 주어진 일에 흥미를 보이면서 비교적 적극적으로 참여하기 때문에, 주변사람들로부터 좋은 평가를 듣는 경우가 많다.

그리고 이들은 무언가를 잘 받아들일 뿐만 아니라, 어떤 것에 쉽게 흥미를 느끼고 그 일에 뛰어드는 경향이 있다. 따라서 사회생활을 할 때 일을 긍정적으로 잘 해내는 것은 물론이고, 지적인 영역에서도 학습효과가 높은 경향이 있다. 나아가 개방성이 높은 사람들은 상상력이 많기 때문에 추상적인 일이나 학습을 더 선호하는 경향이 있고, 외부에서 시키는 일보다는 스스로 하는 일을 좋아한다. 이러한 사람들에게 학습은 높은 성적을 받거나 칭찬을 받기위한 수단이 아니라, 배우는 과정자체가 재미있고 흥미로운 목적이 된다.

반면, 개방성이 낮은 사람들은 정해져 있거나 관습적인 것을 선호하고, 안정적이고 편안한 생활을 유지하기를 좋아한다. 이러한 성향은 생활하고 있는 집이나 사무실의 주변정리, 물건의 배치에서 잘 나타난다. 그리고 개방성이 높은 사람들보다 흥미를 가지는 속도나 정도가 낮기 때문에, 어떤 일이나 학습을 할 때 의욕적으로 달려드는 경우가 적고 겉으로 보면 적극적이지 않다는 느낌을 줄 수 있다. 또한 이들은 스스로 사고하거나 성찰하는 성향이 낮고, 추상적인 상황을 마주했을 때 이를 알아 가고자 하는 동기가 낮다.

개방성의 하위특성에는 여섯 가지가 있는데 공상, 미적추구, 감성, 모험심, 생각, 진보성이다.

■ 공 상

개방성이 높은 사람들은 공상이나 상상을 즐겨하고, 자신이 흥미롭게 생각하는 세계를 머리속에서 돌아다니면서 경험하고 만들어 나가는 과정을 좋아한다. 반면에 개방성이 낮은 사람들은 이러한 상상이나 환상을 쓸데없는 행동이라고 생각하는 경우가 많고, 상상은 비일상적이고 비정상적인 부분이라고 여기기도 한다.

■ 미적추구

개방성이 강한 사람들은 추상적이고 예술적이라고 느끼는 작품이나 분야에 대하여 즐기고, 심미적인 것을 좋아하고 감수성이 풍부하다. 따라서 미술품이나 음악, 고전소설이나 시 등을 높게 평가하고, 집이나 사무실 등에 예술적인 면과 관련되는 물건들을 진열해놓기도 하고 일상적으로 음악을 자주 틀어놓기도 한다. 반면 개방적이지 않은 사람들은 예술이 가지고 있는 추상적인 면이나 상상력을 요하는 면들을 이해하지 못하고, 미술품이나 음악, 오페라나 연극이 지루하거나 실용적이지 못하다고 여기는 경우가 많다.

■ 감 성

개방성이 높은 사람들은 예술적인 감수성이 풍부함과 동시에 일상적인 감수성도 높고 섬세하다. 자신이 느끼는 감정에 귀 기울여서 스스로의 상태나 마음을 느끼고 민감하게 반응한다. 그리고 이들은 자신뿐만 아니라 주변사람이나 연극속 주인공, 작곡가에게까지도 감정이입을 하고, 그들의 생각이나 마음을 상상해보려고 노력한다. 그러나 반대의 사람들은 자신의 감정이나 마음에 민감하게 반응하지 않으며, 오히려 그런 무심한 점을 감정적이지 않고 이성적이라고 긍정적으로 평가하는 경향이 있다.

■ 모험심

개방성이 높은 사람들은 모험심이 강하고, 변화를 두려워하지 않고 잘 받아들이며 스스로 변화를 추구한다. 잘 모르는 곳으로 여행가는 것을 좋아하거나 새로 나온 상품을 사고, 특이한 옷 스타일로 바꾸는 등의 행동이 대표적인 예가 된다. 반대로 개방적이지 않은 사람들은 늘 하던 습관과 행동, 패턴에 따라서 지내는 것을 선호하고, 변화가 생기면 불편하게 느끼며, 모험심이 강한 사람들을 잘 이해하지 못한다. 이들은 똑같은 머리 스타일을 몇 년째 바꾸지 않거나, 새로 출시된 기계나 제품들을 먼저 구매하는 경우가 드물다.

■ 생 각

개방적인 사람들은 지적 호기심도 높다. 따라서 알지 못하는 세계나 내용들을 배우고자 하는 욕구가 강하고, 가 보지 못한 곳을 보여주는 영상을 흥미로워하거나 토론을 즐겨한다. 토론주제도 구체적인 것보다는 추상적이고 본질적인 내용을 선호하기 때문에, 정답이 있거나 금방 답이 나오는 것을 좋아하지 않는다. 반면 개방적이지 않은 사람들은 특히 추상적인 내용에 있어서 지적호기심이 아주 낮고, 이런 호기심이 실용적이지 못한 시간낭비라고 느낀다. 따라서 정답이 없는 본질적이고 관념적인 토론을 지루하고 도움이 되지 않는다고 생각한다.

■ **진보성**

개방적인 사람들은 전통이나 기존 체제와 반대되는 생각을 하거나, 기존 체제의 문제점을 잘 느낀다. 대부분이 인정하고 공유되어왔던 부분이라도, 당연히 순응하기보다는 반대의 입장에서도 생각해 보는 경향이 강하다. 반대로 개방성이 낮은 사람들은 기존에 주어진 기준이나 규범에 잘 따르고, 이에 대해 특별한 문제점을 느끼지 못할 뿐더러 찾으려고 하지도 않는다.

② 성실성(conscientiousness: C)

성실한 사람들은 대체로 믿음직스럽고, 일을 맡겼을 때 효율적이고 책임감 있게 수행한다. 이들은 스스로를 자제하는 능력이 뛰어나고, 항상 미래에 대한 예측과 대비를 하려고 한다. 반대로 성실성이 낮은 사람들은 충동적인 면이 있고, 주어진 일을 책임감 있게 열의를 가지고 하는 경우가 상대적으로 드물다. 일반적으로 보면, 성실성이 높은 사람이 낮은 사람보다 긍정적으로 평가받지만, 성실성이 너무 높은 사람은 완벽주의자 경향이 있어서 답답하게 느껴질 수도 있다.

성실성의 하위특성도 여섯 가지가 있는데 유능감, 질서, 의무감, 성취노력, 자제심, 신중함이다.

■ **유능감**

성실한 사람들은 자신의 능력이나 추진력과 자제력에 대한 확신을 가지고 스스로를 믿는다. 어떤 일을 맡았을 때 일을 하기전이나 하는 중에 섬세하게 준비하고 계획하며 확실한 방법으로 실천한다. 반면 성실성이 낮은 사람들은 자신이 가진 능력에 비해 스스로를 낮게 평가하는 경우가 많다. 왜냐하면 스스로 부족한 준비성과 계획성을 인지하기 때문이다. 따라서 자신의 능력을 완전히 발휘하지 못하고 낮은 성과를 내게되고, 이는 다시 자신의 능력전반에 대한 낮은 평가로 이어지기도 한다.

■ **질 서**

성실한 사람들은 주변을 질서정연하게 정리해 놓는 습관이 있다. 자신이 찾아 쓸 물건을 쉽게 찾을 수 있고, 거의 모든 물건은 제자리에 유지된다. 반대로 성실성이 낮은 사람들은 자신이 필요한 물건을 제대로 정리해 두지 않아서 찾지 못하고 우왕좌왕하는 경우가 많다. 그러나 이런 경험을 하고나서도 주변을 질서정연하게 바꾸는 사람은 드물고, 그런 자신의 모습을 고치려는 의지가 부족하다.

■ **의무감**

성실한 사람들은 자신이 맡은 바에 대한 책임감이 높고, 동시에 사회속에서 규칙이나 기준, 규범을 따라야 한다는 의식도 높다. 그러나 성실성이 낮은 사람들은 자신이 책임져야 할 일에 대해서도 계획에 따라 진행하지 못하고, 사회규칙이나 규범을 어겨도 대수롭지 않게 여기고 이에 대한 의식수준이 낮다.

■ **성취 노력**

성실한 사람들은 자신이 이루고자 하는 것을 정해 놓고 이를 성취하려는 경향이 굉장히 높다. 원하는 것을 구체적이고 질서있게 정해 놓고서 이를 이룰 수 있는 방법을 계획적으로 모색하고 실천하는 성취지향적 삶을 산다. 반면에 성실성이 낮은 사람들은 자신이 성취하고자 하는 바가 뚜렷하게 존재하지 않고 대부분 성취욕이 낮아서 이루지 못하는 것에 대한 실망이나 좌절, 욕심이 거의 없고 포기가 빠르다.

■ **자제심**

성실한 사람들은 무언가를 성취하기 위해서는 다른 일을 하고 싶어도 참아내는 자제력이 뛰어나다. 그러나 성실성이 낮은 사람들은 포기가 빠르고 자신의 처지나 능력에 대해 쉽게 수긍하기 때문에 자기 통제력도 높지 않고, 어려움이나 유혹에 약하다.

■ **신중함**

성실한 사람들은 자신이 뜻한 것을 이루기 위해서 꼼꼼하게 준비하고 결정을 내릴 때 여러 상황이나 조건들을 신중하게 고려한다. 반대로 성실성이 낮은 사람들은 계획성이 낮고, 준비되지 않은 상태에서 결정을 내리거나 행동을 하고 나서 생각하는 등 신중하지 못한 경우가 많다.

③ 외향성(extraversion: E)

일반적으로 외향성과 내향성은 확연히 구분되는 특성이라고 여겨지지만 상황에 따라 한 사람에게서 두 가지 모습을 가장 자주 볼 수 있는 특성이기도 하다.

외향성에도 여섯 가지 하위특성이 있는데 친근함, 사교성, 자기주장성, 활동성,

흥분추구, 긍정적 정서이다.

■ **친근함**

외향적인 사람들은 친근함 또는 진실성이 높다. 이들은 처음 만나는 사람들과도 쉽게 이야기하고 어울리며 피상적인 이야기에 머물지 않고 빠른 시간 안에 깊게 친해진다. 반대로 내향적인 사람들은 처음보는 사람들과 많이 이야기하지 않으며 외향적인 사람들에 비해 감정적이지 않은 것은 아니지만 새로운 인간관계에 적극적이지 않다.

■ **사교성**

사교성을 위의 친근함으로 생각하는 사람들이 많은데 사교성이 높은 사람들은 다른 사람들과 함께 있는 것을 즐기고, 거기에서 에너지를 얻고 기분까지 좋아지는 사람들이다. 그러나 내향적인 사람들은 친하지 않은 사람들과 함께 있는 상황을 불편하게 느끼고, 이들과 친해지기까지 시간이 많이 걸린다. 따라서 익숙한 환경에서 익숙한 사람들과 같이 있는 것을 선호한다.

■ **자기주장성**

외향적인 사람들은 자신의 의견을 정확하게 주장하는 경향이 강하고, 때로는 자신이 상황이나 업무를 주도적으로 이끌거나 지배하려는 성향까지 보인다. 반면 내향적인 사람들은 일을 추진하는 데 주도권을 쥐고싶은 마음이 적고, 참여하거나 발언하는 일이 적은 편이라서 눈에 잘 띄지 않는다.

■ **활동성**

외향적인 사람들은 왕성하게 활동하면서 다양한 것을 적극적으로 경험하고 실천한다. 반대로 내향적인 사람들은 게으른 것은 아니지만 여유를 가지면서 생활하는 것을 좋아하고, 빡빡한 계획속에서 빠르게 활동하는 것과 잘 맞지 않는다.

■ **흥분추구**

외향적인 사람들은 새로운 자극이나 흥분거리를 좋아하고, 모험심과 체험욕이 강하다. 정형화되어 있는 일보다는 자유롭게 다니면서 새로운 경험을 할 수 있는 일을 선호한다. 반면에 내향적인 사람들은 일정하고 안정적이며 자극적이지 않은 생활과 패턴을 좋아한다.

■ **긍정적 정서**

외향적인 사람들은 자신이 행복하고 즐거운 상태인 경우가 많다고 느끼고, 이러한 긍정적인 감정들을 겉으로 잘 드러낸다. 그러나 내향적인 사람들은 이러한 성향을 잘 이해하지 못하고 외향적인 사람들만큼 행복이나 즐거움을 추구하는 생활을 적극적으로 하지 않는 편이다.

④ 친화성(agreeableness: A)

친화성이 높은 사람들은 보통 이타적이고 동정심이 많으며 다른 사람들을 배려하는 마음이 깊다. 반대로 친화성이 낮은 사람들은 다른 사람들의 기분이 상할지라도 비판하거나 단점을 지적하고 차갑게 대하기도 한다.

친화성의 여섯 가지 하위특성은 신뢰성, 도덕성, 이타성, 겸손, 온유함, 순응성이다.

■ **신뢰성**

친화적인 사람은 타인을 대할 때 높은 신뢰를 가지고 대하며 상대방의 진심을 의심하지 않는다. 그러나 친화성이 낮은 사람은 신뢰성도 낮은데 타인이 가지고 있는 진짜 의도나 거짓된 마음 등을 파악하려고 하고 숨기는 것이 있을 거라고 의심하는 경향이 강하다.

■ **도덕성**

친화성이 높은 사람은 도덕성이 높다. 여기서 도덕성이란 자신을 정직하고 솔직하게 드러내고 거짓으로 포장하지 않는다는 의미이다. 자신이 원하는 것을 얻기 위해 거짓말을 하거나 위선을 떨지 않는다. 반대로 비친화적인 사람은 도덕성이 낮은데, 자신이 원하는 것을 위해서는 아부나 마음에 없는 칭찬도 기꺼이 하고 비도덕적인 행동들을 양심의 가책없이 하기도 한다.

■ **이타성**

친화성이 좋은 사람은 대부분 다른 사람을 배려하고 먼저 생각하는 이타주의가 강하기 때문에 타인에게 상처가 될 행동이나 말을 조심하고 자기희생을 잘한다. 반면 친화성이 낮은 사람은 이기적인 면이 강하고 자신과 연관되어 있지 않으면 타인의 상황에 별다른 관심을 보이지 않고 잘 도와주지도 않는다.

■ **겸 손**

친화적인 사람은 겸손해서 자신의 의견이나 장점, 성과 등을 내세우지 않는 경향이 있다. 반대로 친화성이 낮은 사람은 자신의 능력이나 성과를 겉으로 드러내기 좋아하며 이것을 부정적으로 여기지 않는다.

■ **온유함**

친화성이 높은 사람은 다른 사람들에게 감정 이입을 쉽게 하고 공감에서 비롯한 친절이나 도움이 자주 나타난다. 그러나 비친화적인 사람은 자신의 것을 포기하면서까지 다른 사람들을 돕는 것을 현실적이지 않다고 평가하면서 동정심이 적은 자신을 합리적이고 정당한 사람으로 여긴다.

■ **순응성**

친화성이 높은 사람은 자신의 주장이나 의견을 포기하면서까지 전체의 평화를 유지하려고 하지만, 친화성이 낮은 사람은 갈등이 증폭되더라도 자신의 주장을 굽히지 않는다. 오히려 자신이 공격받거나 무시당하지 않기 위해서 주도권을 잡으려고 하고 자신의 뜻을 더 강하게 표시한다.

⑤ 불안정성(neuroticism: N)

Big Five 요인모델에서 불안정성은 병리적인 측면이 아닌 일반적인 성격중에서 불안하거나 우울해하는 정도를 기준으로 삼는다.

불안정성의 여섯 가지 하위특성은 불안, 적대감, 우울, 자의식, 충동성, 상처받기 쉬움이다.

■ **불 안**

불안정성이 높은 사람은 전반적으로 걱정이 많은데 이는 높은 불안감에서 비롯되는 경우가 많다. 미래에 닥칠지도 모를 부정적인 일을 걱정하며 미리 긴장하는 것이다. 반면 불안감이 낮은 사람은 미래의 실패나 좌절, 위험에 대해 미리 걱정하거나 불안해하지 않는다.

■ **적대감**

불안정성 성향이 높은 사람은 적대감이 높아서 자신이 당한 불합리한 처사나 행동에 대해 쉽게 화를 내고 분노를 느끼지만 정작 그 현실이나 상황을 고치려고 노력하거나 시도하지는 않는다. 그러나 불안정성이 낮은 사람은 쉽게 화를 내거나 흥분하지 않고 그런 일이 있더라도 빠른 시간 안에 다시 일상으로 돌아온다.

■ **우 울**

불안정성 중에서 우울감이 높은 사람은 쉽게 좌절하고 자신을 낮춰서 생각하고 의욕이 없다. 반대로 우울감이 낮은 사람은 자신에 대해 크게 낙담하지 않고 긍정적인 마음가짐을 유지하는 경향이 있다.

■ **자의식**

불안정성이 높은 사람은 자의식이 강해서 다른 사람들의 평가에 예민하고 다른 사람들이 자신을 부정적으로 바라볼 것이라는 생각에 시달린다. 반면 불안정성이 낮은 사람은 사회성이 높은 편이고 여러 사람과 있는 것을 불안해하지 않으며 실수를 하거나 비판을 받을까 봐 두려워하지 않는다.

■ **충동성**

불안정성이 높은 사람은 자제력이 약해서 충동적인 행동을 자주한다. 이런 행동을 후회하지만 자신의 욕구나 유혹에 약하기 때문에 통제하지 못하는 경우가 많다. 그러나 불안정성이 낮은 사람은 자신을 절제할 줄 알고 인내하는 것에 익숙하다.

■ **상처받기 쉬움**

불안정성이 높은 사람은 상처받기 쉽고 스트레스에 남보다 더 예민하게 시달린다. 반면 불안정성이 낮은 사람은 스트레스를 받는 상황이라 해도 자신이 할 수 있는 한 낙담하지 않고 일을 해 내는 특성이 있다.

2. 비행교관과 학생조종사와의 관계

성격유형은 학습하는 방법뿐 아니라 가르치는 방법에도 영향을 끼친다. 성격유형을 학습하면 비행교관 또한 자신의 가르치는 방법을 파악하는 데 도움이 된다. 개인적 교육스타일 파악이 중요한 이유는 비행교관이 가르치는 방식과 학생조종사가 학습하는 방식이 일치하는지 또는 불일치하는지에 따라 학생조종사의 만족이나 불만을 이끌 수 있기 때문이다. 비행교관이 학생조종사의 학습스타일에 맞추기 위해 자신의 교수스타일을 바꾸는 것은 불가능하지만 그 차이를 적극적으로 좁힐 수는 있다.

02 인간의 본성과 동기부여

인간 본성이란 모든 사람들이 공유하는 일반적인 심리적 특성, 감정 및 행동경향을 가리킨다. 동기부여는 사람이 특정한 행동을 취하는 이유가 되며 목표의 핵심부에 자리잡는다. 목표란 곧 사람의 노력의 대상이다.

1. 메슬로우(Maslow)의 욕구단계(계층)이론

메슬로우는 인간욕구, 동기부여 및 성격에 대해 연구를 수행하였다. 초기연구과정 중 그는 원숭이를 대상으로 실험하면서 일부욕구가 다른 욕구보다 우선한다는 점에 주목했는데, 예를 들면, 갈증이 배고픔보다 먼저 해소되는데 이는 물에 대한 욕구가 먹을 것에 대한 욕구보다 더 강하기 때문이다. 1954년 메슬로우의 욕구단계(계층)이론이라고 알려지게 된 이론을 발표하였으며 이것은 오늘날에도 동기부여를 이해하는 데 유효하게 적용되고 있다.

메슬로우에 의하면 인간의 욕구는 음식과 쉴 곳에 대한 신체적 욕구를 넘어서 심리적 욕구, 안전과 보안, 사랑과 소속감, 자부심 및 자신의 목표를 달성하고자 하는 자아실현을 아우른다고 한다. 인간의 욕구는 더 중요한 것부터 순서대로 충족된다. 한 가지 욕구가 충족되면 인간은 다음 수준의 욕구를 충족시키기 위해 움직이며, 욕구충족은 일상의 활동을 결정하는 지속적인 행동이 된다.

메슬로우의 욕구단계이론

2. 학습장려를 위해 반드시 충족되어야 하는 인간욕구

학습장려를 위해 반드시 충족되어야 하는 인간욕구는 생리적 욕구, 안전욕구, 소속감, 자부심, 인지욕구와 심미적 욕구, 자아실현 욕구가 있다.

(1) 생리적 욕구

생물학적 욕구이며 공기, 음식, 물을 비롯해 인간신체유지에 대한 욕구로 구성된다. 만약 학생조종사의 건강이 좋지 않으면 이것이 가장 우선시되어야 한다. 생물학적 욕구가 충족되지 않으면 사람은 학습, 자기표현, 그밖의 어떠한 일에도 완전히 집중하지 못한다는 것을 기억해야 한다.

비행교관은 먼저 학생조종사들의 기본적, 물리적 욕구가 충족되었는지 확인하기 위해 학생조종사들을 잘 살펴보아야 하는데, 예를 들어 배가 고프거나 피곤한 상태인 학생조종사는 기대한바대로 실력을 발휘하지 못할 것이기 때문이다.

(2) 안전욕구

생리적 욕구가 충족되면 안전에 대한 욕구가 활성화된다. 모든 인간은 안전한 느낌을 원하는데, 즉 이 욕구는 자신을 위험으로부터 보호하고자 하는 욕구이다. 학생조종사가 안전하다고 느끼지 못하면 학습에 집중할 수 없게 된다. 훈련중에 비행안전을 중요시하는 비행교관에 대해 학생조종사들은 불안감을 덜 느낀다.

(3) 소속감

사람은 신체적으로 편안하고 위협을 느끼지 않을 때 소속감이라는 사회적 욕구의 충족을 추구하게 된다. 사랑하고 사랑받기, 관심 및 소속감 등이 관련되는데, 예를 들어 학생조종사들은 훈련중에 일반적으로 안정적인 환경으로부터 벗어나기 때문에 유대감과 소속감에 대한 욕구가 더 두드러진다.

비행교관은 새로 온 학생조종사들이 편안함을 느끼고 비행훈련에 대해 즐거움을 계속 추구할 수 있도록 많은 노력을 기울여야 한다.

(4) 자부심

인간은 안정되고 확고한 높은 수준의 자존심과 다른 사람들로 부터 존경을 받고 싶어 한다. 높은 자부심은 자신감, 독립심, 성취감, 숙련도 및 지적활동을 고취시킨다. 자부심 욕구가 충족될 때 사람은 자신감을 갖게되고 이 세상의 일원으로서 자신을 가치있는 존재라고 느낀다.

자부심에 대한 욕구가 좌절되면 열등감, 허무, 무력감 및 가치가 없음을 느낀다. 자부심은 비행교관과 학생조종사의 관계에 매우 큰 영향을 미칠뿐 아니라 학생조종사들에게 있어 비행훈련의 중요한 동기가 될 수 있다.

(5) 인지욕구와 심미적 욕구

메슬로우는 욕구피라미드에 인지(알고 이해하고자 하는)욕구와 심미적(예술가적 감정) 욕구를 추가하였다. 두뇌는 무언가를 새로 배울때마다 도파민(Dopamine)을 분비시킴으로써 이러한 욕구를 강화시키며, 이에 의해 "바로 이거야(eureka)!"라는 깨달음의 순간 기쁨이 생겨난다. 학생조종사는 보통 첫 단독비행을 완료할 때 "바로 이거야!"의 순간을 경험하게 된다. 심미적 욕구는 인간감정과 직결되며 설득의 영역에서 미묘한 요소가 된다.

사람이 다른 사람을 좋아할 때나 특정한 집, 그림, 노래 등을 좋아할 때는 특별한 이유가 없고 단순히 그것이 좋을 뿐이다. 심미적 욕구는 비행교관과 학생조종사의 관계에서 하나의 요인으로 작용할 수 있다. 비행교관이 어느 학생조종사를 '좋아하지' 않을 경우, 이러한 미묘한 감정은 그 학생조종사를 가르치는 비행교관의 교육에 영향을 미칠 수 있다.

(6) 자아실현 욕구

메슬로우는 자아실현을 가리켜 한 사람이 "그러한 일을 하도록 태어난" 바로 그 사람이 되어 그 일을 하게 되는 것이라고 설명하였다. 자아를 실현한 사람의 특징은 다음과 같다.

자아실현한 사람의 특징

- 문제에 초점을 맞춤
- 삶의 가치에 대해 지속적으로 평가함
- 개인적 성장에 관심을 가짐
- 지고(至高)의 체험을 할 수 있는 능력을 갖춤

비행훈련을 통해 학생조종사들이 개인의 잠재력을 달성하도록 지원하는 것은 비행교관에게 커다란 도전이자 보상이 된다. 비행교관은 건강한 학습환경을 조성함으로써 학생조종사들의 욕구를 적절히 충족시키는 데 힘써야 한다. 학생조종사들은 이러한 환경에서 좌절의 빈도수가 줄어들고, 이를 통해 자신의 공부에 더 집중할 수 있게 된다. 복합적인 학습환경에서 욕구의 충족은 강한 동기부여가 될 수 있다.

3. 사회심리학자 Douglas McGregor

사회심리학자 Douglas McGregor는 1960년에 메슬로우의 욕구단계이론을 더 확장하여 인간 본성과 동기부여에 관한 두 가지 서로 상반된 가정을 제시하였다.

맥그리거의 유명한 X-Y 이론(X-Y Theory)은 본래 인적자원관리를 위해 고안되었으나, 사람들이 직장과 조직생활에서 인간행동을 어떻게 바라보는지에 대한 정보를 제공하면서 비행교관에게도 유용하게 이용될 수 있다.

더글라스 맥그리거의 X 이론 및 Y 이론

X 이론:

- 사람들은 본질적으로 일하기를 싫어하고 가능하면 언제나 회피한다.
- 목적을 달성하기 위해 사람들에게 일을 시키려면 반드시 강요하거나 통제하거나 지시하거나 처벌하겠다고 위협해야 한다.
- 사람들은 지시받는 것을 선호하고 책임지기를 원하지 않으며, 야심이 거의 없거나 전혀 없다.
- 사람들은 다른 어떠한 것보다 안전을 추구한다.

Y 이론:

- 일은 놀이와 휴식만큼 자연스러운 것이다.
- 사람들은 목적의식을 갖고 전념할 때는 스스로 방향을 정한다.
- 사람은 자아성취와 관련된 보상을 위해 목표에 전념한다.
- 사람들은 책임을 받아들이고 추구하는 것을 배운다.
- 창의성, 재능 및 상상력은 사람들 사이에서 보편적인 능력이다. 사람들은 조직의 문제를 해결하기 위해 이러한 능력을 이용할 수 있다.
- 사람들은 잠재력을 가지고 있다.

Douglas McGregor는 1960년에 X 이론 및 Y 이론을 발표하면서 인간에 대한 철학적 시각을 제시하였다. 이 이론은 사람들이 직장과 조직생활에서 인간행동을 바라보는 두 가지 서로 상반된 인식이다.

X 이론은 사람들에게는 통제와 지시가 필요하기 때문에 관리자의 역할은 직원들에게 강요하고 그들을 통제하는 것이라고 가정한다. X 이론 논리를 신봉하는 관리자는 사람들이 본질적으로 일하기를 싫어하고 가능하면 언제나 일을 회피하기 때문에 목적을 달성하기 위해 사람들에게 일을 시키려면 반드시 강요하거나 통제하거나 지시하거나 위협해야 한다고 믿는다.

McGregor는 이러한 가정이 잘못되었으며, 관리자(혹은 교관)의 역할은 직원(학생)의 잠재력을 개발하고 공통된 목표를 향해 그러한 잠재력을 표출할 수 있도록 도와주는 것이라고 믿었다. 그는 이러한 시각을 "Y 이론"이라고 명명하였으며 그 내용은 다음과 같다.

동기부여된 학생조종사의 잠재력 실현방법

- 일은 놀이와 휴식만큼 자연스러운 것이다. 사람은 본질적으로 일하기를 싫어하지 않는다. 조건에 따라서 일은 만족감의 근원이 될 수 있고, 그러한 경우 일은 자발적으로 성취된다. 반면에 일이 처벌의 한 형태라면 누구나 가능한 한 회피하고자 할 것이다.
- 사람들은 목적의식을 갖고 전념할 때는 스스로 방향을 정한다.
- 목표에 대한 전념은 자아성취와 관련된 보상과 직결되어 있다.
- 사람들은 책임을 받아들이고 추구하는 것을 배운다. 책임의 회피와 야망의 결여는 인간 본성의 특징이 아니라 일반적으로 경험의 결과이다.
- 창의성, 재능 및 상상력은 사람들 사이에서 보편적인 능력이다. 사람들은 문제를 해결하기 위해 이러한 능력을 이용할 수 있다.
- 사람들은 잠재력을 가지고 있다.

동기부여가 되는 것은 인간의 본성이기 때문에 학생의 잠재력을 실현하는 방법을 찾는 것은 교관의 책임이다. 학생조종사와 확고하고 건강한 생산적인 관계를 형성하는 것은 인간행동의 욕구에 대한 비행교관의 지식에 달려 있다. 또한 학습프로세스를 저해하는 요소를 파악할 수 있다면 이 역시 비행교관에게 도움이 될 것이다.

03 학습을 저해하는 인간요소

1. 방어기제

방어기제에는 생물학적인 방어기제와 심리적인 방어기제가 있다. 생물학적 방어기제는 신체를 보호/보존하고자 하는 생리적 반응이며, 예를 들어 인간은 위험이나 위협을 느낄 때 '맞서 싸우거나 도망치는' 반응이 시작된다. 아드레날린을 비롯한 여러 화학물질이 분비되고 빠른 심장박동수, 혈압상승과 같은 물리적 징후가 일어난다.

자아방어기제는 불안, 불쾌한 감정으로부터 자신을 보호 또는 현재 대처할 수 없는 상황으로부터 도피처를 제공하는 무의식적인 정신적 프로세스이다. 불안감이 생기면 마음은 문제-해결 또는 탈출구를 찾으려 시도하며, 이 방법이 통하지 않으면 방어기제가 촉발되는데 다음의 두 가지 공통적인 특성이 있다.

방어기재의 두 가지 특성

- 방어기제는 보통 무의식적으로 나타난다.
- 방어기제는 현실을 왜곡시키거나 변형하거나 그밖의 방법으로 부정한다.

여러 공통적 방어기제를 학생조종사들에게 적용할 수 있다.

방어기제

(1) 억 압

억압은 접근이 불가능한 무의식의 영역으로 이동시키는 방어기제이다. 당장 자신이 대처할 수 없는 일을 후일에 다룰 수 있도록 치워버리거나 사라져버려서 다룰 일이 없어지기를 바라는 것이다.

억압은 일시적으로 잊어버리는 것부터 불안감을 일으킨 사건이 깊숙이 묻히는 망각까지 그 정도가 다양하다. 학생조종사는 비행에 대한 억압된 공포를 가질 수 있고 이것이 그의 비행학습을 억제할 수 있다.

(2) 부 정

부정은 외부적 현실이 너무 위협적이어서 그것을 받아들이는 것을 거부하는 것이다. 이미 일어났거나 일어나고 있거나 앞으로 일어날 일을 인지하는 것을 거부하는 것으로, 부정은 스트레스를 주는 생각을 기억에서 금지시키는 억압의 한 가지 형태이다.

부정과 유사한 것으로 최소화가 있는데 사람이 무엇인가를 최소화할 때 그는 일어난 일을 받아들이기는 하지만 희석된 형태로 받아들인다.

(3) 보 상

보상은 다른 분야의 강점을 강조함으로써 인식된 약점과 심리적 균형을 잡는 프로세스이다. 학생조종사들은 흔히 보상을 통해 보다 긍정적인 자질을 강조함으로써 취약하거나 바람직하지 않은 자질을 위장하려고 한다. "나는 싸움꾼이 아니라 친구"라는 태도는 보상의 한 예라고 할 수 있다. 보상은 당사자가 취약점을 경험하고 있는 영역 이외의 삶의 영역에서 거둔 성공으로 자신의 약점을 대체하는 것이다.

(4) 투 사

투사는 개인적 단점과 실수 그리고 규칙위반에 대한 비난을 다른 사람에게 전가하거나 개인적 동기, 갈망, 특성 및 충격을 다른 사람의 탓으로 돌린다. 비행평가에 불합격한 학생조종사가 내가 불합격한 이유는 평가관이 나빴기 때문이라고 말하는 것은 실패가 개인적 기술이나 지식의 결여 때문이 아니라고 생각하는 것이다. 이 경우 학생조종사는 비난을 '불공정한' 평가관에게 투사하는 것이다.

(5) 합리화

합리화는 수용할 수 없는 행동을 정당화하는 무의식적인 행동과 생각이다. 합리화가 일어나면 사람은 겉보기에 실제적이고 정당화할 수 있는 것으로 보이는 그럴 듯한 변명을 진심으로 믿게되는데, 예를 들어 시험성적이 좋지 않은 학생조종사는 필요한 정보를 학습할 시간이 충분하지 않았다고 주장함으로써 자신의 좋지 않은 성적을 정당화하는 것이다.

(6) 반동형성

반동형성은 실제 생각이 불안감을 야기하기 때문에 실제 생각과 반대되는 생각으로 위장하는 것이다. 어떤 행동이나 말을 하고 싶어하는 사람이 실제로는 원하는 것과 반대되는 행동이나 말을 하는 경우가 여기에 해당된다. 고독감을 느끼고 집단에 받아들여지기를 갈망하는 사람이 그러한 감정을 숨기기 위해 남들 일은 내알바가 아니라는 태도를 보이는 것 또한 이와 같은 예라 할 수 있다.

(7) 공 상

공상은 학습자가 실제로 행동하기보다는 일이 그렇게 이루어지기를 바라는 상상에 빠지는 것이다. 학생조종사는 현실에서 벗어나 가상의 세계, 즉 성공과 즐거움의 세계로 들어가기 위해 그의 상상력을 발휘한다. 새로운 기종으로 전환을 하는 조종사는 더 복잡한 항공기를 완전히 파악하는 데 어려움을 겪을 수 있고 이렇게 되면 현실은 항공기 조종사가 그의 꿈에서 멀어질 수 있으며, 면허를 따는 것보다는 미래의 직업에 관한 것이 더 쉬워진다. 극단적인 상태에 이르면 공상의 세계와 현실을 혼동하여 구분하지 못하게 될 수도 있다.

(8) 전 치

전치란 원래의 대상에서 받은 감정, 영향 및 갈망을 무의식적으로 수용가능하고 덜 위협적인 대체물을 향해 쏟는 것이다. 성적이 좋지 못한 학생조종사는 학점을 낮게 준 비행교관에게 화가 났지만 분노를 표현했다가는 비행교관이 학점을 더 깎을까 두려워, 분노표현의 방향을 좀 더 만만한 사람에게로 옮기게 된다. 즉, 학생조종사는 학급에서 낙제할 위험을 겪지 않으면서 분노를 표현하게 된다.

04 학생조종사의 감정적 반응

1. 불안감

불안감은 결과가 불확실한 대상에 대해 무슨 일이 일어날 것 같은 걱정, 근심, 조바심의 감정이다. 불안감은 비행교육에 영향을 미치는 가장 중요한 심리적 요인인 것이다. 비행은 비행에 익숙하지 않은 사람들에게 있어 잠재적으로 두려운 경험이고, 추락의 공포는 모든 인간에게 보편적인 것이기 때문에 불안감은 실제이든 상상이든 그것을 체험하는 사람에게는 두려움의 결과이며, 행동과 인식에 의한 학습능력에 큰 영향을 미칠 수 있다.

불안감에 대한 반응은 행동의 망설임부터, 잘못된 것을 알면서도 무엇인가를 하려는 충동에 이르기까지 다양하다. 비행교관은 불안감에 대한 정상적인 반응과 비정상적인 반응에 모두 관심을 가져야 하며, 정상적인 반응은 불안감을 해소하는 데 있어 특수한 지도를 필요로 하기 때문에 중요하다. 비정상적인 반응은 내면 깊숙이 뿌리내린 문제를 의미할 수 있기 때문에 더욱더 중요하다.

불안감은 학생조종사들의 비행에 대한 즐거움을 강화하고 학생조종사들에게 자신의 두려움에 대처하도록 가르침으로써 대응할 수 있다. 학생조종사들의 불안감은 훈련과정 중 잘못된 기동의 불행한 결과를 연달아 인용하기보다는 비행을 통해 얻을 수 있는 편익과 즐거운 체험을 강조함으로써 최소화할 수 있다. 안전한 비행의 실행은 사고방지에 필요한 것이라기보다는, 만족스럽고 효율적이며 방해받지 않는 기동을 위해 필요한 것으로 제시되어져야 한다.

2. 스트레스에 대한 정상적 반응

위협을 인지하거나 상상하게 되면 두뇌는 신체에 경고를 보내고, 호르몬을 활성화하고 호르몬은 신체로 하여금 그 위협에 맞서거나 위협으로부터 후퇴하도록 준비시킨다. 정상적인 사람은 경험과 훈련의 한계내에서 신속하고 정확하게 반응하기 시작하며, 많은 경우 이러한 반응은 자동적으로 진행된다. 실제 비상사태에 앞서 적절한 비상시 훈련이 얼마나 필요한 것인지를 잘 보여주는데, 영향을 받은 개인은 합리적으로 생각하고 신속하게 움직이며 주변의 모든 것에 극도로 민감해진다.

3. 스트레스에 대한 비정상적 반응

일반적으로 비행교육 중에 학생조종사가 어떤 스트레스를 받을 경우 비행교관은 그것을 관찰할 수 있는 유일한 사람이다. 다음과 같은 학생조종사의 반응은 스트레스에 대한 비정상적 반응을 의미할 수 있는데, 이러한 반응이 절대적인 지표가 될 수는 없지만 스트레스 조건하에서 이러한 상태가 나타난다면 비행교관은 주의깊게 평가해야 한다.

스트레스에 대한 비정상적 반응

- 극단적으로 과도한 협력, 고통스러울 정도의 자제, 부적절한 웃음이나 노래, 감정의 급격한 변화 등과 같은 부적절한 반응
- 수업에 따라 때로는 심하게 의기소침하고 때로는 매우 의욕적인 모습을 보이는 등 현저한 기분의 변화
- 비행교관, 업무요원 및 그밖의 사람들을 향한 극단적인 분노

4. 심각한 비정상적 학생조종사에 대한 비행교관의 조치

학생조종사가 심각한 심리적 이상상태를 겪고 있다고 판단되면 비행교관은 그 학생조종사의 지도를 자제해야 하고, 비행교관은 그 학생조종사가 비행훈련을 계속받거나 조종사 면허를 취득하지 못하도록 조치를 취해야 할 개인적 책임도 비행교관이 가지고 있다. 학생조종사에게 심리적 결함이 있다고 판단한 경우 비행교관에게는 다음의 조치를 해야 할 의무가 있다.

심각한 비정상적 학생조종사에 대한 비행교관의 조치

- 비행교관은 그 학생조종사를 알지 못하는 다른 비행교관을 주선해 평가비행을 실시하도록 하고, 비행후에 두 비행교관은 추가적인 조사나 조치가 필요한지 여부를 협의해야 한다.
- 만약 비행교관이 편견없는 다른 비행교관과 협의한 후에도 문제의 학생조종사에게 심각한 심리적 결함이 있다고 생각된다면 그 학생조종사의 승인과 추천은 유보되어야 한다.

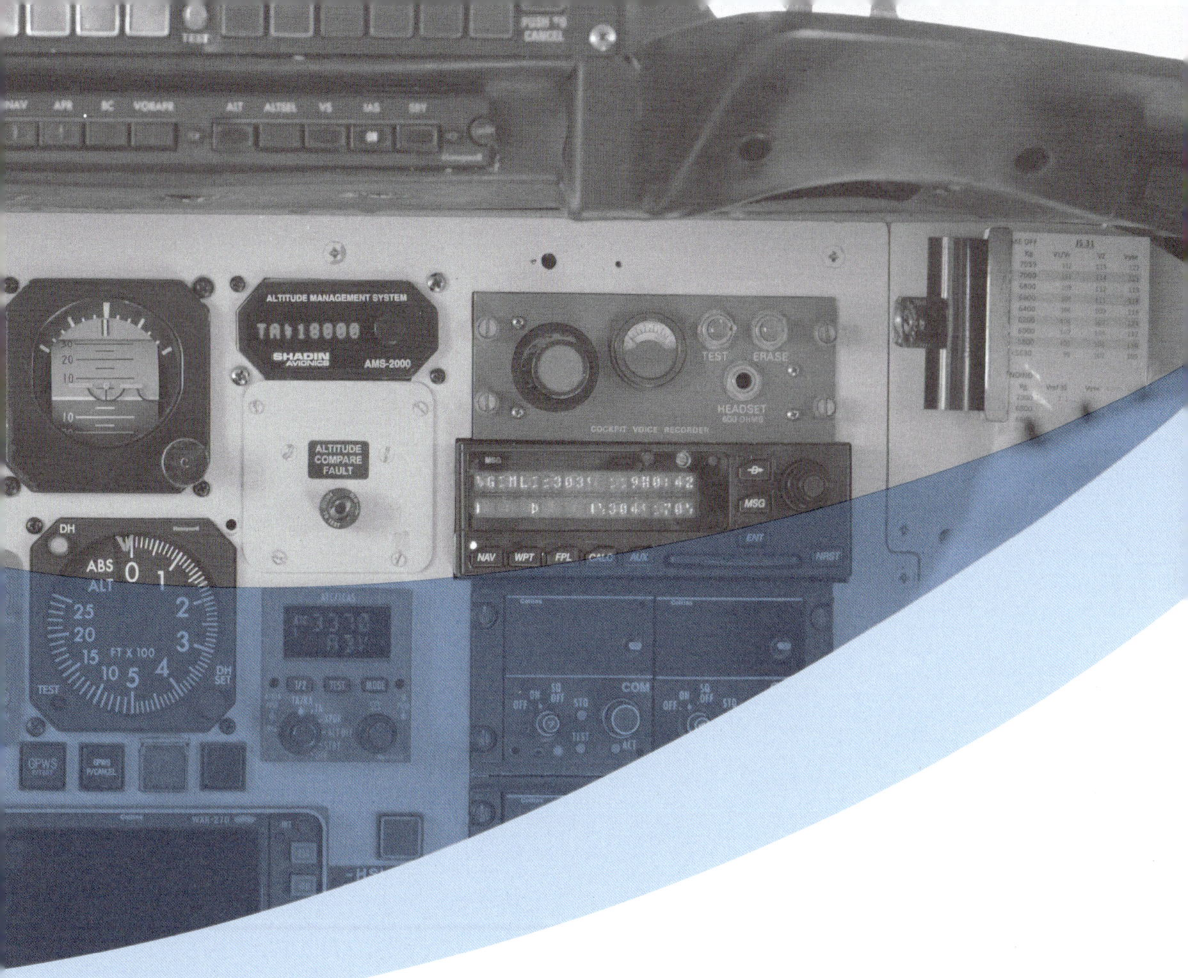

C·H·A·P·T·E·R 03

효과적인 의사소통

CHAPTER 03

효과적인 의사소통

01 의사소통의 기본적 요소

한 사람이 다른 사람이나 집단에 생각이나 감정을 전달할 때 의사소통이 이루어진다. 의사소통의 유효성은 전달된 생각과 받아들여진 생각이 얼마나 유사한지로 평가된다.

의사소통 프로세스는 다음의 세 가지 요소로 구성된다.

의사소통 프로세스의 세 가지 요소

- 의사소통자(발신자, 비행교관, 화자, 전달자, 수용자)
- 메시지를 구성하고 전송하는 데 사용되는 상징(Symbol)
- 단어나 표시(모형비행기 등)
- 수용자(청자, 학생조종사)

설명한 원리를 학생조종사가 이해했는지 확인하기 위해
비행교관이 모형비행기를 움직이며 대화하고 있다.

1. 의사소통자

의사소통자는 발신자, 비행교관, 화자, 전달자, 수용자 등이 있다. 의사소통자의 유효성은 기본적으로 다음 세 가지 요소와 관련된다.

첫째, 청자와 독자에게 의미있는 상징(Symbol)을 전달하기 위해서 의사소통자는 반드시 의사소통에 필요한 언어를 선택하고 사용하는 능력이 있어야 한다. 사용되는 상징이나 단어를 수용자가 얼마나 이해하느냐에 따라 의사소통의 효과가 좌우된다. 의사소통자로서 화자(비행교관)는 이를 잘 파악하고 있어야 한다.

둘째, 전달자는 의식적이든 무의식적이든 전달자로서의 태도와 전달되는 생각에 대한 태도, 그리고 수용자에 대한 태도를 나타내게 된다. 메시지를 효과적으로 전달하고자 한다면 메시지를 전달할 때의 태도가 반드시 긍정적이어야 하며, 또한 확고한 태도 즉, 전달되는 메시지의 중요성과 수용자가 그것을 수용해야 할 필요성을 나타내어야 한다.

셋째, 전달자는 정확한 정보, 최신의 정보, 자극적인 정보를 말하거나 기록할 때 성공적으로 전달할 가능성이 더 높기 때문에 전달자는 가능한 한 최근의 흥미있는 정보를 갖추도록 지속적으로 노력해야 한다. 이러한 흥미를 통해 수용자의 관심을 유지시킬 수 있다. 시간이 지난 정보를 사용하면 수용자가 비행교관에 대한 신뢰를 상실할 수 있고, 또한 단조롭고 재미없는 정보 역시 수용자가 흥미를 잃어버릴 위험이 높다.

2. 상징(Symbol)

기본적인 의사소통은 단순한 언어코드와 시각적 코드인 상징(Symbol)을 통해 이루어진다. 단어는 기본적인 코드를 구성하며 일반적인 제스처(gesture)와 얼굴 표정 또한 코드를 구성하지만, 단어와 제스처 그 자체만으로는 생각을 전달할 수 없다. 수용자가 이러한 코드들을 무언가를 의미하는 생각, 문장, 단락, 강연, 장(章)과 같은 의미있는 집단으로 결합하는 경우에만 생각이 전달된다. 상징들이 이러한 단위로 결합될 때 각 부분은 효과적인 의사소통에 매우 중요해진다.

상징을 통한 보다 높은 수준의 의사소통은 때때로 채널이라고 불리는 여러 가지 인식을 통해 상징을 해석함으로써 이루어진다. 여기에는 많은 이론들이 제기되어

왔으나 그중 관심받는 이론에 따르면 상징들은 시각, 청각, 운동감각의 세 가지 감각채널을 통해 인식된다.

제1편 제1장에서 살펴본 바와 같이 시각적 학습자는 보는 것에 의존하고, 청각적 학습자는 듣고 말하는 것을 선호하는 한편, 운동 감각적 학습자는 접촉, 조작, 사용, 행동과 같은 신체적 경험을 통해 정보를 처리하고 저장한다.

비행교관은 다양한 채널을 이용할 때 보다 더 학생조종사의 주의를 끌고 유지시킬 수 있을 것이다. 예를 들어, 비행교관은 학생조종사에게 트림(trim)을 조정하라고 요구하는 대신에, 학생조종사가 주어진 항공기 자세를 유지하려고 애쓰는 동안 trim wheel을 움직여보면, 학생조종사는 감각에 의해 trim wheel이 항공기 자세를 유지하는 데 필요한 조종간 압력의 양에 영향을 미친다는 것을 경험하게 된다. 동시에 비행교관은 학생조종사가 느낀 것이 조종간에 대한 앞쪽 압력 또는 뒤쪽 압력이라는 것을 설명하면, 학생조종사는 조종압력과 트림의 올바른 의미를 이해하고, 조종압력을 해제하기 위해 트림을 조정하라는 지시를 받을 때 비행교관이 원하는 방식으로 대응할 수 있게 된다.

통상 전달자는 청각과 시각채널을 가장 많이 택하게 된다. 운동기술의 경우에는 학생조종사가 기술을 연습함에 따라 촉각, 즉 운동감각학습이 추가되어야 한다.

가장 효과적인 소통을 위해 상징을 수정하려면 비행교관은 학생조종사로부터 오는 피드백(feedback)을 지속적으로 고려해야 한다. 비행교관이 학생조종사에게서 피드백을 받는 한편, 학생조종사 또한 자신이 잘하고 있는지 여부에 대해 비행교관에게서 피드백을 받아야 한다. 피드백은 학생조종사가 수행한 조작에 관한 정보를 제공할 뿐만 아니라, 동기부여의 원천이 되기도 한다. 비행교관의 칭찬은 학생조종사의 자신감을 높이고 긍정적인 행동을 강화하며, 반면 부정적인 피드백은 반드시 조심스럽게 주어져야 한다. 부정적 피드백을 줄 때는 학생조종사가 당황하지 않도록 다른 사람이 없는 곳에서 개인적으로 주어야 힌다. 또한, 개인적 판단을 배제하고 실제 수행한 것에 관해서만 설명해야 한다.

비행교관은 학생조종사의 반응에서 학생조종사가 '실속'에 대해 엔진정지와 관련이 있다고 해석했다는 점을 인식하면, 학생조종사가 잘못 이해하고 있음을 인식한 비행교관은 정보를 명확히 해석하여 학생조종사가 올바른 결과를 얻도록 해야 한다.

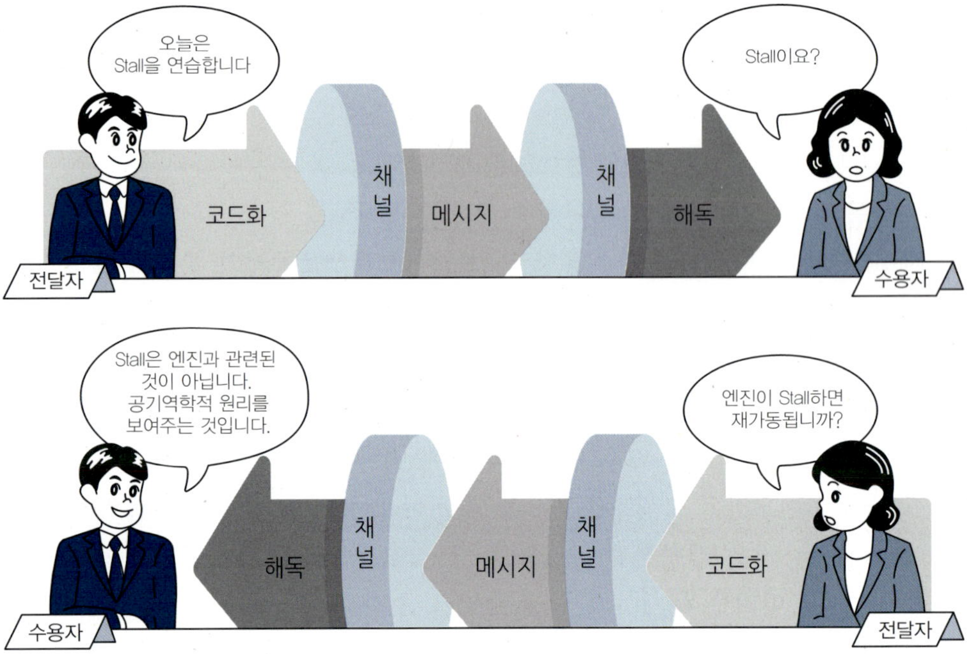

3. 수용자(Receiver)

수용자는 청자, 독자, 학생조종사 등을 가리키며 메시지를 전달받는 개인이나 집단이다. 성공적인 의사소통 여부는 수용자의 반응으로 결정된다는 것을 전달자는 항상 염두에 두어야 한다. 수용자가 전달자의 메시지를 이해하고 반응하며 그 의도에 따라 행동이 변화될 때 비로소 효과적인 의사소통이 이루어진 것이라 할 수 있다.

의사소통 프로세스를 이해하기 위해서는 다음에 제시되는 수용자의 세 가지 특성, 즉 능력, 태도, 경험을 이해해야 한다.

첫째, 비행교관은 적절한 의사소통을 위해 학생조종사의 능력을 확인해야 한다.

학생조종사의 능력과 관련된 한 가지 요소는 학생조종사의 경력이다. 예를 들어, 학생조종사가 비행에 얼마나 친숙한지를 분석할 때, 어렸을 때부터 항공기 주변에서 자라온 학생조종사가 있는가 하면 완전히 생소한 학생조종사도 있을 수 있다. 어떤 학생조종사는 이미 높은 수준의 엔진기술을 공부했을 수도 있고, 어떤 학생조종사는 그러한 기회가 전혀 없었을 수도 있다.

학생조종사에게 정보를 제시할 때는 반드시 이러한 요소들을 고려해야 한다. 학생조종사들은 일반적으로 성인학습자로서 동기부여와 자아개념이 상당히 높으며, 스스로 학습환경에 들어가기를 원하고 학습을 위해 기꺼이 자신의 시간과 돈을 들여 학습에 참여한다. 또한, 학습을 시작하기 전에 이미 상당한 양의 사전지식을 갖추고 있는 경우가 많고, 그 중에는 많은 경력을 쌓아온 사람도 있다.

둘째, 비행교관은 적절한 의사소통을 위해 학생조종사의 태도를 확인해야 한다.

학생조종사는 부정적 태도를 보일 수도, 반대로 적극성을 띠고 학습에 임할 수도 있고, 수동적 중립성의 태도를 보일 수도 있다. 학생조종사가 학습에 관심을 갖고 그것을 유지하려면 정보를 수용하는 태도가 형성되어야 한다. 학생조종사들은 저마다 다양한 태도로 정보를 수용하기 때문에 비행교관 또한 다양한 의사소통방식으로 접근하는 것이 가장 좋은 방법이다.

셋째, 학생조종사의 경험, 이력, 교육수준에 따라 비행교관이 취해야 할 접근방식을 결정해야 한다.

비행교관은 학생조종사의 능력, 태도, 지식수준을 토대로 의사소통의 방향을 정할 수 있다. 비행교관이 의사소통의 역동성을 이해하는 것은 필수적이지만, 다른 한편으로 비행교관은 학습을 억제할 수 있는 의사소통의 몇 가지 장애물도 알아두어야 한다.

02 효과적인 의사소통의 장애물

효과적인 의사소통은 비행교육에서는 필수적인 요소이다. 비행교관은 높은 기술적 지식을 소유하는 데 그치지 않고 이러한 지식을 학생조종사들과 공유하기 위해서 효과적으로 소통할 수 있는 능력을 길러야 한다. 의사소통은 복잡한 프로세스이지만 비행교관은 원하는 정보를 학생조종사에게 전달한다는 것을 목표로 편안한 의사소통 스타일을 익히도록 해야 한다. 의사소통은 양방향 프로세스라는 점을 인식하는 것 또한 매우 중요하다.

언어의 성격과 언어가 쓰이는 방식은 때때로 오해를 야기한다. 이러한 오해는 효과적인 의사소통을 방해하는 다음의 네 가지 장애물로 확인할 수 있는데, 네 가

오해는 주로 효과적인 의사소통을 방해하는 네 가지 장애물에서 비롯된다.

지 장애물은 공통적 경험의 부족, 상징과 상징물 간의 혼동, 추상적 개념의 과다한 이용, 그리고 간섭이다.

1. 공통적 경험의 부족

전달자(비행교관)와 수용자(학생조종사) 사이에 공통된 경험이 부족하다는 것은 효과적인 의사소통에 있어 가장 큰 장애물일 것이다. 의사소통은 사람과 사람 간의 (신체적, 정신적, 감정적) 경험이 서로 얼마나 유사한지에 따라, 유사한 정도 만큼만 효과적으로 이루어진다. 하나의 단어가 비행교관의 머리속에서 학생조종사의 머리속으로 정확히 동일한 의미를 전달하는 경우는 거의 없다.

사실, 단어들은 그 자체로는 전혀 의미를 전달하지 못한다. 말로 하는 것이든 글로 쓴 것이든 단어는 학생조종사의 반응을 불러일으키기 위해 사용되는 자극에 불과하다. 학생조종사는 단어와 단어가 가리키는 것에 대한 과거의 경험을 바탕으로 비행교관의 말에 반응하게 된다.

청자나 전달자의 단어가 가리키는 대상이나 개념에 대해 어떤 경험을 갖고 있지 않다면 전달자는 그 단어로 원하는 의미를 전달할 수 없게 된다. 또한, 어휘체계를 형성하는 것은 학생조종사의 경험이기 때문에 비행교관과 학생조종사가 동일한 언어로 대화하는 것 또한 필수적이다. 때때로 비행교관이 전문용어로 생각을 전달해야 한다면 학생조종사가 그 용어를 이해할 때까지 어느 정도 시간이 필요하다는 것을 고려해야 한다.

2. 상징과 상징물 간의 혼동

어떤 단어와 그 단어가 나타내는 의미가 혼동될 경우에는 상징과 상징물 간의 혼동이 일어난다. 확실히 단어와 단어에 포함된 의미는 다를 수 있지만 사람들은 때때로 그 차이를 구별하지 못한다. 항공정비사를 '정비공'으로 소개한다고 가정해보면, 많은 사람들에게 정비공은 자동차를 수리하는 사람으로 연상하게 된다. 항공기 정비공이라고 해도 일부 사람들 머리속에서는 이미지가 개선될 수 있지만 실제로 항공정비사의 훈련과 기술이 연상되지는 않는다.

단어와 상징이 모든 사람에게 항상 동일한 것을 나타내지는 않는다. 효과적인 의사소통을 위해 화자와 기록자는 이러한 차이를 인식해야 하며, 그래야만 화자나 기록자가 의도하는 것과 같이 단어와 상징을 잘 선택할 수 있게 된다.

3. 추상적 개념의 과다한 이용

추상적 개념은 구체적이 아닌 일반적인 단어를 뜻한다. 구체적 단어나 용어는 사람들이 자신의 경험에 직접 관련시킬 수 있는 사물을 가리킨다. 이러한 단어나 용어는 인식될 수 있는 생각이나 가시화될 수 있는 사물을 구체화하는 반면에 추상적 단어는 직접 경험할 수 없는 단어, 즉 머리속에 심적 이미지를 불러일으키지 않는 사물을 나타낸다.

항공기라는 단어는 추상적 단어이며 학생조종사들의 상상속에서 특정한 항공기로 떠오르지 않는다. 어떤 학생조종사는 비행기를 상상할 수 있고, 어떤 학생조종사는 헬리콥터를 그릴 수 있고, 또 어떤 학생조종사는 비행선을 연상할 수 있다.

추상적 개념은 대부분의 경우 피해야 하지만 추상적 개념이 유용한 경우도 있다. 항공역학은 모든 항공기에 적용되며 항공기 비행특성을 이해하는 데 필요한 추상적 개념이다. 추상화의 위험성은 그러한 개념이 비행교관이 의도하는 것과 동일한 것을 학생조종사의 머리속에 불러일으키지 못한다는 점에 있다.

추상적 개념의 용어가 사용될 때는 실례와 도해를 통해 구체적 경험으로 연결시

추상적 용어를 과다하게 사용하면 효과적인 의사소통에 방해가 될 수 있다.

켜주어야 한다. 예를 들어, 착륙접근이 잘 못 이루어질 때 학생조종사에게 적절한 조치를 취하라고만 지시하면 학생조종사는 제대로 수행하지 못할 수 있다. 그 보다는 학생조종사에게 복행(go-around)을 수행하라고 지시하는 것이 적절한데 이는 학생조종사와 비행교관에게 같은 의미이기 때문이다.

가능한 한 구체적이고 특정한 용어를 사용함으로써 추상적 표현의 수준을 낮춰야 한다. 이렇게 하면 학생조종사의 내면에서 형성되는 이미지가 보다 잘 정의되고 조정될 것이다.

4. 간섭(Interference)

효과적인 의사소통의 일부 장애물은 비행교관이 통제할 수 있으나 간섭은 프로세스나 작업을 적절히 수행하는 데 방해가 되는 것으로, 비행교관의 통제를 벗어나는 요소들이다. 간섭의 요소에는 생리적, 환경적, 심리적 간섭이 있으며, 비행교관은 효과적인 의사소통을 위해 간섭의 요소들에 대한 영향을 고려해야 한다.

(1) 생리적 간섭

생리적 간섭은 청각상실, 부상, 신체적 질병과 같이 상징의 수용을 막는 생물학적인 문제이다. 생리적 간섭의 경우 학생조종사의 신체적 불편함으로 인해 의사소통이 억제될 수 있다. 비행교관은 학생조종사가 학습상황에서 보다 편안함을 느끼고 새로운 정보를 더 잘 받아들일 수 있도록 수업을 조정해야 한다. 예컨대 학생조종사가 질병을 극복할 때까지 수업을 연기하는 것도 간단한 방법이 될 수 있다. 또는 학생조종사가 비행기 내에서 좀 더 편안히 앉을 수 있도록 부드러운 방식을 이용하는 것도 한 방법이다. 새로운 항공전자제품들이 등장하면서 다중작업(multitasking)은 생리적 간섭의 한 형태가 되었다. 다중작업이라는 용어는 동시에 두 가지 이상의 프로그램이나 작업을 실행할 수 있는 컴퓨터기능에서 비롯되었는데, 현재는 인간이 복수의 작업을 한 번에 수행하는 것을 가리킨다.

인간은 컴퓨터가 아니다. 연구에 의하면 인간의 이해력은 낮은 수준의 간단한 인지작업은 한 번에 두 가지를 처리할 수 있지만, 높은 수준의 인지작업을 수행하려면 두뇌기능과 집중력을 많이 요하는 것이 밝혀졌다. 단순한 활동만 추가되어도 양쪽의 이해력과 기억능력이 모두 감소된다. 연구에 따르면 인간의 다중작업은 단순히 양쪽일 모두 '정지-계속'을 반복하며 중단을 연속하는 것이라고 하며, 이는 정신적 수행과 운동능력을 떨어뜨리는 것으로 밝혀졌다.

(2) 환경적 간섭

환경적 간섭은 외부의 물리적 조건으로 야기되는 간섭을 말한다. 환경적 간섭의 한 예는 많은 경비행기의 소음을 들 수 있다. 소음은 의사소통 프로세스를 저해할 뿐만 아니라 청력의 장기적인 손상을 가져올 수도 있다. 이러한 문제에 대한 한 가지 해결책은 헤드폰과 인터컴(intercom) 시스템을 사용하는 것이다. 만약 인터컴 시스템을 사용할 수 없는 경우라면 귀마개를 사용하는 것도 고려해 볼 필요가 있다. 또 다른 환경적 간섭으로는 진동을 들 수 있는데 주로 회전익 항공기가 그 실례가 될 것이다.

(3) 심리적 간섭

심리적 간섭은 의사소통 프로세스가 일어날 때의 비행교관과 학생조종사의 심리상태로 인해 발생하는 간섭을 말한다. 비행교관이나 학생조종사중 어느 한쪽이 의사소통 프로세스에 전념하고 있지 않으면 의사소통은 저해된다. 또한 학습상황에서 두려움을 느끼거나 비행교관과 학생조종사 사이에 불신이 있어도 정보의 흐름을 심각하게 억제될 수 있다.

03 의사소통 기술의 개발

비행교관은 반드시 의사소통 기술을 개발하고 적용해야 한다. 의사소통 기술은 저절로 생기는 것은 아니며, 효과적인 의사소통 능력은 경험에서 비롯된다. 교육적 의사소통 경험은 먼저 비행교관 훈련과정중에 역할극으로 시작할 수 있으며, 비행교관이 된 다음에는 실제 교육중에 지속적으로 경험하고 추가적인 훈련으로 이를 향상시킬 수 있다.

1. 역할극

역할극은 학습자가 특정한 역할을 연기하는 학습방법이다. 먼저 학습자에게 전반적인 상황설명이 주어지고 학습자는 자신이 맡은 역할을 수행하기 위해 학습한 기술과 지식을 적용한다.

교육적 의사소통 경험은 실제로 그것을 수행해보아야 쌓을 수 있다. 비행교관훈련 초기과정때에는 역할극을 통한 학습도 추천된다. 예를 들어, 비행교관 지망자는 비행교관의 역할을 맡고 비행교관평가관은 학생조종사의 역할을 맡아 실제로 함께 비행해 본다. 이때 비행교관평가관은 학생조종사의 반응을 연기하고 비행교관 지망자의 대응을 살핀다. 역할극을 마치면 비행교관평가관은 다시 비행교관으로서 비행교관 지망자가 한 대응에 대해 평가를 내리는 형식이다.

비행교관은 학생조종사들이 비행중에 일어나는 일들에 잘 대처할 수 있도록 비행교육기술뿐 아니라 지상교육기술 또한 발전시켜야 한다. 기술을 강화하고 결과를 평가하기 위해서는 효과적인 의사소통이 필요한데, 비행교관이 경험을 쌓아감에 따라 이러한 개발도 지속되어져야 한다. 이후, 더 많은 경험이 쌓이면서 이전에 잘되던 것을 더 가다듬거나 일부 다른 기법으로 대체할 수도 있다.

2. 교육적 의사소통

일반적으로 가르치는 기본적 원칙 중 하나는 자신이 잘 알고 있는 분야에 관해 이야기하는 것이다. 비행교관은 자신이 잘 알고 있는 것, 자신있는 분야에 대해 말할 때 보다 좋은 성과를 거둘 수 있다. 비행교관은 설명중 과거경험을 예로 드는 것을 활용해야 한다. 접근중에 계기비행기상상태(IMC, Instrument Meteorological Conditions)에서 시각적 단서로 전환하는 절차를 가르칠 때는 실제 이 같은 상황에 직면했을 때를 이야기해 주는 것이 학생조종사에게 도움이 될 것이다.

비행교관의 개인적 체험은 교과서에서 읽는 것보다 더 가치있는 교육이 되나 비행교관은 이러한 예증적인 교육기법을 제한적으로 이용해야 한다. 이러한 종류의 이야기는 흔히 '전쟁이야기'나 '그때 내가 거기에서 활약했었지'와 같은 무용담으로 변질될 수 있기 때문이다.

의사소통의 결과가 바람직하지 않으면 의사소통은 이루어지지 않은 것이다. 비행교관은 몇 가지 방식을 통해 소통의 결과를 확인할 수 있으며 이 방식은 예상결과와 관련이 있어야 한다. 비행훈련의 경우 비행교관은 학생조종사의 실제 기동을 보고 판단할 수 있다. 비행교관은 학생조종사가 실제로 지식을 받아들이고 보유하고 있는지, 아니면 수행이 단지 일회성이었는지 여부를 반드시 확인해야 한다. 학생조종사는 어떤 작업을 수행할 때 그 일을 어떻게, 왜 수행해야 하는지를 파악해야 한다.

학생조종사의 경우에도 이륙과 착륙 시 서로 다른 대기속도에 대해 단순히 알고 있는 것만으로는 충분하지 않다. 대기속도 제어의 중요성을 충분히 이해하기 위해서는 특정 상황에서 대기속도를 조절해야 하는 이유를 아는 것이 필수적이다.

일반적인 경우, 비행교관은 특정 유형의 평가를 통해 학생조종사의 이해수준을 판단해야 한다.

3. 경 청

비행교관은 효과적인 의사소통을 위해 학생조종사에 관한 정보를 어느 정도 알고 있어야 한다. 적절한 의사소통을 위해서는 학생조종사의 능력을 파악하고 학생조종사를 이해해야 한다. 학생조종사와 더 가까워질 수 있는 한 가지 방법은 좋은 청자가 되어주는 것이다. 경청의 기술을 익히기 위해서는 먼저 경청하고자 하는 마음가짐이 중요하다.

■ 효과적인 경청

효과적인 청자가 되기 위해 비행교관이 경청하려는 마음가짐을 가져야 하는 것과 마찬가지로 학생조종사도 경청하려는 태도를 갖추어야 한다. 이러한 태도는 효과적인 경청의 여러 기법 중 하나이다. 비행교관은 학생조종사에게 경청하는 방법을 가르침으로써 정보전달의 성공확률을 높일 수 있다.

단순듣기와 효과적인 경청

(1) 이해하기 위해 경청할 것

경청이란 단순히 듣는 것과는 다르다. 많은 비행교관들은 경청을 "이해하면서 듣는 것"이라고 알고 있다. 학생조종사가 전달되는 정보를 단순히 듣기만 할 때는 전달되는 내용을 이해할 수도 있고 이해하지 못할 수도 있다. 하지만 학생조종사가 전달내용을 경청하여 듣는다면 학생조종사가 자신이 가지고 있는 지식을 기반으로 전달된 내용을 해석하고, 정보를 이해수준까지 처리하고 전달된 정보를 당면한 작업과제와 상호 연관시키게 된다. 학생조종사들의 동기부여수준이 높아지면 이러한 프로세스는 훨씬 더 용이해진다. 학생조종사의 집중도를 높이는 감정영역은 반박보다 이해쪽이다. 이해하기 위해서 귀를 기울일 때 더욱 집중할 수 있게 된다.

(2) 핵심 개념에 귀를 기울이는 것 또한 경청기법의 하나

핵심 개념에 귀를 기울이는 것은 주로 강의나 공식적인 수업 프레젠테이션을 경청할 때 필요한 기법이며 때때로 훈련시에도 적용된다. 사실을 기억하거나 기록하는 데 집중하는 사람들은 중요한 메시지를 놓칠 수 있는데, 세부사항에 집중하느라 큰 그림을 발견하지 못하는 것이다. 청자는 항상 자신이 귀를 기울이고 있는 목적이 무엇인지를 스스로에게 질문해야 한다. 그럼으로써 세부적인 말들을 전체적인 개념에 연관시킬 수 있게 된다.

(3) 비행교관은 학생조종사가 잡념에 빠지지 않도록 주의하고 있는지 확인해야

대부분의 사람들은 화자가 말하는 속도보다 훨씬 더 빨리 화자의 말을 알아들을 수 있으며, 따라서 그 사이 마음이 다른 곳으로 흐를 수 있는 여지가 생긴다. 이러한 문제를 자각하는 청자는 화자의 말을 반복하거나 다른 말로 정리하거나 요약함으로써 정신을 집중시킬 수 있다. 이렇게 여분의 시간을 활용할 때 화자의 말에 지속적으로 주의를 기울이고 보다 많은 정보를 기억할 수 있게 된다.

(4) 노트필기는 수업중에 강의한 내용을 재구성할 수 있는 조직적인 시스템 활용

노트필기는 학생조종사가 학습을 위해 강의내용을 재구성할 수 있는 한 가지 방법이다. 교실밖에서도 정보를 기억해야 할 필요가 있으면 언제든지 노트필기 기법을 사용할 수 있다. 이때, 계기비행 출발허가 등을 글자 하나하나 옮겨 적는 것은 매우 어려운 일이다. 계기학생조종사는 출발허가의 전형적인 형식을 파악하고 자신의 약자시스템을 개발하는 것이 좋다. 약자를 사용하여 기록하면 이를 되풀이하여 말할 때나 출발허가비행 시에 훨씬 더 유용하다.

학생조종사는 이러한 기법의 전부 또는 일부를 통합함으로써 더 많은 정보를 유지할 수 있다. 비행교관은 학생조종사가 가능한 최선의 경청기술을 갖추도록 하여 학생조종사의 정보유지능력을 향상시키도록 도와줘야 한다.

4. 질 문

비행교관은 좋은 질문을 던짐으로써 학생조종사가 교육내용을 얼마나 잘 이해하고 있는지 파악할 수 있게 된다. 이는 또한 비행교관이 학생조종사를 주의깊게 살피고 있고 학생조종사의 반응에 관심이 있다는 것을 보여주는 것이기도 하다. 질문에는 개방형 질문과 폐쇄형 질문으로 구분된다. 비행교관은 폐쇄형 질문을 피하고 초점을 잘 맞춘 개방형 질문을 던져야 한다. 초점을 잘 맞춘 질문을 던짐으로써 비행교관은 중요한 부분을 강조할 수 있게 된다. 추가로 학생조종사에게 세부사항, 실례 및 학생조종사들이 받은 느낌에 대해 추가적인 질문을 할 수도 있다. 학생조종사의 답변을 듣고 필요한 경우 한 단계 더 발전된 질문을 던지며, 이를 통해 비행교관은 학생조종사의 이해상태에 맞게 프레젠테이션을 수정할 수 있다.

(1) 개방형 질문

개방형 질문은 학생조종사 자신의 지식과 인식을 이용하여 완전하고 의미있는 답변을 하게끔 하는 질문이며, 폐쇄형 질문은 단답형이나 한 단어답변을 유도하는 질문이다. 전형적으로 '왜' 또는 '어떻게'와 같은 단어로 시작되는 개방형 질문은 폐쇄형 질문과 비교할 때 보다 객관적이다. 개방형 질문은 엄밀히 말하면 질문이라기보다 함의를 포함하고 있으며, 완성도 있는 서술을 요구하는 것이다. 개방형 질문을 던질 수 있는 능력은 비행교관이 갖추어야 할 중요한 능력이다.

(2) 폐쇄형 질문

폐쇄형 질문은 학생조종사의 이해상태를 학습의 암기수준에서만 평가하는 특성이 있다. 폐쇄형 질문은 '예' 또는 '아니오'로 답변할 수 있고, 다지선다형 시나리오에서 폐쇄형 질문은 선택할 수 있는 답변의 수가 일정하게 정해져 있다. 이때 선택항목 중 하나를 '기타'로 하고 응답자가 '기타'를 선택할 경우 직접 답변을 쓰게하는 것도 좋은 방법이다. 학생조종사의 응답은 학습프로세스의 통찰로 이어질 수 있기 때문이다.

폐쇄형 질문의 한 가지 이점은 상대적으로 표준화가 용이하고 수집된 데이터를 통계분석하는 것이 쉽다는 점이다. 폐쇄형 질문의 단점은 개방형 질문보다 작성하기가 어렵고, 때때로 질문자가 원하는 답변으로 학생조종사를 유도하여 대화를 비행교관 자신의 의사대로 이끌어갈 수 있다는 점이다.

효과적인 질문을 던지기 위해서는 질문의 유형과 무관하게 학생조종사의 능력, 경험 및 훈련단계를 고려해야 한다. 효과적인 질문과 이를 통한 효과적인 의사소통은 하나의 생각에 초점을 맞춘다. 한 가지의 질문은 누가, 무엇을, 언제, 어디서, 왜, 어떻게로 제한되어야 하고 이것들이 조합되어서는 안 된다. 효과적인 질문은 학생조종사에게 문제를 제시하고 적절한 난이도의 질문은 학습을 자극하는 역할을 한다.

04 인간행동과 효과적인 의사소통

1. 인간의 필수욕구

인간이 필요로 하는 것을 여러 등급으로 나눈, "인간의 욕구피라미드"를 메슬로우(Abraham Maslow)가 만들어 냈다. 메슬로우가 만들어낸 인간의 욕구피라미드는 육체적 욕구, 안전욕구, 사회적 욕구, 자존적 욕구, 자아실현 욕구로 구분된다.

(1) 육체적 욕구

육체적 욕구는 운동, 휴식, 음식, 성관계 등으로, 이러한 것이 충족되지 않으면 학생조종사는 훈련에 집중할 수 없게 된다.

(2) 안전욕구

안전욕구는 집, 위험, 위협, 궁핍으로부터의 보호 등에 대한 욕구이다.

(3) 사회적 욕구

사회적 욕구는 다른 사람들과 어울리는 것에 대한 욕구이다.

(4) 자존적 욕구(Egoistic needs)

자존적 욕구는 자존심과 명성에 연관된 욕구이다. 먼저 자존심과 연관된 욕구는 자신감, 독립심, 성취감 그리고 지식과 관련된 욕구이다. 다음으로 명성과 연관된 욕구는 신분의 필요성, 감사함, 당연히 주어지는 존경과 연관된 욕구이다. 자존적 욕구는 학생조종사와 비행교관과의 관계에 매우 직접적 영향을 미친다.

(5) 자아실현 욕구(Self-Fulfillment needs)

자아실현 욕구는 인간필수욕구의 가장 꼭대기로, 자신의 가능성을 알고 그것의 필요를 인식하는 것, 지속적인 발전, 창의력에 대한 욕구이다. 이러한 욕구를 가진 학생조종사가 비행교관에게 가장 큰 도전이 된다. 학생조종사가 자아실현을 이루도록 돕는 것은 비행교관이 할 수 있는 가장 보람있는 일이 된다.

2. 학습의욕 유발(유도)

학습에 대한 유도는 학생조종사의 학습진도와 능력에 큰 역할을 한다. 학습에 대한 좋은 의욕은 약속이나 상으로 인해 제공된다. 나쁜 의욕은 학생조종사가 두려움과 근심을 보일 때 생기며, 부정적 학습의욕유발을 야단치거나 위협하지 않도록 해야 한다. 다만, 지나친 자신감과 충동적으로 행동하는 학생조종사에게는 사용도 고려할 수 있어야 한다.

비행교관은 학생조종사로 하여금 어떤 가르침(lesson)을 완성시킴으로 중요한 목표를 달성할 수 있다는 것을 가르쳐 줘야 한다. 학습의욕의 유발은 다음의 방식으로 유도된다.

학습의욕 유발 유도방식

- 긍정(positive) 또는 부정(negative)
- 실체적인 것 또는 비실체적인 것
- 당연하거나 애매하고 식별하기 어려운 것

학생조종사도 다른 직장인과 마찬가지로 자신의 노력의 대가로 실질적인 것을 원하며, 이러한 의욕이 효과적이기 위해서는 학생조종사가 노력했을 때 상을 받는다는 것을 알려줘야 한다. 비행교관은 각 가르침을 기분좋은 경험으로 만들어 학생조종사의 의욕을 높게 유지시켜야 할 책임이 있다.

3. 효과적인 의사소통

의사소통은 다음의 세 가지 동적인 요소와 연결되어 있다.

의사소통의 세 가지 요소

- Source(제공자) (비행교관)
- 말을 만들고 전달할 때 사용되는 기호(예, 단어)
- 수신자(학생조종사)

한 사람이 다른 사람에게 자신의 아이디어나 감정을 전달할 때 의사소통이 생기게 된다. 의사소통의 효과는 아이디어의 전달과 수신의 유사함을 측정하여 알아낼 수 있다. 효과적인 의사소통은 수신자가 이해하고 그 내용으로 인해 행동이 긍정적으로 변화된 것이다.

의사소통의 효과적인 역할은 다음의 세 가지이다.

첫째, 청취자에게 의미있는 기호를 선택할 수 있는 능력을 가져야 한다.

둘째, 의식 또는 무의식 중에 자기자신에게 자신이 전달하려는 아이디어, 그리고 수신자에게 어떤 자세를 보이므로 효과적인 의사전달을 위해서는 비행교관은 메시지 전달시 긍정적인 자세를 보여야 하는 것이다.

셋째, 성공적인 의사전달자가 요구되며 이 사람은 광범위한 배경, 정확하고 최신이며 자극적인 내용을 보유하고 있어야 한다.

의사전달의 과정을 이해하려면 수신자의 세 가지 특성을 이해해야 한다.

첫째, 전해진 아이디어에 대해 질문하고 이해하려는 자세의 특성을 이해하고, 이를 고려하여 교육에 고려해야 한다는 것이다.

둘째, 수신자의 자세는 저항이 적고 기꺼이 하는 수동적이므로 전달시에는 여러 의사소통방법을 적극적으로 활용해야 한다는 것이다.

셋째, 수신자의 배경, 경험, 교육틀을 이해하고 이를 고려하여야 전달자의 교육목표가 더 성공적인 결과로 얻어진다는 것이다.

4. 효과적인 의사전달의 장애

효과적인 의사전달의 가장 큰 장애는 바로 전달자와 수신자의 공통된 핵심적인 경험의 부족이다. 전달자의 말을 수신자가 경험하지 못하거나 그러한 개념에 대하여 무지하면 전달자는 원하는 뜻을 다른 사람에게 전달할 수 없게 된다.

효과적인 의사전달을 위해서는 추상적인 개념은 너무 많이 사용하지 않아야 하며, 사람이 쉽게 연관성을 가질 수 있는 단어를 사용해야 한다. 추상적인 단어는 직접 경험하기 힘들거나 일정한 그림을 그릴 수 없을 때 사용하며, 결국 추상적 개념은 많은 경험을 간단한 기호로 설명하는 것이다. 추상적인 개념의 위험성은 듣는 이로 하여금 전달자가 원하는 것을 만들어내지 못할 수도 있다. 확실한 단어를 사용함으로써 전달자는 청취자와 독자의 마음을 한 곳으로 몰아 (더 좋은 통제력) 갈 수 있게 된다.

5. 비행교관의 전문가 기질

전문가 기질이라는 말은 많이 사용되기는 하지만 거의 정의되어 있지 않으며, 전문가 기질을 한 단어로는 완벽히 표현하기는 어려움이 있다. 다음은 전문가 기질에 대한 몇 가지 중요한 고려사항이다.

비행교관의 전문가 기질

- 전문가는 논리적이고 정확하게 판단할 수 있어야 한다.
- 전문가 기질은 좋은 결정을 내리는 능력을 요구하며, 전문가는 자신의 행동과 결정을 기존의 방식과 실습으로 제한시켜서는 안 된다.
- 전문가는 윤리를 지켜야 한다.
- 전문비행교관은 곧 올바르고 정직해야 한다.

비행교관이 진실하지 못하면 학생조종사는 이를 금방 알아차리고 비행교관으로서의 효과가 급감하게 된다. 의심되어 망설이고 있을 때 비행교관이 허세를 부리면 학생조종사는 자신감이 떨어지게 된다. 철저한 비행준비가 비행안전의 요구사항이므로 준비가 잘 된 비행교관은 자신감(좋은 습관)을 지니게 된다. 비행교관의 준비가 없으면 학생조종사는 금방 무감각해진다.

비행교관의 일반적인 거동, 자세, 움직임이 전문적인 이미지(image)에 많은 것을 더하게 된다. 비행교관은 이상한 움직임, 혼란스러운 말버릇, 지나친 분위기(mood) 변화 등은 피해야 한다. 전문가 이미지는 차분하고 생각이 깊으며 침울하지 않은 거동을 지녀야 한다.

비행교관과 학생조종사의 전문적인 관계는 서로에게 중요하고 둘 다 같은 목적을 향해 일한다는 것이다. 학생조종사의 만족을 위해 표준 이하의 기준을 적용하면 학생조종사와 비행교관의 관계에 문제가 발생된다. 열심히 하는 학생조종사들은 엄격한 표준준수에 불만을 보이지 않는다.

전문비행교관은 학생조종사들 잘못과 문제들을 그대로 받아들여야 한다. 비행교관은 학생조종사에게 일반적인 학습분위기 조성, 자신감, 도전을 세우고 지키도록 해야 한다.

현재의 비행교관 자격증명이나 rating 요구사항을 충족하지 못한 비행교관은 비행교관활동을 할 수 없으며, 비행교관으로써 전문성을 유지하기 위해서는 다음 자료에 대한 최신 본을 가지고 적용하여야 한다.

전문비행교관의 참고 자료들

- 항공안전법, 공항시설법, 그리고 관련규정
- 항공정보매뉴얼
- 훈련표준평가서
- 적절한 조종사 훈련교범 등

학생조종사가 능력을 갖추지 못하면 비행교관은 올바른 교육에 실패한 것이며, 더 중요한 것은 이러한 부족함이 결국 학생조종사에게 계속 남아있게 된다는 것이다.

PART 02

교수 프로세스 및 교육활동

PART 1 학습, 인간행동, 효과적인 소통

PART 2 교수 프로세스 및 교육활동

PART 3 비행교관의 전문성 및 위험관리

C·H·A·P·T·E·R 04

교수 프로세스

CHAPTER 04

교수 프로세스

01 교수란 무엇인가

교수란 누군가를 교육하거나 훈련시키는 것 또는 가르치는 사람의 업무를 말한다.

가르치는 사람은 보통 교사라고 부르지만 비행을 가르치는 사람은 비행교관이라고 부르고 있다. 비행교관이 된다는 것은 그 사람이 어떤 공식적 훈련을 완료하고, 전문적 지식을 갖추고, 특정방식으로 인증이나 인정을 받아 수행기준을 준수한다는 것을 의미한다.

좋은 비행교관의 대표적인 내용으로, 심리학자 Stanford C. Ericksen은 "우수한 교수의 본질(The Essence of Good Teaching)"(1985)에서 "훌륭한 교사는 가치있는 교육자료를 선택하고 조직하며, 학생조종사들이 이러한 자료를 기억가능한 형태로 부호화하고 통합할 수 있도록 이끈다. 학과의 절차와 방법에 따라 학생조종사가 그 분야에 능숙해질 때까지 교육하고 지적호기심을 유지시키며 학생조종사 스스로 학습하는 법을 가르친다."라고 정의하였다.

1. 필수 교육기술

훌륭하고 뛰어난 교사는 어떠한 자질을 갖춘 사람인지, 이에 대한 많은 연구가 이루어졌다. 연구결과 뛰어난 교사는 여러 유형이 있지만 일반적으로 다음의 네

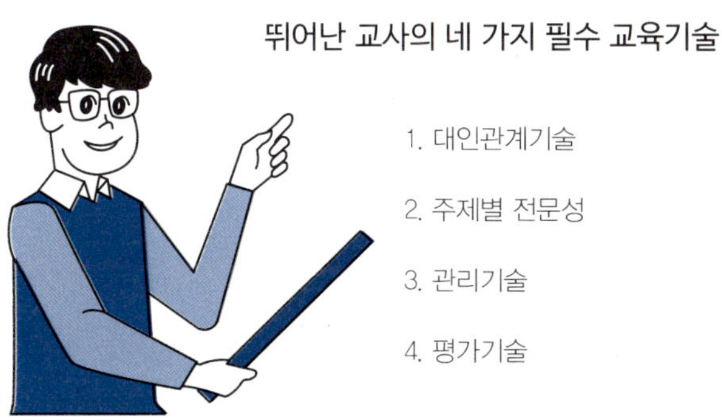

훌륭한 비행교관은 가치있는 교육자료를 구성하고 학습을
돕는 절차와 방법에 따라 학생조종사의 능력을 길러준다.

가지 필수 교육기술(대인관계기술, 주제별 전문성, 관리기술, 평가기술)을 갖춘 교사라고 볼 수 있다.

2. 대인관계기술

대인관계기술은 사람들과 상호작용하고, 대화하고, 이해하고, 공감하고, 연결하는 능력이다. 뛰어난 비행교관은 인간관계에 능숙하며 의사소통에서 대인관계기술을 강조한다. 대인관계기술에서 비행교관은 다음의 사항을 기억해야 한다.

대인관계기술에서 비행교관이 알아야 할 것

- 비행교관이 기술적 지식을 효과적으로 전달하지 못한다면 그 지식은 사용할 수 없다.
- 효과적인 의사소통의 양방향 프로세스란 학생조종사를 가르치는 것뿐만 아니라 학생조종사에게 적극적으로 귀를 기울이는 것이다.

3. 주제별 전문성

주제별 전문가는 SME(Subject Matter Expert)라고 부르며, 특정 분야의 전문지식이나 기술을 보유한 사람을 지칭한다. 뛰어난 비행교관은 항공지식과 더불어 가르치는 방법에 관한 지식도 갖추어야 한다.

높은 수준의 기술적 지식을 보유하고 있다고 해서 그것을 모두 잘 가르칠 수 있는 것은 아니다. 좋은 비행교관은 교육에 대한 강한 동기와 자기개발에 대한 긍정적인 자세를 가져야 한다. 뛰어난 비행교관은 자기개발 및 전문성개발에 적극적이며, 다른 비행교관들과 네트워크를 형성하고 그들을 모델(model)로 삼는것도 도움이 된다. 훌륭한 비행교관은 평생학습자로서 비행과 교육양면에서 늘 업그레이드하는 사람이다.

4. 관리기술

관리기술은 일반적으로 계획, 조직, 선도, 감독하는 능력이다. 뛰어난 비행교관은 수업을 계획하고, 조직하며, 진행하는데 관리하는 기술을 반영한다. 잘 계획된 수업이란 비행교관이 시간관리기술로 수업에 할당된 시간을 잘 활용하는 것을 의미한다.

시간관리를 위해 비행교관은 수업목표달성에 주어진 시간을 확인하고 그 시간을 어떻게 사용할 것인지 계획해야 한다. 비행교관의 유용한 또 다른 관리기술은 비행전 절차를 감독하는 것과 학생조종사들을 감독하는 일이다. 학생조종사들이 학습에 적극적으로 참여할 수 있도록 수업계획에 학생조종사가 직접 작업해보는 과정을 넣는 것도 중요하지만, 이에 못지 않게 중요한 것은 작업이 안전하고 올바르게 완료되었는지 확인하는 것 또한 중요하다.

5. 평가기술

평가는 매우 복잡한 과정이며, 먼저 평가목적을 명확히 하는 것이 중요하다. 평가가 이루어질 수 있는 시점은 (훈련 전/중/후 등) 다양하며, 평가의 종류도 지식평가, 구두시험, 능력평가 등으로 실시할 수 있다. 학습평가기술은 비행교관이 갖추어야 할 또 하나의 중요한 기술이다.

뛰어난 비행교관은 학생조종사들이 무엇을 배웠는지, 어떻게 학습했는지를 평가하기 위해 다양한 방법을 사용한다.

02 비행교관의 행동지침

비행교관은 우수한 조종사를 육성하기 위해 다음의 지침을 기억해야 한다.

비행교관의 행동지침

- 안전을 최우선 순위로 삼는다.
- 의사결정을 내릴 때 적절한 판단을 내리고 수행한다.
- 위험(Risk)을 인지하고 효과적으로 관리한다.
- 자신의 행동에 대해 책임을 진다.
- 책임감과 예의를 갖추고 행동한다.
- 운영절차와 개인운영 파라미터를 준수한다.
- 해당 법률과 규정을 준수한다.

인증비행교관(CFI, Certificated Flight Instructor)은 우수한 조종사를 육성하고 자격증명을 부여하기 위해 다음의 지침을 기억해야 한다.

인증비행교관의 행동지침

- 항공기 조종의 숙련도를 추구한다.
- 조종기술은 안전하고 적절한 방법으로 수행한다.
- 어떤 비행상황에서도 자신감을 갖는다.
- 비행권한을 존중한다.

교수 프로세스는 비행교관이 가르치고자 하는 자료를 학습자가 이해할 수 있는 방식으로 조직하는 것이다. 교수 프로세스는 다음의 네 가지 단계 즉, 준비, 프레젠테이션, 적용, 평가로 구성되며, 어떤 교수방식이나 훈련전달방식을 사용하든 교수 프로세스는 모두 이 네 가지 단계를 거친다. 효과적인 수업을 위해 비행교관은 대인관계기술, 주제별 전문성, 관리기술, 평가기술을 활용해야 한다.

03 훈련코스

교육에서의 훈련코스는 특정한 목표를 달성하기 위한 일련의 학습이다. 훈련코스의 목표는 수료증이나 졸업장 혹은 학위가 될 수 있다. 학생조종사는 자가용조종사 자격증명코스에 등록하여 코스요건을 완료하면 수료증을 받을 수 있다.

훈련코스 관련 용어로는 교과과정, 교수요목, 훈련코스 개요 등이 있다.

Lesson 1	비행계획
목 적	비행계획/기상 브리핑(Briefing) 획득, 기술증진
요 소	• 기상채널, 무선장치, 시각을 통해 바람과 기상조건관찰 • 기상 브리핑을 위해 비행정보업무국 호출 • 이륙지 선택
기 기	• 기상정보양식 • 구역차트와 지도 • 플로터 • DR computer • 측풍기구
비행교관의 지도	• 강의검토 • 기상정보확보 • 측풍기구를 이용한 지상풍 관찰 • 이륙지역결정 • 차트상에서 이륙지역확인 • 비행방향으로 추측항법라인을 그리고 라인상의 거리 및 시간표시 • 비행중 위치확인용 landmark 제안 • 공역 고려사항 확인 • 계획평가
학생조종사활동	• 기상 브리핑획득 • 양식상에 기록된 정확한 기상정보를 기반으로 이륙지역추천 • 비행계획을 작성하여 비행교관에게 승인받기
완료기준	• 완전한 기상 브리핑을 확보하고 이 정보로 기상조건파악 • 차트상에서 이륙지역확인 • 추측항법라인 상에 시간과 함께 권장경로표시 • 비행계획조정 시의 유연성 이해 • 위치확인을 위해 비행 중 landmark 선택

비행계획은 각 훈련단계별로 업그레이드 될 수 있도록 계획한다.

(1) 교과과정

교과과정은 교육기관에 의해 제공되는 전문영역의 코스를 말한다. 조종사 교과과정은 다양한 조종사자격증명 및 등급부여 코스들이 존재한다.

(2) 교수요목

교수요목은 매시간 수업에 대해 소개한 학습코스의 개요 또는 개관으로 수업의 목적과 완료기준이 명시된다. 항공분야에서는 훈련교수요목이라는 용어가 보편적으로 사용된다. 훈련교수요목은 학습의 빌딩블록식 단계별 진행을 보여주고 각 학습단계에서의 정기적인 검토와 평가를 소개한 것이다.

일반적인 교수요목의 예로 앞 페이지의 그림을 참고해 볼 수 있다.

(3) 훈련코스 개요

훈련코스 개요는 교과과정 내에서 특정 코스에 대한 소개이다. 훈련코스 개요에는 일반적으로 훈련목적, 교수보조물, 평가준거 및 바람직한 결과가 명시된다.

04 수업준비

수업준비에는 훈련목적과 기준, 능력-기반 목표, 결정-기반 목표, 훈련목적의 또 다른 사용을 고려해야 한다.

1. 훈련목적과 기준

비행훈련의 목적은 두 가지 유형 즉, 능력-기반 목표와 결정-기반 목표가 있다.

능력-기반 목표는 각 수업중에 정확히 무엇을, 어떻게 수행해야 하는지를 정의하면서 진행한다. 학생조종사가 더 높은 수준의 작업수행과 이해를 통해 발전해 감에 따라 비행교관은 훈련의 초점을 결정-기반 목표로 전환해야 한다.

결정-기반 목표는 보다 활동적인 훈련환경에서 시나리오유형의 훈련을 하는 데 적합하다. 학생조종사에게 위험관리나 항공의사-결정(ADM, Aeronautical Decision-Making)과 같은 중요한 사고능력을 길러줄 때 결정-기반 목표를 이용해야 한다.

바람직한 학습수준 또한 훈련목적에 포함되어야 한다. 학습수준은 학습의 세 가지 영역 즉, 인지적 영역(지식), 정의적 영역(태도, 신념, 가치), 심리운동 영역(신체적 기술) 중 한 가지 이상에 해당된다. 일반적으로 비행훈련은 적용수준 이상의 학습수준을 목표로 해야 한다.

2. 능력-기반 목표

능력-기반 목표는 학생조종사의 수행기준을 세우는 데 필요하며, 일반적으로 행동목적이라는 용어 또는 수행목적, 수업목적, 교육목적으로도 부른다. 이 목적은 학생조종사가 다음 교육단계로 나아가기 전에 수행해야 할 것들을 알려준다. 목적은 반드시 명확하고 평가가능하며 학생조종사가 재현할 수 있어야 한다. 목적을 서술해 두지 않으면 시간이 지나 이를 제대로 상기하지 못하거나 구체적 사항들을 놓치기 쉽다.

능력-기반 목표는 다음의 세 가지 요소 즉, 기술 및 행동, 조건, 준거를 명시해야 한다. 누가 읽든지 목적과 그 수행방법, 수행단계에 대해 동일하게 받아들일 수 있도록 서술해야 한다.

3. 결정-기반 목표

조종사의 부적절한 결정은 많은 사고원인이 되며, 소형단발이나 쌍발엔진 항공기의 경우 치명적 사고가 발생할 수 있다. 전통적인 관제와 시나리오 기동훈련을 조합한 결정-기반 목표를 통해 학생조종사는 높은 수준의 학습과 적용이 가능하다.

비행교관은 다양한 시나리오를 이용하여 학생조종사에게 정보수집방법과 수집정보를 바탕으로 안전하고 적절한 결정을 내리는 법을 가르쳐야 한다. 결정-기반 학습과 비행훈련 시나리오 사용이 전통적인 기동기반 훈련을 배제하는 것은 아니며, 비행기동을 비행훈련 시나리오와 결합시켜 실제 상황에서 하는 것처럼 훈련하는 것이라고 할 수 있다. 반복연습이 필요한 기동은 훈련계획을 통해 집중적으로 교육할 수 있고, 이렇게 해서 학습이 이루어지면 보다 현실적인 비행상황과 결합이 가능하다.

4. 훈련목적의 또 다른 사용

능력-기반 목표와 결정-기반 목표는 수업계획을 세울 때도 유용하다. 비행교관은 목적을 정하고, 이를 통해 수업계획의 많은 단계설정이 가능하다. 학생조종사의 목적달성방법이 정해지면 이에 따라 수업요소와 일정이 대부분 정해지게 된다.

수업중에 필요한 기기와 비행교관의 지도방법 및 예상되는 학생조종사 행동 또한 구체화되고, 여기에 훈련목적에 대한 준거를 열거하면 수업계획의 일부인 완료기준이 확립된다. 훈련목적을 정하면 학생조종사 또한 큰 그림에서 보다 잘 이해할 수 있고 다음 진도도 미리 예상할 수 있다. 이런 개관은 학생조종사 입장에서 학습에 대한 불확실성과 좌절감을 완화시킬 수 있다.

05 수업 프레젠테이션

학습전문가들은 비행교관들에게 학생조종사들의 관심을 유지시키는 수업을 권고하고 있다. 다음에 나오는 표의 단계들은 수업 프레젠테이션에 대한 지침이다. 영상을 사용함으로써 비행교관은 강의에 멀티미디어 요소를 추가하고 학습목적을 시각적으로 보여줄 수도 있다.

수업 전

- 주제와 수업시간을 정한다.
- 개요를 작성한다.
- 소개할 개념들의 흐름 및 순서를 정한다.
- 학생조종사에게 지나친 세부사항을 요구하는 것은 피한다.
- 수업을 미리 연습해본다.
- 마이크가 필요한지 등 전달방법을 생각한다.

- 일찍 도착해 학생조종사를 맞을 분위기를 조성한다.
- 수업전에 학생조종사들이 자료를 받아볼 수 있게 한다.
- 학습에 긍정적인 어조를 갖춘다.

수업 중

- 학생조종사의 주의를 끈다(도입방법들을 활용한다).
- 학생조종사들과 꾸준히 눈을 맞춘다.
- 각 과제에 대한 학습목표를 명확히 한다.
- 학생조종사 활동을 계획한다.
- 도입과 함께 자연스럽게 수업을 시작하고 진행하며 정리한다.
- 시간을 효율적이고 효과적으로 이용한다.
- 슬라이드 프레젠테이션, 비디오클립 등과 같은 멀티미디어를 이용한다.
- 학생조종사들의 집중력을 위해 수업중 작은 과제들을 부여한다.
- 고정된 자세로 수업하기보다 때때로 움직이며 수업한다.
- 학생조종사에게 질문을 던진 다음에는 비행교관이 질문을 재정리하기 전에 학생조종사가 대답할 수 있는 시간을 충분히 준다.

수업종료

- 수업을 마무리한다.
- 오늘의 중요사항을 요약한다.
- 수업을 너무 일찍 마쳤을 경우, 학생조종사가 수업종료 전에 할 수 있는 최종과제를 할당한다.
- 질문시간을 준다.
- 질문내용이 아무리 기본적인 것이더라도 존중하는 자세로 받아들인다.
- 학생조종사가 강의실 밖에서도 강의자료를(성실히) 활용하게끔 한다.
- 학생조종사에게 다양한 자료를 제공한다.
- 학생조종사가 학습을 잘 따라갈 수 있도록 격려한다.
- 수업후에도 학생조종사들이 수업관련 자료를 받아볼 수 있게 한다.
- 수업을 평가해본다. 무엇이 잘 되었고 무엇이 부족했는지를 기록한다.

06 자료준비

지식이 풍부한 비행교관이라도 교육자료를 적절히 정리하는 일은 중요하다. 일단 목적과 기준이 정해지면, 비행교관은 원하는 목표를 향해 논리적인 방식으로 학생조종사를 이끌기 위한 실질적 지도계획을 세워야 한다. 일반적으로 학생조종사의 목표는 자격증명/등급이며, 자가용/사업용 조종사 자격증명, 계기비행한정 등급 등이 이에 해당된다. 어떤 목표의 수업이든 체계적인 지도계획을 세우기 위해서는 적절한 훈련교수요목이 필요하며, 교수요목에는 목적과 완료기준을 포함해 각 수업에 대한 소개가 들어간다. 비행교관의 주된 작업은 통합된 수업계획과 더불어 훈련블록을 조직하는 일이며, 수업계획은 전형적으로 도입, 전개, 결론으로 구성된다.

1. 도입부분

도입부분은 주의집중(Attention), 동기부여(Motivation), 개관(Overview)으로 구성된다.

(1) 주의집중

주의집중의 목적은 각 학생조종사의 관심을 강의에 집중시키는 것이다. story telling, 비디오클립, 질문, 가벼운 농담 등으로 수업의 시작이 가능하다. 비행교관은 상황에 따라 이러한 방법 중 하나를 적절하게 선택하되, 어떤 방법을 사용하든 주제와 관련이 있어야 하고 학습배경을 확립해야 한다. 주제와 관련되지 않은 이야기나 농담을 하는 것은 오히려 학생조종사들의 주의력을 분산시키게 된다.

(2) 동기부여

동기부여 목적은 손 다이크(Thorndike)가 주장한 준비성의 법칙을 알고, 이해하고, 응용하고, 수행하기 위해 학생조종사들에게 수업내용이 왜 중요한지를 구체적으로 깨닫게 하는 것이다. 예를 들어, 비행교관은 수업내용에서 얻은 지식이 적용된 사건에 관해 이야기 해주거나, 혹은 학생조종사들에게 다가오는 시험을 상기시켜 줄 수도 있다. 이러한 동기는 각 학생조종사에게 개인적으로 부여해야 하고 학습하고자 하는 욕구를 불러일으켜야 한다.

(3) 개 관

모든 수업의 도입부에는 학생조종사들에게 수업중 다루어질 내용에 대해 설명하는 개관이 포함되어야 한다. 수업의 목적과 핵심주제를 명확하고 간략하게 제시함으로써 학생조종사가 앞으로 나아가야 할 경로를 알려주는 것이며, 여기에 시각적 보조자료를 사용하는 것도 도움이 될 수 있다.

도입에서는 학생조종사가 수업목적에 집중하는 데 도움이 되지 않는 이야기나 농담은 배제되어야 하고, 긴 변명조의 도입도 피해야 한다. 그 이유는 수업에 대한 학생조종사의 관심을 약화시키기만 할 뿐이기 때문이다.

2. 전 개

전개는 과거에서 현재로, 간단한 것에서 복잡한 것으로, 알고 있는 것에서 알지 못하는 것으로, 보편적인 것에서 특정한 것으로 진행한다.

(1) 과거에서 현재로

과거에서 현재로(또는 현재에서 과거), 연대순으로 주제가 정리되어야 한다. 예를 들어, 무선운항 시스템의 발전을 거슬러 올라가는 내용처럼 역사와 관련이 깊은 주제일 경우 시간적 전개가 가장 적절하다.

(2) 간단한 것에서 복잡한 것으로

간단한 것에서 복잡한 것으로의 전개는 간단한 사실이나 생각에서 출발해 관련 현상이나 개념으로 이끌어가는 데 도움이 된다. 예를 들어, 제트추진기술 학습 시 학생조종사는 장난감 풍선에서 공기를 방출시키는 것으로 시작해 복잡한 가스터빈엔진에 관한 논의까지 발전이 가능하다. 학습프로세스를 단순화하기 위해서는 시작시점에서 '덜 중요한' 정보를 과감히 누락시킬 수도 있다. 학생조종사가 비행에서 D/E/G등급 공역만을 이용한다면, A/B/C등급 공역에 대한 것은 학생조종사가 다른 공역운항에 익숙해질 때까지 제외시킬 수도 있다. 처음에는 정보량이 적을수록 받아들이기가 쉽다는 것을 반영해야 한다.

(3) 알고 있는 것에서 알지 못하는 것으로

비행교관은 학생조종사가 이미 알고 있는 것을 발판삼아 새로운 생각과 개념으로 이끌어 가는 것이 중요하다. 예를 들어, 기수방위지시계에 관한 수업을 전개할 때 진공구동방위지시계에 대한 언급으로 시작해 무선자기지시계(RMI)에 관한 내용으로 전개시킨다.

(4) 보편적인 것에서 특정한 것으로

대부분의 항공기는 특정 운항시스템을 갖추고 있지만, 그럼에도 비행교관은 학생조종사들에게 운항의 기본에 대해 가르쳐야 한다. 예를 들어, 기본적 독도법은 잊어버리기 쉬운 기술이기 때문에 자주 연습해야 한다. 추측항법 또한 사용 시 조종사가 매순간 주변을 살펴야 하는 것도 알아야 한다. 기본적인 VOR/NDB 무선항법절차도 잊어버리기 쉬우며 생명과 직결되는 기술임으로 숙련도를 유지해야 한다는 것을 알아야 한다. 학생조종사는 관성항법시스템(INS)이나 위성항법시스템(GNSS)을 사용하기에 앞서 먼저 기본사항을 배워야 한다.

3. 결 론

결론부분에서는 수업의 중요한 요소들을 되짚어보고, 이들을 학습목적과 연관시켜야 한다. 이러한 재검토와 마무리는 학생조종사의 학습을 강화하고 학습된 내용을 보다 잘 유지시킬 것이다. 결론부분에서는 또 다른 새로운 내용을 소개해서는 안 되며, 이 시점에서 새로운 내용은 학생조종사들에게 혼란을 가져다 줄 가능성이 크기 때문이다.

07 훈련전달방식

최근에는 풍부한 교육자료가 있어 비행교관이 선택할 수 있는 폭이 매우 커졌다. 여기에는 강의, 토론, 토론유도방식이 주로 사용되고, 문제기반학습, 그룹학습, 시범수행, 전자학습(E-Learning) 등도 있다. 훈련전달방식은 하나만 사용되는 경우가 드물고 뛰어난 비행교관은 여러 가지 방식을 조합하여 사용할 수 있다. 예를 들어, 강의를 통해 학생조종사들에게 중량과 균형계산법에 대한 지식을 제공한 다음, 강의를 강화하기 위해 그룹학습방식을 이용할 수 있다. 뛰어난 비행교관이 되기 위해서는 어떤 교수방식이 정보를 가장 잘 전달할 수 있는지 심사숙고해야 한다.

1. 강의방식

강의방식은 비행교관이 강의를 통해 학생조종사들에게 지식을 전달하는 것으로, 이때 학생조종사들은 보통 별다른 활동없이 강의를 듣는 청자로 참여하게 된다. 주제에 대한 일반적 이해를 위해서는 강의방식이 가장 좋다. 강의는 가장 널리 이용되는 프레젠테이션 형태로 비행교관은 강의방법 및 강의개발방법을 반드시 알아야 하고, 더불어 이 방식의 장점과 한계에 대해서도 파악해야 한다.

강의방식은 새로운 주제를 소개할 때나 정보요약, 이론과 실제 사이의 관계를 보여줄 때, 주요 사항을 재강조할 때 등에 이용된다. 강의는 소그룹, 대그룹 등, 여러 가지 수업상황에 맞춰 진행할 수도 있다.

(1) 교육강의 준비

강의준비는 성공적인 강의의 관건으로 강의가 있기 훨씬 전부터 강의준비를 시작해야 한다. 준비계획단계에서는 다음의 네 가지 단계를 따른다.

교육강의 준비의 네 가지 단계

- 목적과 바람직한 결과의 확립
- 주제연구
- 자료정리
- 유익한 강의실 활동계획

교육강의의 준비단계에서 비행교관은 다루어질 모든 사항을 사례, 비교, 통계 등으로 뒷받침해야 한다. 전문가가 뒷받침하는 사례나 관련된 예(통계, 비교 등)가 없으면, 학생조종사가 믿지 못하거나 이해하지 못할 수 있다는 점도 고려해야 한다. 비행교관은 수업을 전개하면서 활용할 수 있는 수업주제와 관련된 사례와 개인적 경험을 염두에 두고 계획해야 한다.

비행교관은 수업준비를 완료하고 수업계획을 작성한 다음 사전강의를 통해 강의에 대한 자신감을 쌓도록 해야 한다. 예행연습(리허설)을 거치면서 노트, 시각적 보조자료, 기타 교육기기도 보다 자연스럽게 사용할 수 있게 될 것이다. 가능한 한 (지식을 갖춘) 다른 사람(비행교관 등)이 자신의 강의를 관찰하고 비평가 역할을 하도록 해야 한다. 이러한 비평은 비행교관의 프레젠테이션 뿐만 아니라 보조자료, 시각적 자료 등이 충분한지 판단하는 데도 도움이 된다.

(2) 적절한 언어

교육강의에서는 되도록이면 복잡한 단어보다는 단순한 단어를 사용하는 것이 좋다. 주제에 적합하다면 생생한 속어나 구어체로 교육강의에 다양성과 생동감을 더할 수 있으나, 비행교관은 저속한 언어를 사용해서는 안 된다. 주제에 기술용어가 등장할 경우, 비행교관은 모든 학생조종사가 그 용어를 알 수 있도록 각각의 용어를 명확히 정의해야 한다. 또한 비행교관은 되도록 추상적 단어보다 구체적 단어를 사용해야 한다. 예를 들어, 기계적 결함과 같은 일반적 표현보다 연료라인의 누설과 같은 구체적인 단어를 학생조종사들이 더 상세히 이해할 수 있다.

강의에 생명력을 더할 수 있는 또 다른 방법은 말하는 어조나 속도에 변화를 주는 것이다. 문장의 길이를 달리하는 것도 도움이 되며, 짧은 문장만을 연이어 사용하게 되면 고르지 못하고 뚝뚝 끊어지는 어투로 들릴 수 있기 때문이다. 반대로 빈약한 구성의 긴 문장은 따라가기가 어렵고 말이 꼬이기 쉬워진다. 비행교관은 명료성과 다양성을 위해 짧은길이와 중간길이의 문장을 적절하게 섞어 사용해야 한다.

(3) 강의전달유형

강의는 상황에 따라 보통 다음의 네 가지 중 한 가지 방식으로 전달되어야 한다.

강의전달유형

- 인쇄 또는 기록한 원고읽기
- 원고를 보지 않고 자료를 암기하여 말하기
- 아웃라인만 가지고 즉석에서 말하기
- 아무 준비없이 즉석에서 말하기

교육강의는 원고없이 자유롭게 할 때 학생조종사들에게 가장 잘 전달될 것이다. 비행교관은 프레젠테이션 자료를 읽거나 암기하는 것보다 아웃라인이나 온전히 머리속에 있는 내용으로 강의하는 것이 좋다.

(4) 노트의 이용

노트를 잘 활용하면 정확성이 보장되고 기억을 일깨우며 망각에 대한 불안을 피할 수 있다. 노트는 복잡한 정보를 전달할 때 꼭 필요하며, 말을 장황하게 하는 경향이 있는 비행교관이라면 노트를 활용하는 것이 필요한데, 노트는 강의를 일정한 방향으로 유지하는 데 도움이 되기 때문이다. 노트를 학생조종사에게 숨기려고 애쓸 필요도 없다. 노트는 읽기 쉽도록 손으로 쓰거나 타이핑하고 강의도중 눈에 쉽게 띄는 곳에 놓아두거나 강의실에서 움직일 경우에는 손에 들고 다니도록 한다.

(5) 공식강의와 비공식강의

강의의 주된 고려사항은 바람직한 학습결과의 달성이다. 학습은 학생조종사가 긴장되지 않는 편안하고 긍정적인 분위기에서 적극적으로 참여할 때 가장 좋은 결과를 가져오므로 대부분 비공식적 강의를 권장한다. 그러나 새로운 주제를 소개할 때 등 일부 경우에서는 여전히 공식강의를 선호한다. 비공식적 강의에서 비행교관은 질문을 통해 학생조종사의 적극적인 참여를 이끌어 낼 수 있다. 비행교관의 질문에 대해 생각하고 답변하면서 학생조종사들은 강의를 보충하게 된다.

(6) 강의의 장점과 단점

강의방식은 다음과 같은 여러 가지 장점이 있다.

강의방식의 장점들

- 강의는 큰 그룹을 교육하는 데 편리한 방법이다.
- 특히, 학생조종사들의 연구시간확보가 어렵거나 참고자료를 쉽게 접할 수 없는 경우, 학생조종사가 강의외 다른 방법으로 얻기 어려운 정보를 전달할 때 사용된다.
- 간단한 개괄적 강의는 학생조종사들에게 앞으로 다루어질 주제에 관한 정보를 제공함으로써 수행의 방향과 목적을 알려주고 토론에 준비할 수 있도록 한다.
- 강의에서 비행교관은 짧은 시간 동안 많은 정보를 전달할 수 있는데, 정보와 생각을 논리적으로 정리하여 신속한 시퀀스로 간략하게 전달할 수 있다.
- 주어진 자료의 전달시간 측면에서는 모든 교수방법 중 강의가 가장 경제적인 방법이다.

강의방식은 다음과 같은 여러 가지 단점이 있다.

강의방식의 단점들

- 강의는 강의시간 내내 모든 학생조종사의 관심을 집중시키기 어려우며, 강의방식을 통해 바람직한 학습결과를 달성하기 위해서는 비행교관의 상당한 언변능력이 요구된다.
- 학생조종사의 정보유지율은 강의시작 10~15분 후에 현저히 떨어지고 끝날때쯤 다시 높아지므로 이를 고려해야 한다.
- 학생조종사 참여율을 높이는 주제를 이해하고 적용하기 위해서는 충분한 배경지식이 필요하다.
- 또 다른 단점은 운동기술과 같은 실무경험을 필요로 하는 경우에는 강의학습이 충분하지 않다는 것이고, 이때 비행교관이 강의 중간에 학생조종사가 적극적으로 참여할 수 있는 방식을 도입하여 학생조종사의 정보유지능력을 높여줘야 한다.

2. 토론방식

토론방식은 학생조종사를 적극적으로 학습프로세스에 참여시키기 위해 순수강의를 변형시킨 것으로, 강의를 한 다음에 토론을 하는 방식을 말한다. 토론방식에서 비행교관은 먼저 학생조종사에게 짧은 강의로 기본적 지식을 제공하며 그 시간은 20분을 넘지 않고, 강의 이후 비행교관 대 학생조종사, 학생조종사 대 학생조종사 토론을 진행한다.

토론방식은 토론과 생각의 교환이 주축을 이루는데, 토론에 참여하는 모든 사람은 논평하고 경청하고 생각하고 참여할 수 있는 기회를 가진다. 학생조종사들은 강의 토론에 적극적으로 참여함으로써 기억력과 추후 정보이용능력을 향상시킬 수 있다. 비행교관은 안내자 역할을 하면서 토론의 초점을 주제와 일관되게 유지시키는 것이 중요하다. 즉, 토론을 위한 기본적 질문을 던지고 논쟁을 유발하는 경우에는 중재하고 모든 학생조종사의 참여를 확인하며 토론을 통해 학습한 것을 요약해 줘야한다.

토론방식을 학습방식에 연계시키는 것은 적극적인 학생조종사 참여를 이끌뿐 아니라 학생조종사들의 고차원적 사고기술(HOTS)을 개발시키는 데도 좋다. 토론 중 의견을 주고 받음으로써 학생조종사는 생각과 개념, 원리를 평가하는 법을 학습할 수 있으며, 이때 비행교관은 자신의 의견을 최소화해야 한다. 토론의 목표는 학생조종사의 참여임을 명심해야 한다.

3. 토론유도방식

토론유도방식은 학생조종사가 토론주제에 대해 어느 정도 지식을 갖추고 있음을 전제로 해야 한다. 토론유도방식을 위해서 수업전 독서나 토론주제를 설정하는 짧은 강의가 필요하다. 토론유도방식에서 비행교관은 토론을 유도하고, 토론이 진행되는 동안 조정 및 유지시키는 역할을 한다. 토론유도방식은 강의중이나 비행전 브리핑 및 비행후 브리핑에서 종종 사용된다.

토론은 학생조종사들이 습득한 지식과 경험수준을 반영한다. 토론유도방식의 목표는 학생조종사들이 알고 있는 것을 이끌어내는 것이다. 비행교관은 토론이 활발해지고 참여도가 높을수록 학습효과가 더 좋다는 것을 기억하고 학급의 모든 구성원이 토론을 따라 가도록 유도해야 한다.

비행교관은 모든 학생조종사를 공평하게 대하고 자유롭게 질문하도록 하며 저마다 인내심과 재치를 발휘하도록 하고, 학생조종사들의 모든 응답에 코멘트를 해 줘야한다. 냉소나 조소는 참여자들의 자발성을 억제하므로 금물이다. 토론유도방식에서 토론유도는 수업과 관련된 학습주제를 강화하기 위한 것이다. 비행교관은 학생조종사들 사이에서 토론을 유도하는 조력자의 역할을 해야 한다.

(1) 질문활용

토론유도방식에서는 질문을 요령있게 활용함으로써 학습이 활발해진다. 토론의 분야를 처음 제시할 때 질문을 던짐으로써 토론의 장을 여는 경우가 많으며, 이를 유발질문이라 한다. 유발질문은 토론을 시작하기 위한 질문이며, 토론이 전개되면서 비행교관은 토론을 유도하기 위한 추가질문을 던질 수 있다. 추가질문의 용도는 학생조종사가 어떤 대상을 보다 확실히 설명했으면 할 때나 토론이 주제에서 빗나가 다시 원점으로 되돌려 놓을 때 이를 활용할 수 있다. 질문은 그 특성에 따라 전체질문, 수사학적 질문, 직접 질문, 역질문, 중계질문으로 분류된다.

전체질문은 각 그룹구성원의 생각과 반응을 자극하기 위해 전체학급에 던지는 질문이며, 비행교관은 유발질문을 제기하기 위해 전체질문을 던질 수도 있다. 수사학적 질문도 그룹의 생각을 자극하는 것이기 때문에 성격적으로 유사하나, 수사학적 질문의 답변은 비행교관이 하기 때문에 토론유도방식보다 강의에서 더 자주 사용된다. 질문을 효과적으로 사용하면 학생조종사들의 학습을 자극하는 데 있어 어떠한 교육기법보다 뛰어나다. 단답형, O/X 질문보다는 두뇌활동이 필요한 개방형 질문을 던져야 한다.

비행훈련은 학습의 이해 이상의 수준에서 이루어지기 때문에, 질문을 활용할 때 학생조종사들이 개념을 파악하고, 유사점과 차이점을 설명하며 인과관계추론이 요구된다. 다음은 효과적인 질문의 특성이다.

효과적인 질문의 특성

- 특정한 목적을 갖는다.
- 의미가 명확하다.
- 단일 아이디어를 포함한다.
- 생각을 자극한다.
- 분명한 답변을 요한다.
- 이전에 다루어진 정보와 연관성을 갖는다.

(2) 토론유도계획하기

토론유도계획은 강의계획과 유사하다. 다음은 토론학습계획에 지침이 되는 사항들이다.

토론유도계획하기

- 학생조종사들이 유익하게 토론할 수 있는 주제를 선택한다.
- 바람직한 학습결과 및 구체적인 수업목적을 확립한다.
- 주제에 익숙해지기 위해 충분히 연구한다.
- 논리적인 순서에 따라 수업의 주요사항과 부차적 사항을 조직한다.
- 바람직한 학습결과를 위해 적어도 하나 이상의 유발질문을 계획한다.

(3) 학생조종사의 준비

학생조종사들이 토론에 대비해 준비하도록 지도하는 것은 비행교관의 책임이다. 비행교관은 각 학생조종사의 토론참여와 거기서 무언가 얻을 수 있도록 권장하며, 학생조종사들이 토론을 준비하는 동안 수업목적을 잘 파악하도록 해야 한다. 때때로 비행교관은 학생조종사들이 토론준비를 할 만한 과제를 할당하지 못한 채 수업을 시작해야 할 때도 있으며, 그런 경우에는 수업 도입부에서 주제에 대해 간단히 소개하는 것이 일반적이고 바람직하다. 주제에 관련한 일정한 배경지식도 없이 학생조종사들에게 주제에 관해 토론하라고 요구하는 것은 금물이다.

(4) 토론유도방식(비행교관의 기법)

토론을 성공적으로 유도하기 위한 기본 프레임은 도입, 토론, 결론으로 구성되어야 한다.

1) 도입(Introduction)

도입에는 관심요소, 동기부여요소, 핵심 사항의 개관이 포함되어야 한다. 비행교관은 토론에 대한 열의를 높이고 토론을 자극하기 위해 지나치게 격식을 따지지 않는 편안한 분위기를 조성해야 한다. 각 학생조종사에게는 주제의 다양한 측면을 토론할 기회, 자유로운 분위기에서 토론할 수 있는 기회가 주어져야 한다. 비행교관은 학생조종사들 각자의 아이디어와 적극적인 참여가 바람직하고 필요하다는 것을 학생조종사들이 자각하도록 토론의 유도에 힘써야 한다.

2) 토론(Discussion)

비행교관은 준비한 유발질문 중 하나를 던져 토론을 시작한다. 토론질문은 학생조종사의 이해가 쉽게 비행교관에 의해 단호히 제시되어야 한다. 질문을 던진 뒤에는 인내심을 가지고 학생조종사들이 반응할 수 있는 여유를 주어야 한다.

비행교관은 질문을 던지기 전에 이미 마음속에 답변을 준비하고, 학생조종사들은 답변하기 전에 질문에 대해 생각하도록 유도해야 한다. 학생조종사들이 데이터자료 및 실례를 떠올려보거나 어떻게 대답할지를 결정하려면 충분한 시간이 필요하다는 점을 명심해야 한다.

토론이 진행되면 비행교관은 토론중에 학생조종사들이 내놓는 아이디어, 경험 및 예들을 주의깊게 경청한다. 비행교관은 수업을 준비하면서 예상답변을 미리 생각해두고 있어야 한다. 토론진행에 따라 비행교관은 학생조종사들이 주제를 보다 깊이 있게 탐구하도록 하거나 더 상세히 토론하도록 지도하기 위해 방향을 유도해야 할 때가 있다. 이때 비행교관은 어떻게 또는 왜로 시작되는 추가질문을 던져 학생조종사들의 주제에 대한 이해를 목적으로 토론을 유도할 수 있어야 한다.

학생조종사들이 수업의 특정부분을 어느 정도 토론한 것으로 판단될 때 비행교관은 학생조종사들의 토론결과를 요약한다. 요약은 비행교관이 할 수 있는 가장 효과적인 교육수단 중 하나이다. 토론직후에 각자의 생각을 한데 모으고, 토론을 통해 발전시킨 생각들이 학습한 것과 어떻게 관련되며 그것을 어떻게 뒷받침하는지를 보여주면서 다음 과정으로 넘어가도록 하는 것이다. 마지막 학습토론은 요약을 생략하고 곧바로 수업정리를 할 수도 있다. 요약은 구체적인 학습결과를 보여줌으로써 학습을 강화한다.

3) 결론(Conclusion)

토론유도방식은 다루어진 자료를 요약하면서 마무리한다. 정리부분에서 비행교관은 학생조종사들이 토론한 다양한 사항과 주제를 하나로 연결시키고, 학습내용과 이 내용들의 실제적 응용간의 관계를 보여주어야 한다. 요약은 간단명료해야 하고, 불완전해서는 곤란하다. 토론을 통해 그룹구성원 중 한 명이라도 이해하지 못한 분야가 있음을 알게 되면 비행교관은 해당 자료를 다시 설명해야 한다.

08 문제-기반 학습

문제-기반 학습((PBL, Problem-Based Learning))의 문제들은 하나의 답이 있지 않는 것을 학습한다. 문제-기반 학습은 학습자가 정보를 보다 심층적으로 이해하고 기억하는 능력을 향상시키는 데 유용하다. 학습동기를 부여하고 초점을 맞추며 학습을 유도하는 좋은 문제를 개발하는 것은 문제-기반 학습의 중요한 구성요소이며, 구성에 요구되는 문제는 다음과 같다.

문제-기반 학습 고려사항

- 학생조종사의 문제-해결동기를 불러일으킬 만큼 현실성이 있다.
- 학생조종사가 결정을 내리도록 한다.
- 1개의 정답으로 제한되지 않는 개방형 문제이다.
- 이전에 학습한 지식뿐 아니라 새로운 지식과도 연결된다.
- 수업목적을 반영한다.
- 학생조종사가 비판적으로 사고하도록 한다.

1. 고차원적 사고기술(Higher Order Thinking Skills, HOTS)의 수업

효율적인 의사결정과 판단을 내리는 데 필요한 인지기술을 가르치기 위해서는 분석, 종합, 평가를 문제-기반 학습(고차원적 사고기술(HOTS)) 수업에 결합시키는 것이 매우 유용하다. 고차원적 사고기술 수업은 단순한 것에서 복잡한 것으로, 구체적인 것에서 추상적인 것으로 진행되며, 지도를 위한 기본적인 접근방식은 다음과 같다.

고차원적 사고기술 지도접근방식

- 문제를 설정한다.
- 문제에 대한 학습결과를 정한다.
- 문제 또는 임무를 해결한다.
- 문제-해결과정에 대해 심사숙고한다.
- 유도에 의한 발견을 통해 또 다른 해결책을 검토한다.
- 추가옵션을 사용하여 해결책을 재평가한다.
- 도출된 해결책에 관해 심사숙고하고 최선의 해결책인지 생각해본다.
- 최선이 무엇을 의미하는지(상황에 따른 것인지) 생각해본다.

2. 문제-기반 학습의 유형

문제-기반 학습(PBL)인 고차원적 사고기술(HOTS)은 여러 가지 변형된 형태가 있지만 일반적으로 문제를 풀어야 할 동기나 필요성, 해결책을 찾는 방법, 가능한 해결책과 그 이유, 해결책에 관한 검토 등이 관련된다. 문제-기반 학습은 주로 다음의 세 가지 유형 즉, 시나리오기반 훈련방식, 협력적 문제-해결방식, 사례연구방식이 강조되고 있다.

(1) 시나리오기반 훈련(SBT)방식

시나리오기반 훈련(SBT)방식은 운영환경에서 비행훈련의 목적을 위해, 실제와 같은 상황을 바탕으로 구성된 대본을 이용하는 훈련방법이다. 현실 상황속에서 정신적 준비와 지식의 실제적 적용을 훈련하는 것이다.

시나리오기반 훈련(SBT)방식은 초기훈련, 기종전환훈련, 업그레이드 훈련, 정기훈련, 특수훈련 등에 적용될 수 있다. 조종사가 부적절하게 내린 결정은 상당한 비중의 사고원인이 되며 소형단발엔진 및 쌍발엔진 항공기의 경우 치명적 사고로 이어질 수 있다.

시나리오기반 훈련(SBT)방식은 사고율을 낮추는 것을 목표로 다양한 비행시나리오를 통해 학생조종사나 기종전환 조종사에게 도전과제를 제시한다. 이러한 시나리오 훈련에서 조종사들은 조종실에서 이용가능한 자원을 관리하고 시기적절한 판단과 결정을 내려야 한다. 좋은 비행시나리오는 비행시간을 1시간 이상으로 설정한다.

시나리오기반 훈련(SBT)방식이 효과적인 이유는 미래를 예측하는 것이 불가능하고 앞으로 일어날 수 있는 모든 사건에 조종사를 준비시키는 방법은 존재하지 않기 때문이다. 좋은 시나리오는 다음과 같은 특징들을 가지고 있다.

좋은 시나리오의 특징들

- 시나리오는 시험이 아니다.
- 단 하나의 정답만을 가지지 않는다.
- 명확한 답변을 제공하지 않는다.
- 오류를 발생시키지 않아야 한다.
- 상황인식과 의사결정기회를 제공한다.

(2) 협력적 문제-해결방식

협력 (두 사람 이상이 함께 작업하는 것)을 통해 문제를 해결하는 방식은 오랫동안 이용되어 온 방식이다. 협력적 문제-해결방식은 비행교관이 한 그룹에 문제를 제시하고 그 그룹이 서로 협력해서 문제를 해결하는 식으로 이루어진다.

비행교관은 필요한 경우 학생조종사들을 도와주지만 비행교관의 도움을 받지않고 문제나 임무를 해결하는 것이 학습프로세스의 일부라는 것을 기억해야 한다. 협력을 이용한 이 방식은 개인과 비행교관의 1:1 상호 간 학습상황에 맞게 변형될 수도 있다. 비행교관이 학생조종사에게 문제를 제시하고 학생조종사가 문제를 해결하는 동안 제한적으로만 도와주며 해결책을 찾는 데 동참하는 방식이다.

(3) 사례연구방식

사례연구방식은 메시지를 내포한 현실속 사례에 대해 논하는 것이다. 사례연구는 점점 더 각광받고 있는 교육형태이며, 다루어지는 사례들은 학생조종사가 실제로 직면하게 되는 상황과 관련된 것이다. 비행교관이 학생조종사들에게 사례를 제시하면 학생조종사들은 사례를 분석하고 결론을 내리고 가능한 해결책을 제시한다.

사례연구방식은 학생조종사들이 비판적 사고기술을 활용하도록 유도해야 한다. 비행교관들을 위한 실제 사례의 훌륭한 공급원은 항공사고 자료를 찾아볼 수 있는 항공사고조사위원회 자료이다. 비행교관은 이 자료에서 사고조사위원회가 판단한 사고원인부분을 학생조종사들이 미리 알 수 없도록 처리하고 사례연구수업에 활용할 수도 있다.

09 전자-학습

전자-학습(E-Learning)은 교육내용전달에 인터넷, 네트워크, 독립형 컴퓨터, DVD, 화상회의, 웹사이트, e-mail과 같은 전자식요소가 개입되는 모든 유형의 교육을 가리킨다. 전자-학습은 시간적 유연성, 비용경쟁력, 학습자중심, 손쉬운 업데이트, 때와 장소에 무관한 접근 등 많은 장점을 가지고 있다. 현재 전자-학습은 여러 다양한 수준에서 훈련에 활용되고 있다. 조종사가 계기비행등급을 정하는데 필요한 계기비행을 위해 컴퓨터-기반 비행훈련장치(CATD, computer-based aviation training device)나 비행훈련장치(FTD, flight training device)를 사용하고 있다. 대부분의 비행교육원이나 항공사들은 승무원들이 비행시뮬레이터에서 모든 자격을 충족시킬 수 있을 만큼 현실에 가까운 높은 수준의 비행시뮬레이터를 갖추고 있다.

전자-학습은 훈련에 있어 여러 가지 장점이 있지만 한계도 존재한다. 전자-학습방식에 따라 동료 간 상호작용이나 개인 feedback이 결여될 수도 있다. 비행교관 입장에서는 학습상황을 통제하는 것이 어려울 수도 있다. 특정 분야에서는 우수한 전자-학습프로그램을 찾기 어려울 수 있고, 기기, 소프트웨어, 설비와 관련된 비용 또한 고려해야 할 사항이다. 비행교관과 학생조종사가 소프트웨어 프로그램의 장점을 최대한 이용하는 데 있어 개인용 컴퓨터사용경험이 부족할 수도 있다. 전자-학습을 부적절하거나 과도하게 활용하는 것은 피해야 한다.

1. 컴퓨터-지원학습(CAL, Computer-Assisted Learning) 방식

컴퓨터-지원학습(CAL)은 훈련장치로 개인용 컴퓨터(PC)를 멀티미디어 소프트웨어와 결합시킨 것이다. 주요 항공기 제조사들은 항공승무원과 정비사들에게 새로운 기기를 다루는 법을 훈련시키는 인력을 줄이고, 자사 직원들에게 항공기 시스템과 유지보수절차를 가르치는 컴퓨터-지원학습(CAL) 프로그램을 개발해왔다. 컴퓨터-지원학습(CAL)의 또 다른 편익은 항공기 조종사, 정비사 자격증명의 지식시험준비에 유용하다는 것이다. 이 프로그램은 전형적으로 학생조종사가 시험을 선택하고 질문을 완료하고 자신의 시험성적을 확인할 수 있으며, 틀린 문제에 대한 검토 또한 가능하다.

비행훈련에서 컴퓨터는 교육보조물로 간주되어야 한다. 비행훈련 프로그램전체를 컴퓨터에 맡기는 것은 현실적 방법은 아니며, 항공사 시뮬레이터 프로그램 조차도 맞춤화와 비행교관과의 현장 상호작용이 필요하다.

컴퓨터-지원학습(CAL)은 비행교관에게 유용한 도구이며 주요 장점은 상응형이라는 점이다. 학생조종사가 입력하면 컴퓨터는 그에 상응하여 응답한다. 컴퓨터-지원학습(CAL)을 사용할 때도 비행교관은 감독, 질문, 시험, 쪽지시험, 주제관련 토론유도방식 등을 통해 적극적으로 관여하여 학생조종사 성취도를 계속 확인해야만 한다.

2. 시뮬레이션, 역할극, 비디오게임

시뮬레이션(현실속 상황의 모형화), 역할극(실제 상황에서 특정 역할연기), 비디오게임은 전자-학습의 새로운 추세이다.

비행 시뮬레이터

시뮬레이션 및 역할극게임, 그리고 비디오게임의 장점은 학생조종사가 새로운 정보를 학습하고 기술을 발전시키며 정보를 연결하거나 구성할 때 효과적인 학습이 이루어진다. 학습자는 게임속에서 실제 시나리오를 해결해야 하는 캐릭터의 입장(역할극)에 서게 된다. 학생조종사와 게임의 상호작용결과로 학습이 향상되며 비판적 사고기술 또한 촉진된다.

10 협동 및 그룹학습방식

협동학습 또는 그룹학습방식은 개개인의 학습과 상호 간의 학습을 극대화하기 위해 학생조종사들을 작은 그룹으로 조직해서 서로 협동하게 하는 것이다. 협동학습으로 그룹공동임무를 완수하는 학생조종사들은 더 높은 시험성적, 자부심, 향상된 사회적 기술, 더 우수한 이해력을 보이는 것으로 나타나고 있다. 그룹학습의 가장 큰 가치는 학습프로세스에 지속적으로 학생조종사들의 적극적인 참여를 요한다는 점이다.

협동 및 그룹학습이 성공적이기 위해서는 적절한 조건과 통제가 필요하다. 다음은 협동학습에 필요한 조건과 통제사항들이며, 비행교관이 그룹학습 프로젝트를 줄 때마다 매번 동일해야 할 필요는 없다.

협동학습에 필요한 조건과 통제사항들

- 소규모의 다양한 집단
- 학생조종사들이 수행할 것, 사용할 교육자료, 목표로 하는 지식과 기술의 달성여부를 증명하는 방법 등에 대해 명확히 지시
- 학생조종사들이 수행목적을 자신의 개인적인 목적으로 인식
- 학생조종사가 임무를 성공적으로 달성할 기회제공
- 학생조종사가 필요한 정보에 접근하고 이해
- 충분한 학습시간 부여
- 개별책임 강조
- 그룹이 임무를 성공적으로 달성했을 때 인정과 보상
- 임무를 완료한 후 학생조종사들이 팀으로서 어떻게 협력했는지 체계적으로 생각해 보는 시간 부여

11 시범수행방식

시범수행방식은 사람은 행동에 의해 학습한다라는 원리를 기반으로 하며, 연습과 함께 정신적, 신체적 기술을 숙련시키는 데 가장 자주 이용된다. 학생조종사들은 비행교관이 시범보이는 기술을 관찰한 다음 그것을 따라한다. 이러한 방식은 조종기술을 지도하는 비행교관에게 매우 적합하다. 시범과 수행을 위해 비행교관은 학습을 통해 도출되어야 하는 가장 핵심적인 결과를 수업초기에 명확히 알려주어야 한다. 이후, 기술을 수행하는 단계에 대해 설명하고 시범을 보이고, 학생조종사들이 해당 기술수행능력을 높일 수 있도록 각 단계를 연습할 수 있는 시간을 주어야 한다. 시범수행방식은 다음의 다섯 단계 즉, 설명단계, 시범단계, 학생조종사수행단계, 비행교관 감독단계, 평가단계로 이루어진다.

(1) 1단계(설명단계)

설명은 반드시 명확해야 하고 수업목적과 관련있어야 하며 학생조종사들이 이미 가지고 있는 경험과 지식을 기반으로 해야 한다. 기술지도 시 비행교관은 학생조종사들이 수행해야 할 동작을 정확히 설명해야 한다. 기술수행의 최종결과에 대해서도 학생조종사들에게 설명해 줘야 한다. 설명단계를 마치기 전에 학생조종사들이 아직 이해하지 못한 절차가 있다면 비행교관께 질문하도록 해야 한다.

(2) 2단계(시범단계)

비행교관은 기술을 수행하는 데 필요한 동작을 학생조종사들에게 보여주어야 한다. 비행교관의 시범을 학생조종사들이 보다 명확히 이해하게 하려면 시범과 관련없는 동작은 가능한 한 배제하여야 한다. 만약, 어떤 예상치 못한 상황으로 인해 시범과 설명이 완전하게 일치하지 않는다면 달라지는 부분을 즉시 인지하고 이에 대해 설명해 주어야 한다.

(3) 3/4단계(학생조종사 수행단계와 비행교관 감독단계)

세 번째 단계는 비행교관이 설명하고 시범보인 신체적, 정신적 기술을 학생조종사가 수행해 보는 것이고, 네 번째는 이를 비행교관이 감독하는 것이다. 학생조종사 수행은 말 그대로 학생조종사가 직접 실행해보는 것으로 기술을 습득하기 위해 학생조종사는 연습이 반드시 필요하다. 비행교관은 학생조종사 활동에 충분한 시간을 할당해야 하며 연습을 통해서 학생조종사들은 올바른 절차와 기준을 따르는 방법을 배운다.

학생조종사에게 시범후 가능한 신속히 기술을 수행하는 기회가 주어져야 한다. 비행훈련을 예로 들면, 비행교관은 먼저 학생조종사가 비행교관의 기동시범을 그대로 따르게 하는 것이다.

(4) 5단계(평가단계)

평가단계에서 학생조종사는 자신이 습득한 능력을 보여주고 비행교관은 학생조종사가 얼마나 기술을 잘 배웠는지 확인한다. 각 학생조종사의 수행능력을 테스트하기 위해 학생조종사 혼자서 전체과정을 수행하도록 하고, 각 학생조종사가 얼마나 적합한 방식으로 기술을 구사했는지에 대해 약간의 코멘트를 해 준다. 이러한 평가를 통해 비행교관은 교육의 효과를 확인한다.

12 훈련과 연습방식

훈련과 연습방식은 반복을 통한 학습을 권장하는데, 가장 자주 반복되는 것이 가장 잘 기억되기 때문이다. 인간은 한 번의 접촉만으로 새로운 개념을 기억하고 평가하고 응용하는 경우는 거의 없다. 학생조종사들이 단 한 번의 시범비행으로 측풍착륙을 배우는 것은 불가능하다. 보고 들은 것을 응용함으로써 연습때마다 학습은 계속된다.

훈련과 연습은 연습하고 있는 기술이 어떤 기술인지 파악하면서 해야 효과가 있다. 비행교관은 반드시 학생조종사가 연습할 수 있는 기회를 제공해야 하고, 연습과정이 학습목적을 향해 진행되고 있는지 확인해야 한다.

13 수업의 적용(응용)

적용(응용)이란 비행교관이 제시한 자료를 학생조종사가 활용하는 것을 말한다. 강의실 프레젠테이션에서는 학생조종사가 새롭게 배운자료에 대해 설명해보는 것이 적용에 해당될 수 있다. 비행기동에서는 조금전 비행교관이 시범보인 기동을 학생조종사가 수행해보는 것으로 적용이 이루어질 수 있다. 대부분의 교육상황에서 비행교관의 설명과 시범은 학생조종사의 수행과 번갈아 가며 이루어진다.

일반적으로 교정과 추가시범 시에는 학생조종사의 수행을 중단시켜야 한다. 올바른 기동이나 비행운영을 몸에 익히기 위해서는 처음 수행시에 올바른 방식으로 수행하는 것이 매우 중요하기 때문이다. 한번 잘못 익힌 습관은 바로잡기 어렵기 때문에 최대한 빠르게 이를 다루어야 한다. 비행교관은 이 점을 더 확실히 인식해야 하는데, 학생조종사들은 보통 비행교관없이 많은 연습을 해야 하기 때문이다.

비행교관은 반드시 학생조종사가 기동을 제대로 능숙하게 수행하는 것을 확인한 다음에만 단독비행에서 특정 기동연습을 하도록 허용해야 한다. 학생조종사가 잘못된 기동습관을 익히지 않았는지 확인하기 위해서는 정기적인 검토와 평가가 이루어져야 한다.

14 수업의 평가

교육기간이 끝나기 전에 비행교관은 수업중에 다룬 내용들을 검토하고 학생조종사들이 수업목적을 얼마나 달성했는지 확인해야 한다. 검토와 평가는 강의실 수업 및 비행수업의 일부이다. 비행교관평가는 공식적인 것도 있고, 다음 수업을 위해 개인적으로 기록하는 비공식적인 것도 있다. 일반적으로 평가는 공식적이고 코스에서 학생조종사의 성취도를 확정하기 위해 결과가 기록된다.

15 교육보조물과 훈련기법

교육보조물은 교수-학습프로세스에서 비행교관을 지원하는 도구이다. 교육보조물은 독립적으로 쓰이는 것이 아니라 교육내용을 보충하고 뒷받침하거나 강화하는 용도이다.

이와 달리 훈련매체는 학생조종사들에게 교육적 메시지를 전달하는 모든 물리적 수단을 가리킨다. 예를 들어, 비행교관 목소리, 인쇄된 교재, 비디오카세트, Interactive 컴퓨터 프로그램, 파트업무 트레이너, 비행훈련장치, 비행시뮬레이터 및 기타 수많은 유형의 훈련수단들이 훈련매체로 간주된다.

1. 교육보조물을 사용하는 이유

교육보조물은 학생조종사가 중요한 정보를 잘 기억하도록 돕는 것과 기타 여러 가지의 장점이 있다. 청각보조자료나 시각보조자료는 주제를 뒷받침하는 데 매우 유용하고 청각과 시각자극을 조합하면 더욱 효과적인데, 이 두 감각은 사람에게 가장 중요한 감각이기 때문이다. 한 가지 주의할 점은 교육보조물은 학생조종사들의 관심을 주제에 고정시키는 도구라는 점을 기억해야만 한다.

교육보조물은 용어문제를 해결하는 데도 도움이 되며, 사용되는 단어나 용어는 비행교관이나 학생조종사에게 동일한 의미로 전달되도록 신중하게 선별해야만 한다. 교육보조물은 정확한 시각적 이미지를 제공하고 학생조종사들이 학습을 용이하게 한다. 교육보조물의 또 다른 용도는 물리적 대상과 개념의 관계를 명확히 하는 것으로, 이런 관계가 시각적으로 제시되면 이해가 쉬워지기 때문이다.

비행교관들은 짧은 기간 안에 많은 것을 가르쳐야 할 때가 많은데, 교육보조물은 여기에 도움이 된다. 예를 들어, 어떤 소리나 사물, 기능을 말로 설명하는 것보다 녹음음향을 들려주거나 설명하고자 하는 사물의 사진을 보여주며 기능에 대한 다이어그램을 제시할 수도 있다. 이를 통해 학생조종사는 더 빨리, 더 정확하게 학습하고 비행교관은 교수 프로세스에 걸리는 시간을 절약할 수 있다.

2. 교육보조물 사용에 대한 가이드라인

교육보조물 사용은 반드시 미리 계획해야 하며, 교육보조물의 필요성에 대한 검토는 다음에 제시되는 프로세스를 참고하여 세워야 한다.

교육보조물 사용에 대한 가이드라인

- 교육목적을 명확히 세우고, 무엇을 전달하고자 하는지를 확실히 한다.
- 자료연구를 통해 필요한 데이터를 수집한다.
- 자료를 아웃라인이나 수업계획에 맞게 조직한다. 계획에는 중요한 안전고려사항 등을 비롯해 다루어져야 하는 모든 핵심 사항을 포함한다.
- 교육보조물을 사용할 학습내용을 선정한다.

교육보조물은 핵심 사항에 집중하도록 적용해야 한다. 긴 기술적 설명이 필요한 내용, 복잡하고 말로 표현하기 곤란한 내용, 시각적 이미지를 형성하는 내용, 설명이나 해설을 듣고도 학생조종사들이 명확히 이해하지 못하는 경우, 교육보조물을 사용하는 것이 적절하다.

효과적인 교육보조물 사용 가이드라인

- 강의목적을 뒷받침한다.
- 학생조종사 중심적이어야 한다.
- 이전의 학습위에 구축된다.
- 건전한 학습원리에 부합하는 유용하고 의미있는 내용을 갖춘다.
- 학생조종사들의 관심을 끈다.
- 학생조종사들의 관심과 흥미를 유지한다.
- 적절한 때에 학생조종사들의 참여를 유도한다.
- 학습목적에 규정된 행동이나 학습결과로 학생조종사들을 이끈다.
- 적절한 자극과 강화를 준다.
- 필요한 사진, 그래프, 문구를 포함한다.
- 사용전에 완전성과 기술적 정확성을 점검한다.
- 학생조종사에게 적절한 용어를 사용한다.
- 적절한 순서로 배열된다.
- 이해하기 쉽다.
- 안전주의 사항내용을 포함한다.

3. 교육보조물의 유형

교육보조물로는 칠판, 화이트보드, 보충인쇄물, 투사자료, 영상, 대화식 CD 및 DVD, 컴퓨터-지원학습(CAL), 모형, 실물모형, cut-away 등이 있다.

(1) 칠판, 화이트보드

칠판과 화이트보드는 비행교관들이 보편적으로 사용하는 도구이다. 칠판이나 화이트보드 이용은 다음의 중요한 장점이 있다.

칠판, 화이트보드의 장점

- 첫째, 적었다가 지우는 것이 가능해서 표면을 계속 이용할 수 있다.
- 둘째, 강의실에서 학생조종사와 비행교관이 공동으로 활동을 하도록 이어주는 훌륭한 매체이다.

(2) 보충인쇄물

사진을 비롯해 복사하거나 프린트한 그림, 도면, 벽화, 만화 및 기타 인쇄물을 일컫는 인쇄매체는 유용한 수업보충자료이며, 차트, 다이어그램, 그래프도 이 범주에 속한다. 그림, 도면, 사진은 비행교관과 학생조종사들에게 공통된 시각적 영상을 제공하기 때문에 매우 효과적이다. 또한, 중요사항을 시각적으로 인지할 수 있도록 세부사항도 보여준다. 많은 경우 이러한 유형의 보충훈련매체는 스크린 등에 투사형태로 사용한다.

(3) 투사자료

투사자료는 슬라이드, 필름스트립, 오버헤드 프로젝터용 슬라이드 등을 말한다. 투사자료를 잘 활용하기 위해서는 계획과 연습이 필요하며, 비행교관은 미리 기기와 조명을 세팅하고 내용을 살펴보아야 한다. 강의시에는 투사자료를 보여주기

투사자료를 활용하면 교육을 효과적으로 수행할 수 있다.

전에 먼저 학생조종사들에게 프레젠테이션 내용을 소개해야 한다. 프레젠테이션 후에는 질문과 핵심사항 요약을 위한 시간을 마련해 둬야 한다.

(4) 영 상

CD와 DVD는 오늘날 보편적으로 사용되는 영상교육 보조물이다. CD와 DVD의 편리성은 분명히 큰 장점이다. 화면의 정지, 일시정지, 재생기능은 비행교관과 학생조종사 모두에게 도움이 된다. CD와 DVD 또한 단점이 있는데, 영화나 TV 등을 볼 때도 보거나 듣는 것을 자기 것으로 만들기보다 수동적으로 보는 경향이 있다. 비행교관이 수업을 완전히 영상 프레젠테이션에 의존하는 것은 바람직하지 않으며, 수업전에 계획을 세우고 예행연습을 해두면 프레젠테이션 도중, 요약시에 강조해야 할 중요사항과 개념을 정리하는 데 도움이 된다.

PC를 활용한 시뮬레이터

(5) 대화식(Interactive) CD 및 DVD

CD와 DVD의 큰 장점은 많은 양의 정보를 저장하는 능력이다. 한 장의 CD나 DVD 안에 관련 항공규정과 항공정보매뉴얼(AIM) 전체를 포함할 수도 있다. 검색이나 찾기 기능을 이용하면 CD나 DVD는 유용한 정보공급원이 된다. 천연색 사진과 그래픽을 갖춘 이미지 등의 추가기능과 함께, 학생조종사들이 코스진도를 따라가면서 상호작용할 수 있도록 질문이나 지시가 프로그램화되어 있기도 하다.

(6) 컴퓨터-지원학습(CAL, Computer-Assisted Learning)

컴퓨터-지원학습(CAL)은 기본적으로 PC 상에서 제공되는 오디오, 문자, 그래픽, 영상(또는 영화)과 같은 교육매체가 두 가지 이상 조합된 것을 말한다. 컴퓨터-지원학습(CAL)을 사용하면 학생조종사와 비행교관의 역할이 모두 달라지는데, 학생조종사는 자가학습에 보다 치중하게 되고, 비행교관은 강단에 서서 수업을 주도하는 전형적인 위치에서 벗어나 조력자의 위치에 서게 된다. 즉, 학습의 안내자나 자료전문가로서, 혼자 공부하거나 소그룹으로 공부하는 학생조종사들 사이를 오가며 도움을 주는 역할을 한다.

비행 시뮬레이터 훈련

(7) 모형, 실물모형, Cut-Aways

모형은 실물의 복제품으로 실물과 같은 크기인 것도 있고 실물보다 확대되거나 축소된 것도 있다.

실물모형은 실물이 너무 고가이거나 위험한 조작을 해야 하는 경우 또는 실물을 구할 수 없는 경우에 실물대신 연구, 훈련, 시험에 이용된다.

Cut-away는 섹션별로 제작되고 내부구조를 볼 수 있도록 분리가 가능하며, 가능한 경우에는 상호기능을 명확히 보여주기 위해 다양한 부품들에 라벨을 부착하거나 색상을 넣어 표시하기도 한다.

16 시험준비 자료

시험준비 자료는 응시자들이 조종사 자격증명시험을 대비하는 데 사용할 수 있는 시중의 책자, 영상 및 컴퓨터 소프트웨어 제품을 말한다. 시험준비자료는 자격증명시험을 준비하는 데는 효과적일 수 있지만, 학생조종사들이 주어진 시험에 합격하는 방법만 배우고 그 외에 안전한 조종과 정비에 필수적인 정보를 학습하지 못할 수 있다는 위험성을 내포하고 있다. 또한, 자격증명 학과시험을 쉽게 통과한 많은 학생조종사들이 구두시험 과정에서는 지식의 한계를 드러내는 경우가 많다는 점이 지적되기도 한다. 시험준비 자료의 중요한 한계점은 학습의 모든 수준 중 가장 낮은 수준인 암기학습이 강조된다는 점이다.

C·H·A·P·T·E·R 05

교육활동계획

CHAPTER 05

교육활동계획

01 교육활동계획

과거의 비행교관은 유능한 조종사로서 기본적인 교수방식과 기법만 갖추어도 가능했었다. 그러나 최근 들어 교사와 멘토(mentor)로서 비행교관의 역할에 더 많은 관심을 기울이고 교육기법에 대해서도 우수한 기초교육을 제공하고 있다.

오늘날의 비행교관들은 교수방법을 숙지하고 수업목적과 수업계획의 개관을 작성하며, 예시를 통해 학생조종사들에게 동기를 부여해야만 한다. 비행교관은 항공기현장과 강의실에서 교육하는 내용에 대해 책임감을 가져야 한다. 학생조종사의 학습량은 수업이 얼마나 잘 준비되어 있는 지와 교수기술의 직접적인 결과이다.

오랫동안 비행교육은 특정한 절차 및 기동의 결과에 초점이 맞춰졌고, 학습은 객관적 기준에 의해 평가되었다. 학습분야의 기술변화와 혁신으로 인해 오늘날의 비행교관들은 새로운 방식과 새로운 기준을 적용해야만 한다.

제2편 제1장 교수 프로세스에서 소개된 방법 중 하나는 시나리오-기반 훈련(SBT, Scenario-Based Training)이다. 시나리오-기반 훈련(SBT)는 오늘날 비행훈련의 한 요소이며 비행교관은 시나리오-기반 훈련(SBT) 실행에 있어 핵심적 역할을 한다. 비행교관은 시나리오-기반 훈련(SBT)를 강조하면서 학습환경에서 학습자의 조언자와 안내자역할을 해야만 한다. 교수방식이 무엇이든, 좋은 비행교육을 개발하기 위한 관건은 모든 규정인증요건을 충족시킨 수업계획과 훈련교수요목이다.

1. 훈련코스

훈련코스는 수료증명, 학위와 같은 특정 목표를 달성하기 위한 일련의 학습을 말한다. 비행교관은 목적과 기준을 정하여 훈련코스를 중심으로 하는 교육내용을 계획하고, 이어서 개별수업계획, 시험문항 및 학습수준을 정해야 한다.

2. 학습블록

전반적인 훈련목적이 확립되면, 다음 단계는 목적을 구성하는 학습블록을 구분하는 것이다. 각각의 블록들은 독립된 주제가 아니라, 전체에 필수적인 부분들이다.

비행교관은 훈련활동을 위한 학습블록들을 구분하는 과정에서 각 블록들이 구조물에 통합되는 일부인지를 검토해야만 한다. 교육과 무관한 블록은 비행교육에서 장식물에 불과하며 최종목적의 완료에 도움이 되기보다는 마이너스 요인이 된다.

훈련활동의 계획과 관리과정에서 검토한 학습블록들은 범위에 일관성이 있어야만 한다. 학습블록들은 학습단위를 나타내고, 측정과 평가가 가능하다.

자가용조종사의 비행훈련은 다음과 같은 블록으로 나눌 수 있다. 단독비행에 필요한 지식과 기술의 달성, 단독 cross-country비행에 필요한 지식과 기술, 자가용조종사 자격증명을 획득하는 데 적합한 지식과 기술이다.

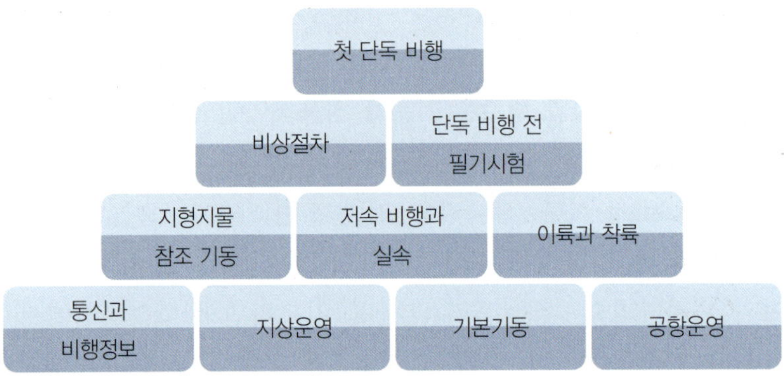

단독비행 전 단계나 자가용조종사 훈련단계는 몇 개의 기본적인 빌딩블록으로 이루어진다. 지상훈련과 비행훈련을 포함한 이 학습블록들을 거쳐 첫 단독비행수행에 이르게 된다.

블록방식을 사용하면 한블록 한블록이 달성될 때마다 학생조종사의 자신감을 높일 수 있는 장점이 있다. 큰블록을 작은 교육블록들로 나누면 관리가 더 용이해진다.

학습은 간단한 것에서 시작해 점차 복잡한 것을 학습하는 것이 효과적이다. 예를 들어, 학생조종사는 단거리착륙과 소프트 필드착륙을 배우기 전에 먼저 정상착륙기법을 숙지해야만 한다. 비행교관은 학생조종사의 비행경력을 미리 파악하여 교육블록의 시퀀스를 계획할 수 있어야 한다. 학생조종사가 이전에 비행경험이 있거나 다른 조종사자격증명을 보유하고 있는지 알아두면 적절한 훈련블록을 설계하는 데 큰 도움이 된다.

3. 훈련교수요목

(1) 교수요목의 형식과 내용

교수요목의 형식과 조직은 여러 가지가 있을 수 있지만, 공통적인 것은 훈련코스의 개요나 요약형태를 띤다는 것이다. 교수요목에는 학습블록들이 포함되어야 하며, 학습블록들은 훈련을 가장 효율적으로 완료할 수 있는 순서대로 구성된다. 또한, 교수요목은 훈련코스의 요약이기 때문에 간결하면서도 필수적인 정보를 포괄적으로 다루어야만 한다. 이러한 정보들은 보통 각 수업내용과 함께 개요(아웃라인)형식으로 소개된다.

1 단계: 지상수업 2		
수업목적	• 중요한 비행안전 고려사항을 학습한다. • 표지(標識), 조명기기 등 공항설비에 대해 철저히 숙지한다. • 공역의 중요성, 통신을 위한 무선장치사용법을 학습한다. • 레이더 및 기타 ATC 서비스의 기능과 용도를 이해한다.	
목차(개요)		
A섹션－비행안전	• 시각스캐닝 • 사각지대와 항공기설계 • 최소 안전고도 • 특수 안전고려사항	• 충돌방지주의사항 • 통행권규칙 • 시계비행규칙(VFR) 순항고도
B섹션－공항	• 관제탑이 있는 공항과 없는 공항 • 공항표시 • 각 공항부분의 체적 • 공항조명	• 활주로와 유도로 표지 • 풍향지시기 • 소음절감절차
C섹션－공역	• 구름 간 거리와 시계(視界) • 특수사용공역과 기타 공역지역	
D섹션－무선통신	• VHF 통신기기 • 무선장치절차 • 비행서비스 스테이션	• 국제표준시 적용 • 일반항공의 관제주파수
E섹션－레이더와 ATC 서비스	• 레이더 • 공항별 레이더시스템	• 트랜스폰더
완료기준	• 학생조종사는 100점 만점에 최소 80점을 얻어야 상위훈련에 진급시킨다. 비행교관은 각 오답을 검토하여 이해도를 확인하여야 한다.	

이 지상교육 요목은 지상교육의 한 단위를 보여준다. 이 표에는 수업시간이나 지상훈련기간이 규정되어 있지 않다. 그러나 수업에 필수적인 세 가지, 목적, 내용, 완료기준이 포함되어 있다.

(2) 훈련교수요목 이용방법

실기훈련 교수요목은 주로 지침으로 이용하며 상황에 따라 유연성이 있어야 하고, 필요한 경우라면 학생조종사의 성취도와 특수 상황에 맞게 훈련순서를 변경해야만 한다. 앞서 배운것이나 학습속도에 따라 개별학생조종사에게 맞춰 일부내용을 변경하거나 반복할 수 있고, 또한 교수요목은 교수 프로세스를 저해하지 않고 훈련을 완전히 중단시키지 않는 한도내에서 기상변화, 항공기 가용도 및 스케줄변경에 맞게 유연성을 갖춰야만 한다.

1단계: 비행수업 4		
수업목적	• 보다 능숙한 수준에 이를 수 있도록 기동을 복습하고, 실속을 파악하여 실속회복능력을 입증한다. • 개요에 열거된 기동과 절차를 교육을 받고 연습한다. 여기에는 비상시 운항과 계기기준에 의한 항공기제어 추가연습이 포함된다. • 비행교관은 필요한 경우 2차 가속기동, 역조종 및 승강타 trim 실속의 시범을 보인다. • 공항운항, 급선회, 저속비행, 실속 및 실속회복과 관련된 절차를 강조한다.	
내 용		
개 요	• 시스템과 기기오작동 • 비상하강 • 비상장비 및 생존장비	• 비상절차 • 비상접근과 착륙 • 상승선회 및 하강선회
복 습	• 공항과 활주로 표지와 조명 • 대기속도와 설정변경 • 접근속도에서의 비행 • 순항부터 저속비행까지 다양한 대기속도에서의 비행 • 저속비행 중 기동 • 무동력실속 및 동력실속 • 정상적 이륙과 착륙 • 충돌회피를 위한 주의사항 • 비행경로	
완료기준	• 기본기동 중에 항공기 고도제어에서 높은 숙련도를 보인다. • 비행교관 등의 지원을 받지않고 이륙한다. • 올바른 통신과 비행경로절차를 보인다. • 비행교관의 지원을 받아 착륙을 완료한다. • 급선회, 저속비행, 실속, 실속회복 및 비상시 운항을 기본적으로 이해한다. • 실속인지, 방지, 회복을 수행한다. • 비행계기 사용을 통한 항공기 제어에 대해 기본적으로 이해한다.	

비행훈련수업에는 지상훈련수업과 마찬가지로 목적, 내용, 완료기준이 포함되어야 한다. 단일 비행수업에는 두 가지 이상의 목적이 적용될 수 있고 실제로 자주 적용된다.

교수요목 순서를 변경함에 따라 학습블록들 간의 관계를 고려하고 재구성하는 것 또한 비행교관의 몫이다. 비행훈련 교수요목에는 항공기사고의 원인이 되는 특수 강조사항들이 명시되어야만 한다. 예를 들어, 비행교관은 비행훈련전체에 걸쳐 충돌 및 후방 난기류 회피절차를 강조해야 한다.

교수요목에는 목적, 내용, 기준에 대해서 추가항목이나 보다 명확히 설명하는 항목들을 넣을 수 있다. 수업에 대해서는 권장강의시간, 참고자료나 교육자료, 권장훈련순서 및 다음 수업을 위한 숙제 등을 규정할 수 있고, 지상수업과 비행수업 모두 특정수업에 대한 추가설명을 넣을 수도 있다.

교수요목 추가항목의 예

- 학생조종사는 지상수업 1에 앞서 교과서 제1장을 읽어야 한다.
- 각 비행에 앞서 모든 비행전 임무와 절차를 수행하고 평가한다. 내용개요에는 이러한 사항을 별도로 표기하지 않는다.
- 통합 비행교육수행 중에 기호 'VR' 또는 'IR'을 사용해 시각기준과 계기기준으로 수행해야 하는 기동을 표시한다.
- 비행수업 4에 할당된 0.2시간의 이중계기시간 동안 시야제한장치가 필요하다.
- 실속수행은 자가용조종사 자격증명을 위한 요건은 아니다. 실속수행의 목적은 학생조종사가 실속을 인지하고 방지하며, 스핀으로 진행되기 전에 회복하는 것을 익히도록 하기 위함이다. 실속연습에는 반드시 자격을 갖춘 비행교관이 동승해야 한다. 또한 일부 항공기에서는 특정 유형의 실속이 금지될 수 있다.

필요한 경우에는 교수요목의 개별지상수업이나 비행수업계획에 위와 같이 정보를 추가할 수 있다.

4. 수업계획

수업계획은 단일 교육기간을 위해 세우는 아웃라인이다. 수업계획은 수업내용을 가르치는데 있어서 무엇을, 어떤 순서, 어떤 절차로 해야 하는지를 알 수 있기 때문에 비행교관의 필수적인 지침이다.

수업계획은 각 훈련기간마다 작성해야 하며, 가르쳐야 할 지식과 기술을 구체적으로 기록해야만 한다. 머리속에 그려놓은 수업개요는 수업계획이 아니며, 수업계획은 기록으로 표기되어야만 한다. 다른 비행교관이 그 수업계획을 보고 같은 교육기간 동안 무엇을 해야 하는지를 알 수 있을 정도로 완성도 있게 작성되어져야 한다.

(1) 수업계획의 목적

수업계획은 학생조종사들의 활동뿐 아니라 비행교관 자신의 활동까지 지속적으로 확인하는 데 도움이 된다. 수업계획이 적절히 활용되면 다음과 같은 결과를 얻을 수 있다.

적절한 수업계획에서 얻어지는 결과들

- 교육내용을 현명하게 선택하고, 중요하지 않은 세부사항들을 제거할 수 있다.
- 수업의 각 부분에 대해 충분히 고려할 수 있다.
- 효율적인 학습을 위해 교육내용을 적절한 순서로 제시할 수 있다.
- 교수절차의 아웃라인을 제공한다.
- 수업을 훈련코스의 목적에 결부시킬 수 있다.
- 경험이 부족한 비행교관에게 자신감을 준다.
- 비행교관이나 수업날짜와 관계없이 교육의 균일성을 유지한다.

(2) 좋은 수업계획의 특성

수업계획의 질은 결과의 질에 영향을 미친다. 좋은 수업계획에는 다음과 같은 사항들을 반영해야만 한다.

좋은 수업계획의 반영사항들

- (통합): 각 수업은 전체교육에 통합되는 일부여야 한다.
- (내용): 각 수업마다 새로운 내용이 있어야 한다.
- (범위): 각 수업은 범위가 적절해야 한다.
- (실용성): 수업계획은 훈련이 이루어지는 상황에 맞게 설계되어야 한다.
- (유연성): 수업계획은 훈련개요와 순서를 정하는 것이지만, 어느 정도 유연성이 있어야 한다.
- (훈련코스와의 연관성): 각 수업은 코스목적과 수업의 연관성을 학생조종사들이 명확히 알 수 있도록 계획하고 실행해야 한다
- (교육단계): 잘 계획된 수업은 교수 프로세스의 네 가지 단계 즉, 준비단계, 프레젠테이션단계, 적용단계, 검토와 평가단계로 나뉘어져야 한다.

비행교육일지															
학생조종사:											비행교관:				
비행계획	1	2	3	4	5	6	7	8	9	10	11	12	13	14	15
비행실시															
비행전 점검															
지상점검															
이륙(정상)															
이륙(측풍)															
일반선회															
급선회															
저속비행															
스핀 및 회복															
착륙(정상)															
착륙(측풍)															
충돌회피(판단)															
체크리스트 이용															
비행시간															
총 비행시간															

비행교육일지를 통하여 학생조종사의 비행경험을 점검할 수 있다.

(3) 수업계획을 적절히 이용하는 방법

비행교관은 수업계획단계들을 검토하고 주제와 관련해서 가능한 한 많은 정보를 철저히 숙지해야 하며, 다음의 내용을 따라야만 한다.

수업계획을 적절히 이용하는 방법

- 수업계획을 지침으로 이용한다.
- 수업계획은 학급 및 학생조종사에게 맞춰져야 한다.
- 비행교육 수업계획은 학생조종사의 경력과 비행경험 및 능력에 적합해야 한다.
- 수업계획은 정기적으로 수정해야 한다.

(4) 수업계획형식

수업계획의 형식과 스타일은 여러 가지 요소에 따라 달라질 수 있다. 수업주제는 수업을 어떻게 진행하고 어떤 교수방식을 사용해야 하는지를 정하는 데 확실히 도움이 된다. 개별수업계획은 1:1 훈련에서는 어느 정도 단순할 수 있으나 대규모 강의실수업에서는 정교하고 복잡해지며, 각 수업에는 적당한 기간내에 달성할 수 있는 특정한 목적이 있어야 하고, 이는 지상훈련과 비행훈련에 모두 적용된다.

다양한 주제, 다양한 교수방식 및 상대적으로 높은 수준의 학습목적에도 불구하고, 대부분의 비행수업계획은 공통적인 특성을 포함하여야만 한다.

비행수업계획에 포함되어야 하는 사항

- 모든 수업계획에는 목적, 목적에 부합하는 내용, 완료기준이 들어가야만 한다.
- 일반적으로 큰 제목과 여러 소제목으로 분류되어져야 한다.

전문용어는 큰 제목에 사용되는 용어까지도 차이가 있을 수 있다. 예를 들어, 완료기준은 평가, 검토와 feedback, 수행평가 등으로 부를 수 있다.

<table>
<tr><th colspan="3">통상적인 수업계획</th></tr>
<tr><td colspan="2">수업목적</td><td>기류를 제어하는 방법을 학습한다.</td></tr>
<tr><td colspan="2">완료기준</td><td>학생조종사는 기수방위, 고도 및 대기속도의 규정된 한도내에서 안전하고 효과적인 방식으로 일관성 있게 기류를 제어할 수 있는 능력을 입증한다.</td></tr>
<tr><td rowspan="3">내 용</td><td>비행 전 검토</td><td>• 수업목적과 완료기준
• 체크리스트 절차
• 기상분석</td></tr>
<tr><td>검 토</td><td>• 기수방위
• 속도
• Bank각
• 고도
• 지형
• 풍향과 속도</td></tr>
<tr><td>개 요</td><td>• 공기역학시범
• 한 지점을 중심으로 하는 선회
• 도로를 가로지르는 S자 선회</td></tr>
<tr><td colspan="2">비행 후 검토</td><td>• 학생조종사의 수행을 비평하고, 다음 수업을 간단히 소개한 뒤 과제를 지정한다.</td></tr>
</table>

5. 시나리오 기반훈련(SBT, Scenario-Based Training)

시나리오 기반훈련(SBT)의 목표는 의사결정기술의 향상을 위해 다양한 비행시나리오를 사용하여 학생조종사나 기종전환 조종사에게 도전과제를 제시하는 것이다. 이러한 시나리오 훈련에서 조종사들은 조종실에서 이용가능한 자원을 관리하고 시기적절한 판단과 결정을 내려야만 한다.

시나리오 기반훈련(SBT)은 운영환경에서 비행훈련의 목적을 위해, 실제와 같은 상황을 바탕으로 구성된 대본을 이용하는 훈련방법이며, 초기훈련, 기종전환훈련, 업그레이드 훈련, 정기훈련, 특수훈련 등에 적용될 수 있다.

인간은 외부환경과의 적극적인 상호작용을 통해 인지기술을 발달시킨다. 뛰어난 비행교관은 훈련표준평가(PTS, Practical Test Standard)의 기동기반 또는 절차기반접근방식을 사용하되, 시나리오 상황에서 수행의 목적을 제시한다. 발달된 항공전자 기기는 비행훈련의 초점을 항공의사-결정(ADM)과 위험관리로 전환시키는데 큰 영향을 끼쳐왔다.

조종사의 경우에는 단일조종사 자원관리(SRM)가 해당되며, 시나리오 기반훈련(SBT)은 학생조종사나 기종전환 조종사가 실제 상황에서 의사결정 프로세스를 연습하게끔 한다. 기존의 조종간과 방향타기술을 배제하지 않으면서 항공의사-결정(ADM), 위험관리 및 단일조종사 자원관리(SRM) 기술을 향상시킬 수 있도록, 기존의 임무와 기동기반훈련을 시나리오 기반훈련(SBT)과 결합시킨 것이다. 이러한 프로그램은 실기시험합격을 위해 조종사를 훈련시키기보다 조종사가 실제 상황에서 직면할 수 있는 문제에 초점을 맞추고 있다.

(1) 비행교관의 임무, 책임, 권한

단일조종사 자원관리(SRM)를 성공적으로 마치는 데 있어 비행교관의 역할은 핵심적이다. 시나리오 기반훈련(SBT)의 전반적인 학습목적은 학생조종사가 적절한 판단과 의사결정을 내리는 능력을 갖추는 것이므로, 비행교관은 빠른 시간 안에 학생조종사가 스스로 비행계획을 세우고 실행할 수 있도록 지도해야만 한다. 기존방식의 기술기동시범 및 교육 또한 지속적으로 이루어져야 하지만 학생조종사가 의사결정을 내리기 시작하면 비행교관은 학생조종사가 멘토(mentor) 및 학습조력자로 바뀌어져야 한다.

(2) 시나리오 기반훈련(SBT) 수업계획

비행교관조종사는 학생조종사에게 관제탑이 없는 특정 공항에 착륙하는 계획을 세워보도록 한다. 이러한 계획은 바람조건, 도착경로, 공항정보와 통신절차, 이용가능한 활주로, 지정비행경로, 행동방침 및 비상조치 등을 고려해야 한다. 해당 공항에 도착하면 지정비행경로에 안전하게 진입하기 위해 (필요한 경우 안내와 feedback을 받으면서) 의사결정을 내려야 한다. 그 다음에는 비행중에 어떤 수행이 이루어지는지, 그 이유는 무엇인지, 그 결과와 그밖의 가능한 행동방침 및 다른 공항에는 어떻게 적용될지에 대한 검토가 뒤따라야 한다.

시나리오 기반훈련(SBT)방식으로 훈련받은 학생조종사는 기존 수업계획으로 훈련받은 학생조종사와 비교할 때 특정 비행기동능력을 갖춤과 더불어, 어떤 바람조건에서도 관제탑없는 공항에 안전하게 착륙하는 방법을 설명할 수 있게 된다.

시나리오 기반훈련(SBT) 수업계획(예)	
훈련유형	• 초기훈련
훈련목적	• 관제탑이 없는 특정 공항에 착륙할 계획을 세운다.
시나리오	• 남지 비상활주로 주변환경을 점검하기 위해 남지 비상활주로로의 비행을 준비한다.
완료기준	• 학생조종사는 어떠한 바람조건에서도 관제탑이 없는 공항에 안전하게 착륙하는 방법을 설명할 수 있어야 한다.
예상위험 또는 고려사항	• 지상장애물/위험, 바람조건, 시계/상승한도, 엔진아웃 시 절차, 공항교통량(주변)
완화전략과 자원	• 모든 위험 및 고려사항은 완화전략이나 자원이용을 통해 다루어야 한다. 아래 내용은 시스템 안전방법론을 설명하는 하나의 실례이다.
지상장애물/위험	• 비행교관과 학생조종사는 터미널 구역차트, A/FD, NOTAM을 포함해 이용할 수 있는 모든 자원을 검토한다. 항공기 성능데이터를 이용해 이륙, 운항, 도착 시의 모든 장애물과 위험의 잠재적 영향을 평가하고 우려사항이 있으면 이를 위한 전략을 세운다.
바람조건	• 비행교관과 학생조종사는 의사결정에 앞서서 활주로 환경을 점검한다. 이는 개인최저기준과 추가훈련요건을 검토할 때도 활발히 논의될 수 있는 사항이다.
시계/상승한도	• 비행교관과 학생조종사는 시계 · 상승한도의 영향을 검토한다. 이는 다양한 바람조건에서 이륙, 운항하여 관제탑이 없는 공항에 착륙하는 일과 관련된 것이기 때문이다. 예를 들어, 한계상황의 시계비행규칙(VFR) 조건에서 선회접근을 해야 할 경우, 학생조종사는 대기속도, 항공기조정 등과 함께 타이트한 패턴으로 비행할 수 있는 자신감과 숙련도를 갖추고 있는지, 그러한 상황에서는 (만약

	선택사항이라면) 약간의 배풍과 함께 직진접근을 하는 것이 더 바람직한지, 어느 정도의 바람이 지나친 바람인지, 다른 어떤 변수나 선택을 고려해야 하는지 (보다 적합한 공항으로의 전환은 어떠한지) 등을 검토한다.
비상절차 (엔진아웃 시)	• 만약 엔진고장이나 부분적인 동력상실이 발생하면 학생조종사와 비행교관은 포괄적 훈련프로그램의 일부로 엔진아웃 시 절차에 맞는 방식을 검토하고 시뮬레이션 해야 한다.
공항교통량(주변)	• 관제소 유무와 관계없이 공항교통량에 따라 착륙패턴을 크게 변동시켜야 할 때가 종종 있다. 공항교통량에서 비롯되는 문제들은 대부분 올바른 비행기법을 통해 해결할 수 있지만, 이외에도 일상수업을 통해서 또는 다른 위험요소들을 소개함으로써 학생조종사의 의사결정기술을 더욱 향상시킨다.

시나리오 비행실시(예)	
비행 후 검토	• 비행 후 검토시에는 비행시나리오와 관련해 비행교관과 학생조종사 사이에 충분한 대화가 오가야 한다. 일반적으로는 비행교관이 관련질문을 던져 비행이 전반적으로 어떻게 진행되었는지 되돌아볼 수 있도록 대화를 이끈다. 질문을 통해 비행교관은 학생조종사나 기종전환 조종사의 자가평가능력, 판단 및 의사결정기술을 평가한다. 검토는 보통 학생조종사의 자체비평으로 시작된다. 비행교관은 학생조종사가 스스로 문제를 해결하고 결론을 도출할 수 있도록 이끈다. 이러한 분석을 바탕으로 성공적으로 수행한 것에 대해서도 더 향상시킬 수 있는 방법을 토론한다.

(3) 시나리오 사전계획

효과적인 SBT교육을 위해서 비행교관과 학생조종사는 반드시 다음의 사항을 명확히 해야만 한다.

비행시나리오의 경우 검토해야 하는 사항은 다음과 같다.

비행시나리오 검토사항

- 시나리오 상의 목적지
- 바람직한 학습결과
- 바람직한 수행수준
- 비행 중 시나리오 변경

시나리오 비행의 경우 검토 및 포함해야 하는 사항은 다음과 같다.

시나리오 비행검토 및 포함사항

- 수행목표
- 바람직한 학습결과
- 바람직한 수행수준
- 시나리오 변경

궁극적인 학습상황은 실제 현실에서 직면하게 되는 상황이다. 시나리오 기반훈련(SBT)은 실제 상황에 최대한 가까이 접근하고자 하는 방식이며, 이를 위해 현실에서 발생할 수 있는 상황을 학습으로 다룬다. 이는 상황적 인지개념을 기반으로 하며, 상황적 인지란 지식을 습득하는 데 있어 그 상황과 맥락을 무시한 채 습득하는 것은 불가능하다는 개념이다. 다시 말해서, 인간은 보다 현실적인 상황에서 실제 실행하게 될 가능성이 높을수록 더 잘 학습한다는 것이다.

시나리오 기반훈련(SBT)에 관한 중요 사항

- 시나리오 기반훈련(SBT)은 실제 상황을 바탕으로 한 훈련방식이며 이는 상황과 무관하게 지식을 습득하는 것은 불가능하다는 개념을 기반으로 한다.
- 시나리오 기반훈련(SBT)은 학습기능에 있어 수행향상과 행동변화 원리에 부합한다.
- 시나리오 기반훈련(SBT)은 전통적인 교육설계와는 차이가 있다. SBT를 적절히 도입하기 위해서는 그 차이를 반드시 인식해야 한다.
- 대부분의 학습 솔루션은 전통적 훈련과 시나리오 기반훈련(SBT)을 함께 이용한다.
- 전통적인 학습요소들은 시나리오 기반훈련(SBT) 요소들을 강화시켜야 한다.
- 시나리오와 전통적 학습이 최대한 효율적으로 이루어지도록 하기 위해서는 시나리오의 조건을 최대한 구체적으로 설정한다.
- 자유로운 학습자 feedback은 시나리오 수정에 있어 핵심 사항이지만 특별한 경우가 아닌 이상 시나리오를 더 복잡하게 만들어서는 안 된다.

6. 단일조종사 자원관리(SRM, Single-Pilot Resource Management)

단일조종사 자원관리(SRM)는 성공적인 비행을 보장하기 위해 (비행 전/중에) 단일조종사에게 제공되는 (항공기 내/외부공급원) 모든 자원을 관리하는 기술이며 과학이다.

초경량 제트항공기(VLJ, Very Light Zet)는 비행운영관련 혁신적인 변화를 가져왔다. 초경량 제트항공기(VLJ)의 성공의 중심에는 단일조종사 비행운영이 자리하고 있다. 초경량 제트항공기(VLJ)는 고도로 자동화되어 있기 때문에 현재의 고성능 단발엔진 항공기보다 조종사의 작업부하가 실제로 적고, 따라서 조종사는 기상, 바람, 착륙조건, 연료상태, 자신의 컨디션, 탑승자 요구사항 등에 더 많은 시간을 쏟을 수 있도록 설계되었다.

비행 중인 초경량 제트항공기

초경량 제트항공기(VLJ)도 조종사가 이러한 요소들을 관리하고 항공기 자동기능을 다루는 훈련을 받지 않으면 작업부하는 오히려 증가할 수도 있다. 단일조종사 자원관리(SRM) 훈련은 이러한 자동기능, 기타 항공기제어, 비행임무관리 등의 훈련을 통해 조종사가 안정적으로 상황인식을 할 수 있는 훈련이고, 이를 통해 조종사는 위험을 정확하게 평가, 관리하고 시의 적절한 결정을 내릴 수 있다. 시나리오 기반훈련(SBT)은 조종사가 정보를 수집, 분석하고 결정을 내리는 방법을 학습함으로써 단일조종사 자원관리(SRM)능력을 향상시키는 수단이 된다.

02 교육활동계획수립

1. 과정개발

원하는 학습결과를 얻기 위해서라면 어떤 교육활동이라도 능숙하게 계획하고 조직되어야 한다. 비행교관은 교육활동계획을 수립하면서 다음의 사항을 고려하여야 한다.

교육활동계획수립 고려사항

- 비행교관은 표준적인 과정과 전체적인 목적을 명심하여야만 한다.
- 비행교관은 전체적인 목적을 달성하기 위해 필요한 부분을 구성하는 학습단계를 확인하여야만 한다.

비행교관은 각각의 학습단계가 실제로 전체적인 목적을 이루는 부분들의 포함이므로 확인할 책임이 있다. 특히, 비행교육에 있어서 보여주기 위한 교육단계는 불필요한 낭비이며 최종적인 목표에 도달을 지연시킨다. 학습단계는 적절한 순서에 맞게 개발되고 배열되어야만 한다. 이 방법으로 학생조종사는 전체적인 조종사 직무의 부분들을 숙달할 수 있고 그 부분들이 모여 최종적인 목표에 도달할 때까지 다른 관련 부분들도 발전적으로 조합할 수 있게 된다.

훈련과정 소개서는 추상적 개념이거나 훈련과정의 요약이며, 이 요약은 가장 필요한 요구조건하에서 교육단계의 조합으로 구성된다. 필요한 경우 학생조종사의 발전과 특별한 환경의 요구에 부응하기 위해 요구되는 훈련은 변할 수 있고 또 그래야만 한다. 계획된 학과수업의 진행이 불가능할 경우는 다음 단계수업이 진행되지 못한 수업동안 습득해야 할 기술과 연관되어 있어서 다음 단계수업을 진행하는 것보다 SYLLABUS의 완전히 다른 PART를 진행하는 것이 오히려 더 나은 경우가 종종 있다.

2. 요소의 구성

교수과정은 다음의 네 가지 기본절차 즉, 준비, 소개, 적용, 재확인 및 평가로 분류된다. 교수법적용을 떠나서 (강의, 감독토론이나 시범강의) 비행교관은 요소들을 적절히 연결해야만 한다. 학과에서 학습을 연결시키는 효과적인 방법은 소개, 발전, 결론 순으로 하는 것이다.

(1) 소 개

소개는 중심이 되는 내용으로 본 학과를 전체적인 과정에 적용시키는 것이므로 목적의 명확한 내용 즉, 주위집중, 동기부여, 개관을 포함해야만 한다.

소개에 포함되어야 할 사항

- (주위집중): 비행교관은 주제에 학생조종사들의 주목을 이끌고 초점을 맞추어야 한다.
- (동기부여): 비행교관은 왜 학생조종사들이 본 과목을 배울 필요가 있는지 이유를 제시해야 한다.
- (개관): 각 단원소개는 학기 중 무엇을 다루게 되는지를 밝히는 개관을 포함해야 한다.

(2) 발 전

발전은 단원의 주된 부분이며, 비행교관은 학생조종사들이 원하는 목표를 달성하는 선에서 주제를 발전시킨다. 비행교관은 각각의 요점의 상관관계를 보여줄 수 있도록 논리적으로 요소들을 구성해야 하며, 다음과 같은 방법들로 진행되어야 한다.

발전의 진행방향

- 과거에서 현재로
- 단순한 것에서 복잡한 것으로
- 아는 것에서 모르는 것으로(즉, 학생조종사의 확실한 경험이나 지식을 이용하여)
- 가장 자주 통용되는 것에서 거의 통용되지 않는 것으로!

(3) 결 론

결론은 단원의 가장 중요한 부분을 투시하며 목적과 연관시켜야 한다. 이는 학생조종사의 학습을 강화시키며 배운 것을 오래도록 기억하게 해준다. 결론에서 새로운 내용이 도출되어서는 안 되며, 이는 학생조종사들을 혼란에 빠뜨리기 때문이다.

3. 단원계획

단원계획은 훈련과정소개, 각 단원들의 목적, 목차, 완성된 표준을 포함한다. 단원계획은 한 교육과정을 위해 발전되어 연관시킨 윤곽이다. 적절히 짜인 단원계획은 비행교관이 무엇을 하려는지 무엇을 요구하는지, 그리고 어떤 교수과정이 적용되었는지 밝히는 윤곽을 제시하는 것이다.

단원계획은 학생조종사 개개인을 위해 마련되어야 한다. 단원계획은 각 학기별로 마련되어야 하며 비행교관경험은 간과되어야 한다. 머리속으로만 하는 것은 단원계획이 아니다.

단원계획은 비행교관이 부단히 학생조종사들의 활동뿐만 아니라 그들의 활동을 체크할 때 도움이 된다. 잘 짜여진 단원계획의 특징은 전에 제시된 것과 관련된 새로운 내용을 포함한다는 것이다.

비행교육에서 바로 전 단원의 간략한 복습이 일반적으로 필요하다. 각 단원계획은 단원목표, 원리, 일정, 비행교관의 역할, 학생조종사의 역할, 수료기준들을 포함해야만 한다.

각 단원의 목적은 명료하게 진술되어져야 한다. 단원의 이유는 목적이다. 단원목표와 수료기준을 지속적으로 학생조종사에게 상기시키는 것은 학생조종사의 불안을 최소화해 준다.

피로는 학기기간과 비행횟수를 결정하는데 있어서 기본적으로 고려해야 할 사항이다. 피로는 과도한 교육이나 기간에서 비롯되며 학생조종사 학습능력을 저하시킨다. 학생조종사의 활동을 위해 시간을 계획할 때 기본적으로 고려해야 할 사항은 연습시간이다. 처음 시작하는 시점의 학생조종사에게 기준이상의 연습은 비생산적일 뿐만 아니라 해로움을 가중한다. 학생조종사의 경험이 쌓일수록 더 긴

연습기간이 효과적임을 고려해야 한다.

4. 교육보조물들

교육적(혹은 가시적) 보조물들은 강조하거나 지원, 단원에서 주요 요점의 보충물이 될 실용적인 도구들이다. 교육보조물들은 모형, 철판, 도표, 그리고 시청각자료(즉 비디오테이프, 영화, 슬라이드 등)이다. 다음의 네 가지 단계는 교육보조물이 필요할 때면 숙고되어야 하는 사항들이다.

교육보조물 적용시 고려사항

- 명확한 단원목표, 무엇을 전달하려 하는 지를 나타내는 것을 확인할 것
- 연구를 통해 지원교재에 필요한 데이터를 얻는 것을 확인할 것
- 단원계획이나 윤곽으로 요소들을 결합하고, 제시된 모든 요점을 포함할 것
- 결국 교육보조수단에 어떠한 IDEA가 도움이 되는지 확인할 것

교육보조물들은 학습목적과 결과가 조화를 이룰 수 있도록 해야 한다. 교수/학습과정에서 비행교관은 교육보조물들에 너무 의존해서는 안 된다.

C·H·A·P·T·E·R 06

평가와 평론

CHAPTER 06

평가와 평론

01 평가의 이해

1. 평가용어

대부분 비행을 하는 비행교관과 학생조종사들은 '등급부여(grading)'라는 용어에 익숙해져 있다. 이보다 유용한 용어로 '평가(assessment)'가 있는데, 평가란 학습자의 성취를 판단하는 데 필요한 측정가능한 정보를 수집하는 프로세스이다. 평가(assessment)의 라틴어 어원은 '판단을 내리는 것, 곁에 앉는 것'을 의미한다. 이 어원을 살펴보면 평가는 비행교관의 판단과 더불어 그 과정 가운데 학생조종사와의 협력이 이루어져야 한다는 의미가 내포되어 있음을 알 수 있다.

평가에는 두 가지 유형으로 나뉘어진다.

평가의 두 가지 유형

- 전통적 평가
- 실제 상황평가

전통적 평가에는 비행교관과 학생조종사들에게 친숙한 필기시험(다지선다형, 짝맞춤형)과 등급부여가 있다. 전통적 평가에서는 일반적으로 합격점수를 얻기위해 학생조종사가 정해진 시간안에 용어, 공식 또는 데이터를 기억해서 적어낸다. 정답은 보통 하나뿐이고, 이 때문에 전통적 평가는 학습의 암기와 이해수준에서 학생조종사의 성취도를 판단하고 평가하는 데 더 많이 이용된다.

실제 상황평가는 학생조종사가 암기하고 이해한 것뿐 아니라 학습의 적용과 상호연관 수준까지 평가받는 것이다. 실제 상황평가에서는 일반적으로 학생조종사가 실제 업무를 수행하고 기술과 능력의 적용능력을 입증해야만 한다. 다시 말해서 실제 상황평가는 학생조종사에게 단순히 정답을 선택하라는 것보다 직접 해결책을 제시함으로써 심층적 지식을 보여줄 것을 요구한다.

평가와 관련된 다른 용어로는 진단(diagnostic), 형성(formative), 총괄(summative)이 있다.

진단평가는 교육코스를 시작하기에 앞서 학생조종사의 지식이나 기술을 평가하는 데 사용된다. 형성평가는 등급이 부여되지 않고, 수업의 마무리이자 다음 수업을 준비하기 위한 평가이다. 이러한 평가는 해당 수업중에 학습한 내용으로 제한되며 비행교관은 평가를 통해 강화해야 할 영역이 무엇인지 알 수 있다. 총괄평가는 해당 시점까지 학습이 얼마나 잘 진행되었는지를 평가하기 위해 훈련기간 전체에 걸쳐 정기적으로 이루어진다. 예를 들어, 한 장의 쪽지시험이나 코스말미의 시험은 학생조종사의 전반적인 훈련숙지 상태를 평가하는 데 이용될 수 있다. 이러한 평가는 훈련과정 뿐 아니라 수업의 일부가 된다.

2. 평가의 목적

평가는 교수 및 학습프로세스에서 지속적으로 이루어져야 할 필수적인 구성요소이다. 효과적인 평가는 비행교관과 학생조종사 모두에게 중요한 정보를 제공한다. 비행교관은 물론, 학생조종사 자신도 현재의 성취도가 어느 정도인지 파악하고 있어야 한다.

좋은 평가는 학생조종사에게 실질적이고 구체적인 feedback을 제공하며, 학생조종사의 수행수준을 높이는 방향과 지침을 알려준다. 가장 중요한 것은 잘 설계된 효과적인 평가프로세스는 학생조종사가 자신의 지식과 수행을 정확하게 평가하여 항공의사-결정과 판단능력을 향상시킬 수 있다는 점이다.

평가는 비행교관에게도 매우 중요하다. 학생조종사의 수행에서 올바르지 않거나 불충분한 영역이 부각되므로 비행교관은 어느 분야를 더 강조해야 하는지 파악할 수 있다. 만일 다수의 학생조종사가 중량과 균형문제의 한 단계에서 공통적으로 어려움을 겪는다면 비행교관은 이 분야에 대해 보다 상세한 설명 및 시범을 보이거나 이후 수행평가에서 특별한 강조해야 할 필요성을 느끼게 된다.

3. 효과적인 평가의 일반적 특성

평가가 방향을 제시하고 학생조종사의 수행수준을 높이기 위해서는 반드시 사실에 근거해야 하고 수업의 완료기준에 맞아야만 한다. 효과적인 평가는 객관적, 유연성, 수용적, 포괄적, 건설적, 조직적, 배려, 구체적인 특성을 보인다.

효과적인 평가는 여러 가지 특성이 있다.

(1) 객관적

효과적인 평가는 객관적이고 학생조종사의 수행에 초점을 맞춘다. 평가는 비행교관의 개인적인 견해나 *好不好*, 편견을 반영해서는 안 된다. 비행교관은 유리한 쪽이든 불리한 쪽이든 자신의 견해가 학생조종사 수행에 대한 판단에 영향을 미치지 않도록 해야만 한다. 학생조종사에 대한 공감이나 동질감이 지나쳐 객관성에 영향을 미치는 것을 '후광효과'라고 한다.

또한, 때때로 비행교관과 학생조종사의 성격이 상이해 견해가 왜곡되는 경우도 있다. 평가가 공정하기 위해서는 반드시 있는 그대로의 사실을 근거로 해야만 한다. 평가는 수행할 가능성이 있는 성과가 아니라 실제로 수행한 성과를 기반으로 이루어져야만 한다.

(2) 유연성

비행교관은 반드시 학생조종사가 수행을 모두 완료한 상황에서 전체적인 수행을 평가해야만 한다. 때때로, 우수한 학생조종사가 열등한 수행을 보이고 열등한 학생조종사가 우수한 성과를 거둔다. 수업에 긍정적인 태도를 보이던 학생조종사가 별안간 부정적이 되거나 부정적이었던 학생조종사가 갑자기 긍정적이고 협조적인 태도로 임하는 경우도 있다.

이러한 것에는 비행교관은 학생조종사 뿐 아니라 상황에 따라서도 평가의 분위기나 평가기법, 내용 등을 조정해야 하는데, 즉, 평가는 여러 변수를 감안하여 이루어져야 한다는 것이다. 적절한 순간에 무엇을 말할 것인지, 무엇을 생략할 것인지, 무엇을 강조할 것인지, 무엇을 최소화할 것인지에 대한 판단은 비행교관이 지속적으로 담당해야 할 과제이다.

(3) 수용적

학생조종사는 비행교관의 평가를 기꺼이 수용할 수 있을 만큼 비행교관을 인정해야만 한다. 비행교관의 자격, 교수능력, 진실성, 유능함 및 권위에 대해 믿음을 가져야만 한다. 일반적으로 비행교관들은 공식적인 평가가 이루어지기 전에 학생조종사들에게 자신에 대해 알려줄 수 있는 기회가 있기 때문에 신뢰를 심어주어야만 한다. 그러나 그러한 기회가 없더라도 학생조종사들이 비행교관의 매너, 태도, 주제에 대한 지식수준 등을 보고 스스로 알 수 있도록 해야 한다.

평가는 공정하게 권위와 확신과 진실성을 바탕으로 누구나 인정할 수 있는 위치에 있는 사람을 통해 이루어져야만 한다. 비행교관 또한 자신의 위치를 이용하여 학생조종사들에게 임의로 좋은 평가를 주는 일이 있어서는 안 된다.

(4) 포괄적

포괄적 평가라고 해서 반드시 긴 평가일 필요는 없다. 비행수행의 모든 측면을 하나하나 상세하게 다루어야 할 필요도 없다. 비행교관은 소수의 중요사항을 평가하는 것이 더 유익한지 다수의 세부사항을 평가하는 것이 더 유익한지 선택하여야만 한다. 또한 가장 개선되어야 할 부분에 대해 평가할 수도 있고, 학생조종사가 개선할 수 있는 부분에 대해서만 평가할 수도 있다. 효과적인 평가는 학생조종사의 강점 뿐 아니라 약점도 다뤄야하는데, 비행교관의 임무는 이 둘의 균형을 어떻게 맞추느냐 하는 것이다.

(5) 건설적

학생조종사가 평가로부터 유익한 부분을 얻을 수 없다면 그 평가는 무의미한 것이 된다. 칭찬을 위한 칭찬은 가치가 적지만 진정한 칭찬은 잘한 일을 강화하고 성적이 좋지 않은 분야에서는 더욱 분발하도록 학생조종사를 격려할 수 있다. 비행교관은 학생조종사의 실수나 약점을 지적할 때 반드시 그것을 시정할 수 있는 긍정적인 지침도 함께 제공해야만 한다. 개선방향이나 더 높은 수준의 수행을 알려주지 않고 부정적인 코멘트만 주는 것은 평가에서는 절대로 하지 말아야 할 행동이다.

(6) 조직적

평가는 반드시 조직적으로 이루어져야만 한다. 논리적이고 학생조종사들이 수긍할 수 있을 정도로 합리적인 평가라면 대부분의 평가패턴이 받아들여 질 수 있다. 조직적 패턴은 수행자체의 순서일 때도 있다. 때때로 수행이 실패한 지점에서부터 평가를 시작하여 수행한 단계들의 역추적이 필요하기도 하다. 성공한 경우에도 이와 유사한 방식으로 분석할 수도 있다. 현저한 결함이 평가의 핵심역할을 할 수도 있다. 전체를 부분으로 분리하거나 부분을 전체로 구성하는 것 또한 조직적 접근방식의 하나이다.

(7) 배 려

효과적인 평가는 학생조종사의 자부심 및 인정받고 싶은 욕구에 대한 비행교관의 배려심을 반영해야만 한다. 비행교관은 개개인의 중요성과 본질적인 존엄성을 경시해서는 안 된다. 학생조종사에 대한 배려가 없는 조롱이나 분노 혹은 농담은 평가 시 결코 해서는 안 되는 행동이다. 비행교관은 곧고 정직해야 하며 언제나 학생조종사의 기분을 존중해야만 한다. 비평을 할 때도 여러 사람들 앞에서 하는 것 보다는 개인적으로 하는 것이 좋다.

(8) 구체적

비행교관의 코멘트와 권고는 구체적이어야만 한다. 비행교관이 무엇을 권고하는지 구체적으로 파악하지 못하면 학생조종사들은 권고에 대해 반응할 수 없다. 비행교관은 자신의 견해가 명확하고 근거가 확실하며 신빙성이 있다면 확고한 권위와 오해의 소지가 없는 확실한 표현으로 이를 전달해야만 한다. 평가종료 후 학생조종사는 자신이 무엇을 잘했고 무엇을 잘못했는지, 구체적으로 어떻게 하면 더 잘할 수 있는지에 대해 확실히 파악할 수 있어야만 한다.

02 평가의 종류 및 평가방식 선택

1. 전통적 평가

전통적 평가는 일반적으로 다지선다형, 짝맞춤형, 진위형, 빈칸채우기 등과 같은 필기시험을 가리킨다. 필기시험은 보통 일정한 시간내에 완료해야 하며, 각 시험문항들은 하나의 정답만 존재한다. 이러한 평가(시험)는 모든 학생조종사들이 동일한 내용을 학습했다고 가정하고, 사실적 내용의 암기를 기반으로 한다. 학생조종사들의 답안은 정확하게 채점되며 답을 하는 과정에서 비판적 사고기술을 보일 기회는 거의 없다.

전통적 평가방식은 일반적으로 비행교관 중심적이고, 실증적 기준에 반하는 방식으로 수행을 평가한다는 것이 단점이다. 전통적 평가에서는 다음의 그림에서 보는 바와 같이 상당히 단순한 방식으로 등급을 부여한다. 이러한 평가의 문제점은 첫 번째 수업에서는 만족스러운 등급을 받은 학생조종사가 세 번째 수업에서는 만족스럽지 못한 등급을 받을 수 있다는 점이다.

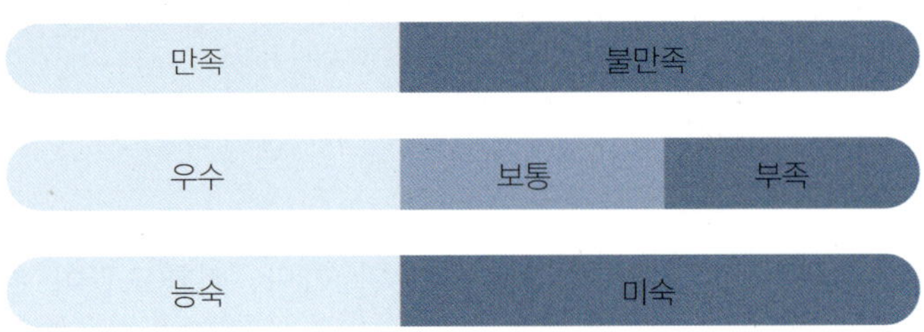

전통적인 등급부여

앞선, 문제점에도 불구하고 전통적 평가방식은 평가체계에서 중요한 비중을 차지하고 있다. 다지선다형, 주관식 및 기타 유사한 유형의 시험은 정보, 개념, 용어, 프로세스, 규칙 등, 학생조종사가 다음 학습단계로 나아가기 위해 필요한 지식을 얼마나 습득하고 있는지 평가하는 데 매우 유용하기 때문이다.

2. 전통적 평가 중 필기시험의 특성

비행교관이 독자적으로 문제를 출제하든, 시험문제은행을 이용하든 중요한 것은 효과적인 시험의 구성요소가 무엇인지 파악하는 것이다. 시험은 학생조종사가 특정한 지식이나 기술을 갖추었는지 여부를 판단하기 위한 일련의 질문, 문제 또는 훈련이다. 시험은 한 개의 문항으로 구성된 것도 있지만 일반적으로는 여러 개의 문항으로 구성된다. 시험문항은 단일목적을 평가하고 단일 답을 요구한다.

시험은 논점식 문제와 같이 단순할 수도 있고 지식이나 실기시험완료처럼 복잡할 수도 있다. 효과적인 시험은 그 기본목적과는 무관하게 몇 가지 공통된 특성 즉, 신뢰성, 타당성, 적용성, 객관성, 포괄성, 변별력을 갖추고 있다.

시험은 신뢰성, 타당성, 적용성, 객관성, 포괄성, 변별력을 갖추고 있다.

(1) 신뢰성

신뢰성은 시험결과가 반복평가 시 일관성을 갖는 정도를 말한다. 어떤 기구를 특정 상황에 적용시킬 때마다 동일한 측정값이 나온다면 그 기구는 신뢰성이 있는 것으로 간주할 수 있다. 필기시험의 신뢰성은 개인이나 집단에 대해 일관성 있는 평가인지 여부에 의해 판단된다. 그러나 여러 번 같은 시험을 치르는 경우에는 첫 번째 시험이 학습도구의 역할로 반영되기 때문에 이후의 시험은 점차적으로 지식, 기술, 이해가 향상되어져야 한다는 점에 유의해야만 한다.

(2) 타당성

타당성은 시험이 평가하고자 하는 바를 평가한 정도이며 시험평가에서 가장 중요한 고려사항이다. 비행교관은 반드시 시험이 실제로 평가하고자 하는 바를 평가하는지 여부를 고려해야만 한다. 타당성 여부를 알기 위해 비행교관들은 시험문제를 비판적인 눈으로 읽고 기존에 서술한 교육목적과 비교하여 문제내용을 평가해야 한다. 코스의 목적과 직접적으로 관련이 없는 문항들은 수정되거나 제거되어야만 한다.

(3) 적용성

적용성은 시험의 기능성을 가리킨다. 필기시험은 학생조종사들이 쉽게 읽을 수 있도록 큰 활자로 인쇄되어야만 한다. 시험문제에 대한 안내와 시험문제 자체의 어휘표현 또한 정확하고 간결해야 하며 그래픽, 차트, 도해도 명확해야만 한다. 또한 시험은 등급부여가 용이해야만 한다.

(4) 객관성

객관성은 시험점수 부여의 단일성을 말한다. 논술에서는 주제에 대한 비행교관의 지식과 경험, 문제작성문체, 문법 등이 등급에 영향을 미치지 않도록 하는 것이 거의 불가능한 일이다. 이와 달리 진위형이나 다지선다형과 같은 선택형 시험문항은 객관적으로 등급을 부여하기가 훨씬 용이하다.

(5) 포괄성

포괄성은 시험에서 전반적인 목적을 평가하는 정도를 말한다. 필기시험은 반드시 교육목적의 전반적인 측면을 평가해야 한다. 비행교관은 평가가 코스목적의 전반적인 내용을 대표하고 포괄하는지를 확인해야만 한다.

(6) 변별력

변별력은 시험에서 학생조종사들 간의 차이를 변별해주는 정도를 말한다. 필기시험에서는 코스목적과 관련하여 성취도의 여러 가지 수준을 변별해야 한다. 학생조종사들의 성취도 차이가 변별되도록 구성된 시험은 다음의 세 가지 특징을 가진다.

변별력을 가진 시험의 특징

- 시험점수의 넓은 분포도
- 모든 수준의 난이도
- 각기 다양한 수준의 성취도를 갖는 학생조종사들을 변별할 수 있는 시험문제

3. 필기시험 문항의 개발

필기시험의 문항은 주관식, 선택형, 진위형, 다지선다형, 짝 맞춤형으로 개발할 수 있다.

(1) 주관식

주관식 시험문항은 학습자가 단어, 문장, 문단의 형태로 답안을 작성하는 시험문항이다. 주관식 문항을 풀기위해서는 학습자가 자신이 가지고 있는 지식을 조직해야만 한다. 주관식 문항은 생각을 표현하는 능력을 요하기 때문에 주제에 대한 학습자의 전반적인 이해도를 평가하는 데 있어 매우 유용하다. 예를 들어, 단독비행 전 지식시험에서 주관식 문항을 출제하면 훈련중인 해당 조종사가 절차에 대한 지식을 충분히 갖추고 있는지 판단하는 데 큰 도움이 된다.

주관식 문항에는 다음의 몇 가지 단점이 있다.

첫째, 공평한 등급부여가 어려운 점으로, 비행교관에 따라 같은 시험에 대해 서로 다른 점수를 줄 수 있고, 또한 같은 비행교관이라도 평가한 날에 따라 같은 시험에 대해 완전히 다른 점수를 줄 수도 있다.

둘째, 주관식 문항은 학습자가 답안을 작성할 때나 비행교관이 채점할 때 상대적으로 더 많은 시간이 소요된다.

예

1. 자아상(Self-Concept)에 대한 개념과 비행교관이 학생조종사의 통찰력을 키워주는 방법을 약술하시오.

주관식 문항의 예

(2) 선택형

선택형 문항은 학습자가 두 가지 이상의 선택항목 중 하나를 답으로 선택해야 하는 시험문항이고, 각 문항의 정답은 하나뿐이다. 이러한 시험은 모든 학생조종사들이 동일한 내용을 학습했다고 가정하고, 사실적 내용의 암기를 기반으로 한다. 선택형 문항으로 구성된 필기시험은 시험을 치는 학생조종사나 채점하는 사람과 무관하게 결과에 동일한 등급이 부여되기 때문에 신뢰성이 높다. 실제로 이러한 시험은 기계로 채점하기에도 적합하다. 또한 선택형 문항시험은 학습자의 성취도를 직접 비교할 수도 있다. 예를 들어, 한 학급의 학습성과를 다른 학급의 성과와 비교하거나 한 비행교관의 학습자들을 다른 비행교관의 학습자들과 비교하는 것이 가능하다.

선택형 문항시험은 주관식 문항시험보다 주어진 시간에 훨씬 더 많은 지식영역을 테스트할 수 있다. 이러한 포괄성으로 인해 타당성과 변별력도 높아진다. 선택형 시험의 또 다른 장점은 통계적 문항분석이 용이하다는 점이다.

예

7. 학생조종사가 엉뚱한 질문을 하거나 수업에 불참하려는 경향이 있다면 어떤 방어심리가 나타난 것인가? (　　)
   ① 도피　　② 공격성　　③ 체념

8. 통찰은 학습에 적용됐을 때 사람들의 (　　　　)에 관련이 있다. (　　)
   ① 변화로 학습을 조직화하는 것
   ② 관련 개념들의 의미를 갖는 집합으로 묶는 것
   ③ 절차를 학습하여 이유를 인지하는 능력

9. Prop이 한번 회전할 때 전진하는 실제 거리를 나타내는 것은? (　　)
   ① twisting
   ② effective pitch
   ③ geometric pitch

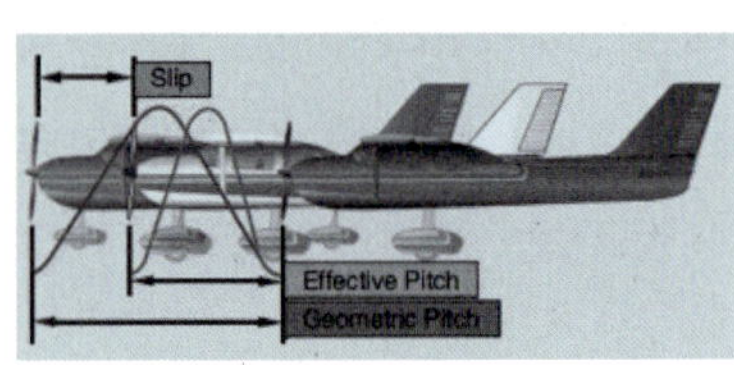

선택형 문항의 예

(3) 진위형

진위형 시험문항은 주어진 지문에 대해 학생조종사가 맞는지 틀리는지 결정하는 시험문항이다. 이러한 문항유형은 여러 영역에서 폭넓게 활용되며, 특히 단 두 가지 답변만 가능한 내용을 평가하는 데 용이하다. 진위형 질문의 단점은 정답을 대충 짐작해서 맞힐 가능성이 가장 높다는 것이고, 또한 지식보다는 단순암기로 시험을 치를 가능성이 높다는 단점이 존재한다. 이 때문에 일반적으로 진위형 질문은 평가하고자 하는 바를 온전히 평가하지 못할 가능성이 높다.

진위형 시험문항 출제시에는 다음과 같은 지침을 따라야 한다.

진위형 시험문항 출제시 따라야 할 지침들

- 각 지문은 한 가지 주제만을 내포해야 한다.
- 텍스트 원문을 그대로 옮기기보다 독창적인 표현으로 지문을 만든다.
- 지문은 옳고 그름이 모호하지 않아야 한다.
- 혼동을 일으킬 수 있는 불필요한 부정문을 사용하지 않는다.
- 반드시 부정적 단어를 사용해야 하는 경우에는 밑줄 등으로 강조한다.
- 복잡한 표현을 배제하고, 단어와 문장구조는 가능한 한 단순하게 한다.
- 지문은 확실하고 명확하게 표현한다.
- 모호한 단어나 용어('일부', '어떤', '일반적' 등)의 사용을 피한다.
- 가능한 한 모든 학습자에게 동일한 것을 의미하는 용어를 사용한다.
- 단정적 표현('모든', '각각', '오직', '전혀', '결코' 등)을 피한다.
- 정답의 순서에 일정한 패턴이 없도록 하여, 학습자들이 이러한 패턴을 알아채지 못하도록 한다.
- 지문은 단순하고 비슷한 길이로 만든다.

예 다음을 읽고 (○) 또는 (×)로 답하시오.

3. 대부분 사람이 스트레스를 받으면 자동으로 자신의 능력과 경험을 바탕으로 신속하게 상황에 대응한다. (　　)

진위형 문항의 예

(4) 다지선다형

다지선다형 시험문항은 두 개의 부분으로 구성된다. 두 부분은 질문, 지문, 문제에 해당되는 부분과 선택할 수 있는 답 목록의 구분이다. 정답외의 선택항목들은 오답이라고 한다. 적절한 다지선다형 문항은 짝 맞춤형이나 진위형 문항보다 여러 가지 장점이 있어 다용도로 활용된다.

질문, 지문, 문제

예 17. 자북극이 진북극과 지리적으로 동일한 위치에 있지 않음으로 인해 발생하는 나침반 오류는 무엇인가? ( )

① 편각 ② 세차(歲差) ③ 편차 ④ 자차

오답

정답

다지선다형 문항의 예

다지선다형 시험문제는 내용습득부터 학습한 것의 이해, 논리, 적용에 이르기까지 학습자의 성취도를 판단하는 데 널리 활용된다. 다음과 같은 문제는 다지선다형 형식을 취하는 것이 적절하다.

다지선다형 시험문제 형식들

- 어떤 법칙이나 원리의 적용과 같이 답이 구조적이고 독특한 경우
- 학습자가 보편적인 답이 아닌 주어진 여러 개의 답 중 최선의 것을 선택할 수 있도록 문항의 표현이 명확히 제한되어 서로 비슷하게 보이는 경우
- 선택항목들이 정답과 그럴듯하게 유사하고 각각 과학적으로도 정확한 경우
- 학습자가 해당 지문에 맞는 가장 적절한 답을 찾을 수 있도록 다수의 가능한 선택항목들이 있는 경우

다지선다형 시험문항을 출제할 때는 공통적으로 다음의 세 가지 어려움이 존재한다.

다지선다형 시험출제의 어려움 세 가지

- 첫째, 질문이나 지문 및 문제는 반드시 모호하지 않게 명확히 표현해야 한다.
- 둘째, 정답은 논박의 여지가 없어야 한다.
- 셋째, 오답은 필요한 지식을 갖추지 못한 학습자들이 정답과 쉽게 혼동할 수 있도록 작성해야 한다.

다지선다형 지문 및 문제는 다음과 같은 몇 가지 기본적 형태가 존재한다.

다지선다형 지문 및 문제의 기본적 형태

- 직접적인 질문에 대해 여러 개의 답 중 하나를 선택하는 형태
- 미완성문장에 대해 그 문장을 완성시킬 수 있는 여러 어구 중 하나를 선택하는 형태
- 그래프, 다이어그램, 삽화를 토대로 한 문제에 대해 여러 오답중에서 정답을 선택하는 형태

다지선다형 문제를 출제할 때 비행교관은 다음과 같은 지침을 따라야 한다.

다지선다형 문제출제시 따라야 할 지침들

- 시험의 각 문항은 독립적이어야 하고, 하나의 질문이 다른 질문의 정답을 내포하고 있거나 다른 질문의 정답을 바탕으로 출제되어서는 안 된다.
- 추상적인 배경지식이나 중요하지 않은 사실보다 필수적인 지식을 묻는 문제를 출제한다.
- 각 질문은 학습자들에게 적절한 언어로 서술한다.
- 글보다 스케치, 다이어그램, 그림 등이 상황을 보다 생생하게 제시할 수 있을 때는 이를 활용한다.
- 부정문을 사용하는 경우에는 밑줄, 볼드체, 이탤릭체, 다른 색깔 등으로 부정어나 부정적인 어구를 강조한다.
- 이중 부정은 학생조종사들에게 불필요한 혼란을 줄 수 있으므로 피한다.
- 트릭질문, 중요하지 않은 세부사항, 모호한 문제, 학습자에게 불필요한 혼란을 주거나 뒤틀린 문제는 피한다.

다지선다형 지문 및 문제를 작성할 때는 다음과 같은 원칙을 적용해야 한다.

다진선다형 지문 및 문제작성시 적용해야 할 원칙들

- 지문 및 문제는 문제의 중심내용을 명확히 제시해야 한다.
- 관련된 것 또는 관련되지 않은 것을 선택하는 문제가 아닌 경우 외에, 지문 및 문제에는 정답과 관련없는 내용이 포함되어서는 안 된다.
- 지문 및 문제에는 정답이나 정답의 단서가 나타나 있어서는 안 된다.
- 지문 및 문제에 선택항목과 관련된 것을 모두 포함시킨다.
- 선택항목들은 모두 문항의 지문 및 문제와 문법적으로 맞게 이어져야 한다.

다지선다형 시험문항의 답 목록들은 신중하게 구성해야 하며, 단순히 맞지 않는다는 것만이 오답의 유일한 기준이 되어서는 안 된다. 오답으로 자주 쓰이는 항목은 다음과 같다.

다지선다형 시험문항의 오답형태들

- 문제의 상황과 연관성이 있어 정답으로 보일만한 오답
- 보편적으로 잘못 인식되고 있는 개념
- 내용자체로는 사실이지만 문제의 요구사항에 부합하지 않는 서술
- 문제의 요구사항에 비해 지나치게 광범위하거나 지나치게 범위가 좁은 서술

(5) 짝 맞춤형

짝 맞춤형 시험문항은 두 개의 목록으로 구성되며 각 목록의 단어, 용어, 도해, 어구 또는 문장을 서로 연결하여 조합하는 문제이다. 일반적으로 짝 맞춤형 문제는 다지선다형 문항의 압축이라고 볼 수 있다. 같은 시간 동안 다지선다형 문항보다 짝 맞춤형 문항을 통해 더 많은 양의 평가가 이루어질 수 있다.

짝 맞춤형 문항은 한쪽 열에 열거된 용어, 부분, 단어, 어구, 절, 기호와 다른쪽 열에 열거된 관련 항목들 사이의 관계를 파악하는 능력을 평가하는 데 적절하다. 짝 맞춤형은 학습자가 대충짐작으로 정답을 맞힐 확률이 적고, 시험시간 또한 보다 효율적으로 이용할 수 있다. 짝 맞춤형 시험문항을 구성하는 지침은 다음과 같다.

짝 맞춤형 시험문제 구성지침

- 필수적인 내용만을 평가한다.
- 문항전체를 통해 밀접하게 관련된 자료만을 이용한다.
- 가능한 경우에는 언제나 소거방식에 의한 추측을 최소화하기 위해 모든 선택항목을 첫 번째 열의 각 선택항목에 대해 설득력을 갖추도록 만든다.
- 사용자가 이해할 수 있는 언어를 사용한다.
- 선택항목을 배열할 때도 어느 정도 일정한 순서로 배열한다.

예

20. 다음에서 제시하는 공역의 구분(Airspace Classification) 설명 중 맞는 것끼리 짝을 맞추시오.

A등급 공역	•	•	비관제공역으로 모든 항공기에 비행정보업무만 제공되는 공역
B등급 공역	•	•	계기비행만 가능한 공역
C등급 공역	•	•	모든 항공기에 분리를 포함한 항공교통관제업무가 제공되는 공역
D등급 공역	•	•	모든 항공기에 항공교통관제업무가 제공되나, 시계비행 항공기간에는 교통정보만 제공되는 공역
E등급 공역	•	•	모든 항공기에 항공교통관제업무가 제공되나, 계기비행-시계비행 항공기나 시계비행 항공기간에는 교통정보만 제공되는 공역
G등급 공역	•	•	계기비행 항공기에 항공교통관제업무가 제공되고, 시계비행 항공기에 교통정보가 제공되는 공역

짝 맞춤형 문항의 예

4. 비행상황평가

비행상황에 대한 평가는 비행교관의 전문지식이 종합되어 적용되어야 하며, 평가의 종류는 협력평가, 기동 또는 절차 등급부여가 있고, 단일조종사 항공기에 대한 평가로 단일조종사 자원관리(SRM) 등급부여가 있다.

(1) 협력평가

효과적인 비행상황평가는 다음과 같은 특징이 있다. 협력적 비평을 통해 개방형 질문을 던지는 것으로 협력적 비평은 학생조종사 중심 등급부여의 한 형태이다. 비행교관은 학생조종사가 온전히 자체평가를 할 수 있도록 다음의 네 가지 단계의 개방형 질문 즉, 재현, 재구성, 숙고, 방향전환을 사용한다.

1) 재현(Replay)

재현단계는 학생조종사에게 비행이나 절차를 구두로 설명하게 하는 단계이다. 비행교관이 아는 것과 학생조종사가 인식한 것 사이에 다른 부분이 있다면 귀를 기울이고 왜 차이가 있는지 토론한다. 이러한 방식은 학생조종사에게 있어 자신이 인식하고 있는 것을 검증할 수 있는 기회가 되고, 비행교관 또한 자신의 판단능력에 대해 비판적으로 통찰할 수 있게 된다.

2) 재구성(Reconstruct)

재구성단계는 학생조종사가 비행이나 절차중에 수행해 볼 수 있었던 것이나 다르게 수행한 것 또는 수행했어야 하는 핵심사항들을 확인함으로써 학습을 장려하는 단계이다.

3) 숙고(Reflect)

통찰은 인식과 경험에 의미를 부여하는 것에서 비롯되며 숙고를 필요로 하는 단계로 예를 들면 다음과 같은 내용이 있다.

숙고를 필요로 하는 것들

- 오늘 배운 것 중 가장 중요한 것은 무엇인가?
- 수업시간 중 가장 쉬운 부분은 무엇이었나? 가장 어려운 부분은?
- 수업 중 불편했던 것이 있었는가? 있었다면 언제 그런 일이 있었는가?
- 자신의 수행과 의사결정을 스스로 어떻게 평가하는가?
- 실기시험 표준절차에 따라 수행했는가?

4) 방향전환(Redirect)

방향전환단계는 학생조종사가 수업시간에 학습한 것을 다른 경험과 연관시키고 이것이 앞으로의 학습에 어떤 영향을 미칠 수 있는지 생각해보는 단계로 평가수행 시 관련질문은 다음과 같은 내용이 있다.

방향전환 평가시 포함해야 할 내용들

- 이번 수업에서의 학습경험이 지난 수업과 어떻게 연관되는가?
- 앞으로의 상황에서 비슷한 위험을 줄이기 위해 어떻게 할 수 있는가?
- 앞으로의 상황에서 이번 수업의 어떤 부분이 어떤 방식으로 적용될 수 있는가?
- 개인 최저기준을 어떻게 확립할 것인가?
- 추가적으로 어떤 비행 및 훈련이 유용한가?

(2) 등급부여에서 협력평가 프로세스

등급부여에서 협력평가 프로세스는 두 가지의 내용에 반영되는데, 하나는 기술중심의 기동이나 절차에서 학생조종사의 숙련도를 평가하는 것이고, 다른 하나는 비행훈련의 인지측면 및 의사결정 측면인 단일조종사 자원관리(SRM)에 관한 학생조종사의 숙련도를 평가하는 것이다.

(3) 기동 또는 절차 등급부여

기동 또는 절차 등급부여는 다음의 내용 즉, 서술, 설명, 연습, 수행을 포함한다.

	서 술	설 명	연 습	수 행
급선회 저속비행 실 속 비상사태	학생조종사는 기동의 물리적 특성 및 인지요소를 서술할 수 있다.	학생조종사는 기동의 기초가 되는 개념, 원리 및 절차에 대해 설명할 수 있다.	학생조종사는 편차와 오류를 바로 잡는 개인 교습과 지원이 주어질 때 기동을 계획하고 실행할 수 있다.	학생조종사는 지원이나 개인교습 없이 기준에 따라 따라 기동을 계획하고 실행할 수 있다. 또한 오류와 편차를 확인하고 시정할 수 있다.

비행훈련 기동을 평가하기 위한 채점기준

- **(서술)**: 시나리오가 완료될 때 학생조종사는 시나리오 활동의 물리적 특성과 인지요소들을 서술할 수는 있지만, 기동이나 절차를 성공적으로 실행하기 위해서는 지원이 필요하다.
- **(설명)**: 시나리오가 완료될 때 학생조종사는 시나리오 활동을 서술할 수 있고 활동의 기초가 되는 개념과 원리 및 절차를 이해하지만, 기동이나 절차를 성공적으로 실행하기 위해서는 비행교관의 설명지원이 필요하다.
- **(연습)**: 시나리오가 완료될 때 학생조종사는 시나리오를 계획하고 실행할 수 있고, 개인교습, 교육 및 지원을 통해 비행교관이 발견한 편차와 오류를 바로 잡을 수 있다.
- **(수행)**: 시나리오가 완료될 때 학생조종사는 비행교관의 지원없이 시나리오 활동을 수행할 수 있고, 또한 신속한 방식으로 오류와 편차를 확인하고 바로 잡는다.

(4) 단일조종사 자원관리(SRM) 등급부여

단일조종사 자원관리(SRM) 등급부여는 다음의 내용 즉, 설명, 연습, 관리-의사결정을 포함한다.

1) 설 명

설명단계에서 학생조종사는 비행시나리오 안에서 위험을 이해하고 구두로 설명할 수 있다. 그러나 실제위험을 확인하고 의사결정을 내리기 위해서는 비행교관의 지도가 필요하다.

2) 연 습

연습단계에서 학생조종사는 실제 비행상황에서 단일조종사 자원관리(SRM)을 이해하고 적용할 수 있다. 개인교습, 교육 및 지원을 통해 비행교관이 발견한 사소한 편차나 오류를 신속히 바로 잡으며, 의사-결정과정에 적극적으로 임한다.

3) 관리-의사결정

관리-의사결정단계에서 학생조종사는 조종실 내/외부에서 얻을 수 있는 중요한 데이터를 올바르게 수집하고 가능한 행동방침을 판단함. 또한 각 행동방침에 내재된 위험을 평가하고 적절한 결정을 내린다. 비행교관이 개입하지 않아도 안전하게 비행을 마칠 수 있다.

5. 효과적인 평가방식 선택

비행교관이 학생조종사의 성취도 평가방식을 정하기 위해서는 다음의 네 가지 단계의 프로세스가 요구된다.

성취도 평가를 위한 네 가지 단계

- 첫째, 학습목적의 수준을 정한다.
- 둘째, 목표로 하는 행동지표/표본을 열거한다.
- 셋째, 준거목적을 확립한다.
- 넷째, 준거-기준 시험문항을 만든다.

이 프로세스는 학습의 인지적 영역과 정의적 영역에 해당되는 시험에 유용하고, 심리운동 영역의 기술시험에도 이용할 수 있다. 준거-기준 평가개발프로세스는 일반적인 것에서 구체적인 것으로의 패턴을 따른다.

평가개발단계

준거-기준 시험방식 개발프로세스는 '일반적인 것에서 구체적인 것으로'의 패턴을 따른다.

- 학습목적의 레벨을 정함
- 목표하는 행동지표를 열거함
- 준거목적을 확립함
- 준거기준 시험문항을 만듦

비행교관은 훈련초기 단계에서는 비행상황 평가가 전통적 평가만큼 유용하지 않을 수 있다는 점을 알아두어야 한다. 그 이유는 훈련초기 단계에서는 학생조종사가 평가프로세스에 참여할 만큼 개념이나 지식이 충분하지 않기 때문이다.

제1편 제1장 학습프로세스에서 살펴본 바와 같이 학생조종사는 새로운 주제를 접할 때 먼저 사실적 내용을 습득하고 기억한다. 학습이 진행됨에 따라 학생조종사는 그 지식을 조직화하여 기억한 것들을 이해하기 시작한다. 학생조종사가 분석, 종합, 평가에 필요한 지식을 갖추게 되면 (즉, 학습의 적용수준이나 상호연관수준) 보다 온전히 평가프로세스에 참여할 수 있게 된다.

(1) 학습목적의 수준정하기

적절한 평가를 위한 첫 번째 단계는 일반적인 학습목적 수준으로서 각각의 목적을 정하는 것이다. 학습목적은 제1편 제1장 학습영역에서 소개된 인지적, 정의적, 심리운동 영역의 학습수준 중 하나를 다루어야 한다. 인지적 영역의 학습수준에는 지식, 이해, 적용, 분석, 종합평가가 있다.

(2) 목표하는 행동지표/표본열거하기

두 번째 단계는 목표로 하는 최선의 행동지표나 표본을 열거하는 것이다. 일부 학습목적 수준은 직접 평가가 불가능하므로 최선의 학습결과를 증명할 수 있도록 평가가능한 행동을 지정해야만 한다. 시험은 전반적으로 평가대상 내용을 충분히 포괄해야 한다. 학습목적 수준의 모든 측면을 평가하는 것은 어려울 수 있지만 비행교관은 행동의 표본을 제시함으로써 충분한 학습의 증거를 얻을 수 있게 된다.

(3) 준거목적확립하기

시험방식 개발프로세스의 다음 단계는 (수행기반의) 준거목적을 정하는 것이다. 준거목적은 예상되는 행동뿐 아니라 행동이 이루어지는 조건과 반드시 충족해야 하는 준거까지 서술해야만 한다. 만약 비행교관이 학습계획 작성 중에 능력-기반 목표를 확립했다면 준거목적은 거의 정해진 것이다. 준거목적은 학습목적 수준을 평가하기 위해 출제되는 시험문항의 기본틀이 된다.

(4) 준거-기준 평가문항 만들기

마지막 단계는 준거-기준 평가문항을 만드는 것이다. 비행교관은 필기시험 문제를 통해 준거목적에 서술된 행동을 평가해야만 한다. 시험문제는 학생조종사가 절차를 이해했는지 증명하는데 필요한 모든 영역을 다루어야 하며, 또한 시험결과 (틀린 문제)를 통해 충분히 다루어지지 않았던 영역을 확인해야만 한다. 능력-기반 목표는 시험문항 제출의 기준이 된다. 만약 시험이 단독비행 지식시험이라면 목적은 학생조종사가 비행규정, 현지 지역, 항공기유형 및 필요한 절차에 대해 이해하는 것이 된다.

해당 시험은 구체적 영역에서 학생조종사의 지식을 평가해야 하며, 비행교관은 자신의 학생조종사들의 성취도를 평가하기 위해 자신만의 시험문항을 만들어야만 한다. 지식시험을 치르기 전 학생조종사의 준비상태를 평가하는 시험이라면 그 시험은 학생조종사가 받아온 모든 수업목적을 기반으로 해야만 한다.

비행훈련에는 기동이나 절차에 대한 수행시험이 포함된다. 비행교관이 조종사 자격증명 실기시험을 주관하는 것은 아니나 비행교관들은 이러한 시험에서 평가하는 기술이나 수행을 평가해야만 한다. 평가는 운영, 절차, 프로세스와 관련된 훈련내용을 확인하는 데 유익하다. 비행교관의 임무는 학생조종사가 위와 같은 자격증명시험들을 잘 치를 수 있도록 준비시키는 것이다. 이를 위해 시험응시자가 자격증명실기시험을 치르기 전에 실기시험의 모든 요소를 평가해야만 한다.

6. 비평과 구두평가

비평은 전통적 평가나 비행상황평가와 연계하여 비행교관이 학생조종사에게 주는 평가이다. 비평이라는 단어는 때로 부정적 의미를 지니고 있다. 비행교관은 비평방식을 학생조종사의 수행에 대한 과도한 비판의 기회로 삼는 것은 피해야 한다. 효과적인 비평은 좋지 않은 수행뿐 아니라 좋은 수행도 평가하는 것이며 개별적 부분, 각 개별적 부분들 간의 관계 및 전체적인 수행을 평가해야만 한다.

평가받는 수행내용에 따라 비평의 내용 또한 달라져야만 한다. 비평은 구두로 전달할 수도, 서면으로 줄 수도, 때로는 두 가지 방법을 모두 사용할 수도 있다. 비평은 학생조종사가 수행을 마친 직후, 자신이 수행한 것을 세부적인 것까지 쉽게 기억할 수 있는 동안에 주어져야만 한다.

비행교관은 학생조종사의 기술, 숙련도 및 학습의 향상을 위해 학생조종사가 수행하거나 연습한 모든 작업에 대해 비평할 수 있다. 비평방식에는 비행교관/학생조종사 비평, 학생조종사 주도비평, 소-그룹비평, 학생조종사 자체적 비평, 자체비평, 서면비평이 있다.

(1) 비행교관/학생조종사 비평

비행교관이 그룹토론을 이끄는 가운데 모든 학급 구성원들이 자유로이 비판에 참여할 수 있는 방식이다. 이러한 방식은 명확한 목적의식을 가지고 적절한 통제하에 이루어져야만 한다. 비평에 대한 토론이 무질서한 난장판이 되도록 방치해서는 안 된다.

(2) 학생조종사 주도비평

비행교관이 한 학생조종사를 선정해 평가의 주도권을 주는 것이다. 조직 및 기법의 패턴규정 등은 비행교관이 할 수도 있고 그 학생조종사의 재량에 맡길 수도 있다. 참여자들이 학습분야에 경험이 부족하면 학생조종사 주도평가가 비효율적일 수 있으나, 학생조종사들의 관심을 유발하여 학습을 지도함으로써 전체적으로 효과를 거둘 수 있다.

(3) 소-그룹비평

학급을 소-그룹으로 나누고 각 그룹에 분석할 영역을 지정해주는 방식이다. 각 그룹은 그 영역에 대한 자체조사결과를 전체학급 구성원에게 설명해야 하며, 비행교관은 미리 준거와 가이드라인을 제공하는 것이 좋다. 각 소-그룹이 보고한 결과는 포괄적인 평가가 될 수 있다.

(4) 학생조종사 자체적 비평

한 명의 학생조종사에게 다른 학생조종사들에 대한 전체적인 평가를 해보도록 하는 방식이다. 변형된 형태로 수행이 이루어진 방식과 수준에 대해 비행교관이 여러 학생조종사에게 질문할 수도 있다. 수행과 평가에 대한 그룹토론에서 나온 비평들을 학생조종사들은 보다 긍정적으로 받아들이는 특징이 있다. 학생조종사가 참여하는 모든 평가에서 그러하듯이 비행교관은 비평프로세스 전체를 온전히 통제하고 있어야 한다.

(5) 자체비평

학생조종사가 자신의 수행을 자체적으로 비평하는 것이다. 자체비평 역시 다른 모든 방식과 마찬가지로 비행교관의 통제와 감독하에 이루어져야만 한다.

(6) 서면비평

서면을 통해 평가를 수행하는 것으로 서면비평에는 다음의 세 가지 장점이 있다.

첫째, 비행교관은 강의실에서의 구두평가보다 더 많은 시간과 생각을 평가에 할애할 수 있다.

둘째, 서면평가는 개인적으로 보관할 수 있어서 학생조종사들이 원할 때 언제든지 다시 볼 수 있다.

셋째, 비행교관이 모든 학생조종사에게 다른 학생조종사의 수행평가를 기록하도록 할 경우에 각각의 학생조종사는 다른 학생조종사들이 자신에게 주는 제안, 권고, 견해의 영구적인 기록을 갖게 된다.

서면평가의 단점은 학급의 다른 구성원들에게 간접적 유익이 없다는 점이다.

(7) 구두평가

가장 보편적인 평가방식은 비행교관이 학생조종사에게 직접 또는 간접적으로 구두질문을 던지는 것이다. 질문은 사실적 내용에 관한 질문과 고차원적 사고기술(HOTS) 질문으로 나눌 수 있다.

사실적 질문에 대한 답변은 학생조종사의 기억을 바탕으로 하며, 이러한 유형의 질문은 보통 누가, 무엇을, 언제, 어디서와 관련된다. 반면, 고차원적 사고기술(HOTS) 질문은 왜 또는 어떻게 관련되는 질문으로 학생조종사가 사실적 지식과 조합하여 상황을 분석하고 문제를 해결하고 결론에 도달하는 능력을 보이게끔 해야 한다.

비행교관의 적절한 질문은 다음과 같은 결과로 이어진다.

구두평가시 비행교관의 적절한 질문과 효과들

- 비행교관이 택한 훈련방식의 유효성을 보여준다.
- 학생조종사의 학습내용 기억상태를 점검한다.
- 학생조종사에게 가르친 내용들을 검토하는 기회가 된다.
- 학생조종사의 관심을 유지하고 생각을 자극하는 데 이용될 수 있다.
- 중요한 훈련사항들을 강조한다.
- 추가적으로 강조할 필요가 있는 사항들을 확인한다.
- 학습내용에 대한 학생조종사의 이해상태를 점검한다.
- 학생조종사의 적극적인 참여를 이끈다. 이는 효과적인 학습에 대단히 중요하다.

7. 효과적인 질문의 특성

비행교관은 관련 질문들을 미리 작성하고 기록해 두어야 하며, 수업계획서에 이러한 질문들을 넣는 것도 한 가지 방법이다. 준비된 질문들은 단순히 기본틀의 역할만 할 뿐, 수업이 진행되는 동안 적절하다고 생각되는 질문이 있으면 즉흥적으로 던질 수도 있어야 한다.

객관적인 질문에는 하나의 정답만 존재하지만 개방형 고차원적 사고기술(HOTS) 질문은 여러 다양한 답변이 나올 수 있다. 효과적인 질문은 다음과 같은 내용이어야 한다.

효과적인 질문의 특성

- 교육주제와 연관된다.
- 짧고 간결하면서도 명확하다.
- 학생조종사들의 능력, 경험 및 훈련단계에 맞춰져 있다.
- 한 가지씩 질문한다.
  * 누가, 무엇을, 언제, 어디서, 어떻게, 왜 중 한 가지로 제한하고 이것들을 조합하지 않아야 한다.
- 학생조종사에게 도전과제를 제시한다.

(1) 피해야 할 문제유형

이해됩니까? 또는 질문 있습니까?와 같이 예/아닙니다. 형식의 질문은 그다지 효과적인 질문이 아니다. 또한, 다음의 유형 즉, 까다로운, 광범위한, 선택형, 황당한 속임수(트릭), 무관한의 질문도 피해야 한다.

1) 까다로운 문제의 예

우측 브레이크가 약한 구형기어 방식의 비행기가 full flap 착륙중에 오른쪽 측풍 상태에서 왼쪽으로 swerving(방향을 바꿈)할 경우, 취해야 할 첫 번째 조치는 무엇입니까?

2) 지나치게 광범위한 문제의 예

엔진 Over hall을 시작하기 전에 무엇을 해야 합니까?

3) A 또는 B 선택형 문제의 예

비상시에 당신은 트랜스폰더로 비상신호를 전송하겠습니까, 아니면 착륙지점을 찾겠습니까?

4) 황당한 질문의 예

고도계를 판독하고 가장 가까운 공항 기압에 맞춰 고도계 설정온도를 감안할 때, 당신이 온난전선을 통과해 한랭기단으로 부터 비행하는 경우 만약 산간지역에 있다면 어떠한 조치를 취해야 합니까?

5) 속임수(트릭) 질문의 예

트릭유형의 질문을 받으면 학생조종사들은 자신이 비행교관과 두뇌싸움을 벌이고 있다는 느낌을 갖게 되며, 결과적으로 교육주제의 전체적인 중요성을 잃게 된다. 예를 들어, 답 선택번호인 1, 2, 3, 4를 다음과 같이 배치하는 것도 트릭질문이라 볼 수 있다.

① 4　　② 3　　③ 2　　④ 1

트릭 질문의 예

6) 무관한 질문의 예

관련없는 사실과 생각을 불러일으켜 학생조종사진보를 늦추는 엉뚱한 질문을 일컫는다. 시험주제와 무관한 질문은 그 주제에 대한 학생조종사의 지식을 평가하는 데 도움이 되지 않는다. magneto 타이밍에 관한 시험중에 타이어팽창과 관련된 질문을 던지는 것이 무관한 질문의 한 예이다.

(2) 학생조종사의 질문에 답변하기

학생조종사의 질문에 완벽하게 답변하기 위해 필요 이상으로 복잡하거나 현재 훈련보다 더 높은 수준의 내용을 소개하는 것은 때로는 바람직하지 않을 수 있다. 이런 경우 비행교관은 학생조종사 질문이 좋은 질문이고 관련성이 높은 질문이지만 현재 시점에서 상세한 답변을 하려면 학습내용이 불필요하게 복잡해진다는 것을 잘 설명해야 하고, 적절한 시점에 같은 질문을 다시 한번 하도록 학생조종사에게 요청하는 것이 필요하다.

때때로 비행교관이 답변할 수 없는 질문을 받을 때도 있고, 그런 경우 비행교관은 모른다고 시인하되 답을 알아 오겠다고 약속하거나, 학생조종사가 이용할 수 있는 다른 참고자료를 알려줌으로써 답을 찾을 수 있도록 도울 수도 있다.

강의실 등에서 학생조종사의 질문에 효과적으로 답변하기 위한 지침은 다음과 같다.

학생조종사 질문에 효과적인 답변지침

- 답을 제시하기 전에 먼저 자신이 문제를 명확히 이해했는지 확인한다.
- 학생조종사의 질문에 관심을 표하고 가능한 한 직접적이고 정확한 답변을 구성한다.
- 답변 후에는 학생조종사가 답변에 만족했는지 확인한다.

03 평가와 평론

1. 비행교관의 평론

훌륭한 비행교관의 능력은 분석, 칭찬, 판단 이 세 가지 요소를 학생조종사에게 적용할 줄 아는 능력이 가장 중요하다. 학생조종사는 비행교관으로부터 인도, 조언, 칭찬 등을 원한다. 학생조종사가 더 나아가 수업을 받기 원하는 마음을 가지게 하기 위해서는 비행교관이 학생조종사의 진도를 지속적으로 알려줘야 한다. 이것은 학생조종사의 좌절감을 줄이고 학생조종사로 하여금 배움에 대한 의욕을 지속시킬 수 있다.

학생조종사는 훈련 직후에 평론을 해줘야 세부사항을 쉽게 알아차릴 수 있다. 비행교관은 학생조종사의 능력, 숙련도, 그리고 배움을 향상시키기 위해 수행하는 어떠한 내용에 대해서도 평론을 할 수 있다. 평론은 배움단계의 한 부분이지 평가가 아니다. 평론이 꼭 부정적인 내용으로 이루어지는 것은 아니며, 강점과 약점, 전체와 부분의 관계 및 각 부분과의 상호관계에 대해 다룰 수도 있다.

평론의 목적은 학생조종사의 훈련능력을 높이고 그들에게 더 발전할 수 있는 사항을 제공한다. 평론은 방향 및 능력을 높일 수 있는 방안을 제시해야만 한다.

평론은 객관적이어야 한다. 학생조종사의 학습성취에 중점을 두고 비행교관 개인의 생각, 장점이나 단점, 편견 등은 피해야 한다. 평론은 실제로 행한 조작에 대해서만 이루어져야만 한다.

평론은 융통성이 있어야만 한다. 학생조종사 상황에 맞는 목소리, 기술적인 부분, 내용을 담은 평론이어야 한다. 평론은 그때의 요구사항을 충족할 수 있는 융통성이 있어야만 한다.

평론은 받아들일 수 있는 수준이어야 한다. 학생조종사는 비행교관의 평론을 수용하기 전에 먼저 비행교관을 인정해야 한다. 학생조종사는 비행교관의 자격, 교육능력, 정직함, 유능함 및 권위 등을 신뢰해야 한다. 비행교관 자신의 지위만을 이용하여 학생조종사에게 평론을 받아들이게 해서는 안 된다.

평론은 종합적이어야 한다. 평론은 길게 할 필요는 없고 능력의 모든 방면을 포함해야 한다. 비행교관은 소수의 핵심사안에 대해 다루는 것이 다수의 사소한 것들을 다루는 것보다 더 효과적인지 판단해야 한다. 효과적인 평론은 장점과 단점을 둘 다 포함시켜야 한다.

평론은 건설적이어야 한다. 학생조종사가 얻은 것이 없다면 평론은 쓸모없는 것이 된다. 학생조종사가 칭찬받은 내용에 대한 이익을 챙기지 못하거나, 잘못한 것에 대한 보충설명을 받지 못하면 할 수 없이 하는 칭찬이 되어버리고 의미가 없어진다.

평론은 약점이나 실수는 발견에서 끝나면 안 된다. 학생조종사에게 이유없이 만족스럽지 못하다는 말을 하면 학생조종사는 좌절을 한다. 학생조종사는 오류에 대한 설명을 듣고 어떻게 고쳐야하는지 설명을 들어야 성과가 생기게 된다.

평론은 사려 깊게 해야 한다. 효과적인 평론이란 학생조종사의 자존심, 승인, 인지를 통하여 나타나는 비행교관의 사려를 통해 알 수 있다. 평론은 개인의 중요성과 존엄을 무시하면 안 된다. 학생조종사에게 장난, 화, 놀림이 평론에 있어서는 안 된다.

평론은 세부적이어야 한다. 세부적인 논평과 추천을 해야 하며, 그렇지 않으면 학생조종사가 얻는 것이 없다. 학습목표는 확실한 위엄을 가지고 설명하고 그러면 학생조종사는 무엇을 잘하고 잘못했는지 알고 어떻게 발전할지 알게 된다.

2. 구술간이 시험(Oral quiz)

가장 실용적인 평가는 구술간이 시험이며 질문들은 사실과 생각으로 나뉜다. 사실에 관련된 질문은 기억력에 의존한다. 생각하면서 하는 질문은 사실들의 복합과 상황을 분석하고 문제를 풀며 결과에 도달하는 방법이다.

비행교관은 올바른 퀴즈를 통해 원하는 결과를 얻을 수 있다. 비행교관이 구술간이 시험에서 고려해야 할 사항들은 다음과 같다.

구술간이 시험에서 고려해야 할 사항들

- 훈련과정의 효과를 보여줘야 한다.
- 학생조종사가 배운 내용의 유지와 이해를 점검해야 한다.
- 배운 내용을 복습해야 한다.
- 관심을 유지시키고 생각을 자극해야 한다.
- 훈련의 중요한 점들을 강조해야 한다.
- 더 강조가 필요한 부분들을 지적해야 한다.
- 활동적인 참여를 증진시켜야 한다.

(1) 효과적인 질문이란?

한 개의 정답만 있어야 좋은 질문이며, 각 질문은 지정된 답을 요구하고 비행교관이 쉽게 평가할 수 있어야 한다.

효과적인 질문에서 고려해야 할 사항들은 다음과 같다.

효과적인 질문에서 고려해야 할 사항들

- 가르치는 과목에 대한 질문을 해야 한다.
- 각 질문은 간략하고 확실해야 한다.
- 각 질문은 누가, 언제, 어디서, 무엇을, 어떻게, 왜 질문을 하나만 요구하고 이것을 복합시킨 것으로 질문해서는 안 된다.
- 각 질문은 도전적이고 그 훈련단계에서 질문이 어렵다고 여겨져야 한다.

비행교관은 학생조종사 질문 시 학생조종사의 질문을 확실히 이해하고 대답을 해야만 한다. 비행교관은 학생조종사의 질문에 관심을 두고 정확하고 솔직한 답을 해야 한다. 질문이 그 단계에서 너무 어려워 거기에 대한 대답을 함으로써 오히려 혼란이 오게 될 수 있다면 비행교관은 다음과 같이 해야 한다.

질문이 혼란을 초래할 경우 대처방법들

- 질문이 좋은 것이고 중요한 것이라고 조심스럽게 설명한다.
- 대답을 해주면 현재 배움을 혼동시킬 수 있다고 설명한다.
- 다음 알맞은 단계에 설명하겠다고 하거나, 수업시간 외에 설명하겠다고 약속한다.

가끔 비행교관이 대답 못하는 질문을 할 때도 있으며, 가장 좋은 방법은 모른다고 하는 것이고, 다음에 자세히 설명해준다고 약속해야 한다.

3. 필기시험

필기시험에는 단답형과 선택형(선택, (O, X) 객관식, 맞추기, Matching 시험 등)이 있다.

(1) 단답형

단답형은 학생조종사가 단어, 문장, 단락형식으로 답하며, 단답형 시험항목은 다음과 같은 성격을 가진다.

단답형 시험항목의 성격

- 학생조종사들의 아이디어와 생각을 정리해야 응답이 가능하다.
- 아이디어를 표현하는 능력이 요구된다,
- 주관적이다.

단답형의 단점은 고르게 평가점수가 나오기 힘든 문제, 다른 비행교관이 채점하면 다른 점수가 나올 가능성이 많은 문제, 그리고 학생조종사가 답하기가 힘들고 채점도 어려운 것이 또 하나의 단점이다.

(2) 선택형

선택형은 두 개 이상의 답이 제공되며 항목별 특성은 다음과 같다.

선택형 시험문제의 특성들

- 매우 객관적이며, 따라서 학생조종사와 채점자에게 공평하다.
- 학생조종사들의 결과를 직접 비교가능하다.
  * 예를 들어, 성과를 다음 분야에서 비교가능하다.
    · 같은 등급의
    · 수업 사이에
    · 다른 비행교관에게
- (O, X) 객관식, 맞추기 등의 질문이 사용된다.
  · O, X 문제는 사실과 세부사항을 점검할 때 매우 좋다.
  · 가장 큰 단점은 50%의 맞출 확률이 있어서 찍을 수 있다는 점이다.

객관식은 학생조종사의 사실 습득, 이해, 배운 것 적용능력의 측정이 가능하다. 객관식에서 가장 힘든 요소는 틀린 답을 고르도록 하는 방해요소를 만드는 것으로, 이것은 지식이 미흡하고 이해력이 부족한 학생조종사에게 좋다.

객관식의 모든 보기는 비슷한 길이가 되도록 하여야 한다. 비행교관이 주로 실수하는 것은 올바른 답을 너무 길게 만드는 것이다.

Matching 시험항목은 정의, 부분, 단어, 숙어 또는 기호의 연관성과 이해력을 도와주며, 객관식 문제보다 추측하여 맞출 수 있는 확률이 더 적어진다.

4. 좋은 시험이란?

좋은 시험이란 신뢰도, 타당성, 실용성, 포괄성, 변별도를 적절하게 갖춘 시험이다.

- **(신뢰도)**: 신뢰도가 있는 시험은 일정한 평가결과를 가져다 준다.
- **(타당성)**: 원래 측정하려고 하는 바를 실제로 측정하면 시험에 타당성이 있는 것이다.
- **(실용성)**: 시험은 쉽게 보고, 읽고, 단어가 명백하며 간략하고, 그림이 잘 그려져 있으며, 쉽게 채점할 수 있을 때 실용성이 있는 것이다.
- **(포괄성)**: 전체과정에서 측정할 것을 편견없이(자유롭게) 뽑으면 그 시험은

포괄적이라고 할 수 있다.

- **(변별도)**: 변별력이 있는 시험은 학생조종사들 사이에 조그마한 차이를 측정하게 되며, 또한 과정목적의 성취도에서 학생조종사들의 높고 낮음을 구분할 수 있어야 한다.

5. 복습과 평가

복습과 평가는 각 학습의 중요한 한 부분이 되어야 한다. 학생조종사의 성과와 능력의 평가는 그 학습의 목적과 목표에 해당된다. 능력평가는 운영, 절차 또는 과정 등을 평가할 때 적합하다. 이 평가방법은 학생조종사 일의 수행능력에 대한 정신적 또는 육체적 면을 보여주는데 적합하다.

PART 03

비행교관의 전문성 및 위험관리

PART 1 학습, 인간행동, 효과적인 소통

PART 2 교수 프로세스 및 교육활동

PART 3 비행교관의 전문성 및 위험관리

CHAPTER 07 비행교관의 책임과 전문성

CHAPTER 08 비행교육기법

CHAPTER 09 위험관리

C·H·A·P·T·E·R 07

비행교관의 책임과 전문성

CHAPTER 07

비행교관의 책임과 전문성

01 비행교관의 책임

학생조종사들에게 비행교관은 권위자이며 따라서 교수방법을 익히는 것뿐만 아니라 해당 분야의 전문가 이미지를 심어주는 것이 중요하다.

비행교관의 책임은 다음과 같다.

비행교관의 책임	비행교관의 추가적 책임	특별 강조영역
• 학생조종사의 학습지원 • 충분한 교육제공 • 수행기준요구 • 긍정적 이미지 • 비행안전보장	• 학생조종사 조종능력 평가 • 조종감독 • 실기시험추천 • 비행교관승인 • 추가훈련과 승인 • 조종숙련도 • 육안포착 후 회피책임 • 학생조종사의 단독비행 전 사고(思考) 프로세스	• 능숙한 항공기 제어 • 비행조종간의 명확한 교체절차 • 실속과 스핀인식(필요한 경우) • 충돌방지 • 후방 난기류와 저층 바람시어 회피 • 활주로 오진입방지 • 지형접근 관제비행(CFIT, Controlled Flight Into Terrain) • 항공의사결정(ADM)/위험관리 • 체크리스트 사용 • 비행착각 • 일시비행제한(TFR, Temporary Flight Restrictions) 확인 • 특수공역(SUA, Special Use Airspace) 확인 • 항공보안 • 전선충돌방지 • 기타 실기시험이나 숙련도 점검단계에 적합한 것으로 간주되는 영역

비행교관의 임무는 가르치는 것이다.

전 장에서는 학습방법, 교수 프로세스 및 교수방식 등을 살펴보았고, 전 장에서 언급한 바와 같이 학습프로세스는 학생조종사들의 학습을 지원하고, 정해진 기준을 달성할 수 있도록 충분한 교육을 제공하며 이러한 기준에 맞춰 학생조종사 수행을 평가하고, 항공업무에 대한 긍정적 이미지를 심어줌으로써 비행을 학습시키는데 보다 순조롭게 진행시킬 수 있다.

비행교관은 다음의 다섯 가지 중요한 책임이 있다.

비행교관의 다섯 가지 중요한 책임

- 학생조종사의 학습지원
- 수행기준요구
- 비행안전보장
- 충분한 교육제공
- 긍정적 이미지

1. 학생조종사의 학습지원

학습은 즐거운 경험이어야 한다. 비행교관은 매 수업마다 학생조종사들에게 즐거운 학습경험을 제공함으로써 학습동기를 유지시킬 수 있다. 그렇다고 모든 수업내용을 쉽게 바꾼다거나 학생조종사의 즐거움을 위해 수행기준을 낮추어야 한다는 뜻은 아니다.

학생조종사는 작업을 잘 수행했을 때, 또는 어려운 임무를 성공적으로 해냈을 때 만족감을 경험한다. 즉, 학습내용이 쉬워야만 학생조종사를 학습으로 이끌 수 있다는 생각은 잘못인 것이다. 학생조종사들은 처음에는 보다 쉬운 활동에 이끌릴지 몰라도 궁극적으로는 보상을 가져다주는 활동에 더 많은 노력을 기울이게 된다.

기준을 강조하거나, 기준에 맞춘 평가는 학습을 유도하는 핵심이 된다. 기준을 충족한 학생조종사들은 스스로 만족을 유지한다. 사람들은 자신이 유능하기를 원하기 때문에 어려운 목표를 성공적으로 달성하는 데서 자부심을 느끼는 것이다.

학습은 재미가 있어야 한다. 각 교육기간의 목적을 파악하면 비행교관뿐 아니라 학생조종사도 학습의 의미와 흥미를 느끼게 된다. 수업의 목적을 알지 못하면 학생조종사 입장에서는 혼란과 무관심, 불안감이 생겨날 수 있다.

2. 충분한 교육제공

비행교관은 학생조종사들의 교육효과가 극대화 될 수 있도록 노력해야 한다. 비행교관은 교수기법을 학생조종사에게 맞춤화할 수 있도록 학생조종사의 성격, 생각 및 능력을 분석해야 한다. 학생조종사들은 각자 모두 다르고 모든 학생조종사에게 동일하게 적용되는 교육방식은 존재하지 않는다.

비행교관은 학생조종사들의 경력, 관심대상, 성향 및 사고방식을 파악하기 위해 일정기간 동안 학생조종사들과 대화하고, 학생조종사가 순차적으로 수업단계를 밟아나갈 수 있게 교육방식을 적절히 변경시켜야 한다.

학생조종사를 잘못 분석하면 바람직한 교육결과를 얻지 못할 수 있다. 말이 없고 내성적인 학생조종사를 보고 비행교관은 학습이 더딘 학생조종사라고 생각할 수 있으나, 사실 그 학생조종사는 상황을 올바르게 이해하고도 자신감이 부족해 제때 반응을 못한 것일 수도 있다. 이런 경우 비행교관은 비행기본사항을 연습시키기보다는 학생조종사의 자신감을 고취시키는 쪽으로 수업방향을 잡아가야 한다.

지나친 비판은 소심한 학생조종사의 기를 꺾을 수 있지만, 활발한 교육활동은 학생조종사가 보다 열성적으로 학습에 임하게도 한다. 학습하는 데 더 많은 시간이 걸리는 학생조종사는 세심한 주의를 기울이면서 전략적 교육방식을 취해야 한다.

좌절과 자신감 부족으로 인해 진보가 느린 학생조종사에게는 일반적인 학습목표보다 쉽게 달성할 수 있는 낮은 수준의 목표를 지정해 주고, 이를 위해서는 수업을 여러 요소로 분리하고 전체적인 기동이나 운영을 시도하기 전에 각각의 요소가 능숙해질 때까지 연습하는 것이 좋다. 예를 들어, S자 선회교육은 기수방위만 알면 시작할 수 있으며, 고도제어, 편류보정 및 조정은 한 번에 한 가지씩 소개해야 한다.

학생조종사의 자신감과 능력이 높아짐에 따라 정상진도를 유지할 때까지 목표의 난이도를 조금씩 높여가야 한다. 진보가 빠른 학생조종사들은 거의 실수를 하지 않기 때문에 오류의 수정을 중요시 여기지 않는 경향이 있으며, 이러한 과도한 자신감은 잘못된 조작으로 이어질 수 있다. 비행교관은 이러한 학생조종사들에 대해 각 수업의 수행기준을 지속적으로 높이고 더 많은 노력을 기울이도록 지도해야 한다.

사람은 자신의 오류를 인식할 때 제대로 학습할 수 있다. 비행교관의 교정이나 지도를 받지 않고 모든 비행수업을 완료하는 학생조종사들은 자신의 수행을 꾸준히 분석하며 노력해야 하는 학생조종사들 못지 않게 연습한 것을 잘 기억하지 못할 것이다. 학생조종사를 위한다는 목적으로 없는 결함을 만들어내는 불합리한 비판은 비행교관에 대한 신뢰감을 즉각적으로 떨어뜨리기 때문이다.

3. 수행기준

비행교관은 각 운영영역의 임무에 포함되는 모든 주제의 영역, 절차 및 기동에 대해 해당 기준에 맞춰 학생조종사들을 훈련시켜야 할 책임이 있다. 때때로 비행교관은 절차를 가르칠 때 학생조종사가 그 절차를 다르게 수행하면, 가르친 절차대로 수행하지 못할 경우 큰 불상사를 자초하게 된다고 말해주고 싶을 것이다. 비행교관은 학생조종사가 절차를 잊지 않는 방향에 맞는 접근방식이 필요하다고 생각할 수 있지만, 학생조종사에게 특정한 방식으로 절차를 수행하게 할 때는 반드시 학습상황에 유효한 경우에만 적용해야 한다.

4. 긍정적 이미지

비행교관은 항공업무에 대한 학생조종사의 인식에 큰 영향을 끼친다. 비행교관의 행동방식, 비행교관이 보여주는 태도, 교육을 전개하는 방식 모두 학생조종사에게 긍정적 또는 부정적 인상을 주게 된다. 비행교육의 성공여부는 비행교관이 교육을 제공할 때 학생조종사에게 얼마나 긍정적인 이미지를 심어주느냐에 크게 좌우된다.

제1편 제1장 학습프로세스, 제1편 제2장 인간행동에서 부정적인 자아개념은 인식프로세스를 제한하고, 공포는 학생조종사의 인식에 부정적 영향을 미치며, 사람은 위협을 받고있다고 느끼면 인식능력이 제한된다는 것을 강조한 바 있으며, 또한 부정적 동기부여는 긍정적 동기부여만큼 효과적이지 않다는 점도 살펴보았다. 단순히 이러한 요소들을 알고 있는 것만으로는 충분하지 않으며, 비행교관은 자신의 학생조종사들에게서 이러한 요소들을 제거하고 부정적 감정이 교육프로세스를 저해하지 않도록 힘써야 한다.

비행교육에서 학생조종사가 업무에 대한 내용을 파악하는 데 어려움을 겪는다면 비행교관은 훈련을 강화하는 긍정적인 조건에서 교육이 제공되도록 힘써야 한다. 학생조종사가 작업을 잘 수행하지 못하는 것은 본질적으로 지식을 전달하는 비행교관의 능력부족이라고 보아야 하며, 그렇지 않으면 비행교관은 자기자신이 교육실패의 원인이 된다는 것을 계속해서 깨닫지 못하게 될 것이다. 학생조종사에게 긍정적 이미지를 심어주는 것은 긍정적 교육이 긍정적 학습을 가져오기 때문이다.

5. 좌절감 최소화하기

강의실 훈련현장에서 또는 비행훈련 중에 학생조종사가 좌절감을 느끼지 않도록 하는 것은 비행교관의 책임이다. 비행교관은 다음과 같이 소개하는 기본규칙에 따라 학생조종사의 좌절을 최소화하고 학습을 장려하는 학습환경을 조성해야 한다.

교과과정의 일부로 사용되는 학습계획은 학생조종사가 자신의 훈련성취도를 파악하는 데 도움이 된다. 학생조종사들은 하루라도 빨리 목표를 이루고 정식조종사가 되고 싶은 것이 일반적이기 때문에, 자신이 어느 정도 발전했는지 파악하거나 '목표달성 지점이 보이면' 좌절감은 감소되고 동기부여는 더 커지게 된다.

학생조종사의 좌절감 최소화에 대한 방법은 다음과 같은 것들이 있다.

학생조종사의 좌절감 최소화시키는 방법들

- 학생조종사들에게 동기를 부여한다.
- 학생조종사들에게 지속적으로 정보를 제공한다.
- 학생조종사 개개인을 고려한다.
- 적절하게 칭찬한다.
- 건설적 비판을 한다.
- 일관성을 갖는다.
- 비행교관의 오류를 인정한다.

(1) 학생조종사들에게 동기를 부여한다

사람은 학습해야 한다는 강요보다는 자발적으로 학습하려는 욕구에 의해 더 많은 것을 학습할 수 있다. 많은 학생조종사들이 해당 수업이나 코스가 목표에 도달하는 데 어떤 도움이 되는지 깨닫지 못한 채 수업에 참여한다. 그 유익과 목적을 이해하게 되면 수업을 듣는 즐거움과 노력은 더욱 커질 것이다.

(2) 학생조종사들에게 지속적으로 정보를 제공한다

학생조종사들은 자신이 무엇을 할 수 있을지, 앞으로 어떤 일을 하게 될지 알지 못할 때 불안감을 느낀다. 비행교관들은 이러한 것들을 사전에 알려줌으로써 학생조종사들의 불안감을 최소화할 수 있다. 훈련코스의 개관, 그때그때의 성취도, 시험, 과제, 기타 요구사항 등 비행교관이 제공할 수 있는 정보는 다양하게 찾아볼 수 있다.

(3) 학생조종사 개개인을 고려한다

비행교관이 집단을 구성하는 개개인을 생각하지 않고 전체집단만을 수업대상으로 제한하게 되면, 수업 또한 평균적인 대상에 맞춰지게 되고 이는 실질적으로 누구에게도 적합하지 않게 될 것이다. 각 집단은 그 집단만의 개성이 있으며 이는 구성원들의 특성과 상호작용에서 비롯된다. 집단안의 개인 또한 저마다 독특한 개성이 있다는 점을 비행교관은 항상 고려해야 한다.

(4) 적절하게 칭찬한다

학생조종사들은 무언가를 잘해냈을 때 자신의 능력과 노력이 인정받기를 기대하고, 인정받지 못하면 좌절을 겪을 수 있다. 비행교관의 칭찬이나 인정은 학생조종사에게 있어 큰 보상이 되고, 더 잘 할 수 있는 동기를 부여하게 된다. 칭찬을 적절하게 할 경우 학생조종사의 노력과 성취에 대한 보상이 되지만 남발하면 그 가치가 떨어지게 된다.

(5) 건설적 비판을 한다

적절할 때 칭찬하고 인정해주는 것도 중요하지만 실수와 실패를 지적하는 것 역시 매우 중요하며, 또한 실수를 지적하기만 하고 그에 대한 설명을 해주지 않으면 지적한 것이 큰 도움이 되지않게 된다. 학생조종사가 성심껏 노력했음에도 아무런 설명없이 결과가 만족스럽지 않다는 말을 들으면 학생조종사는 좌절할 수밖에 없다. 오류는 확인하지 않으면 바로 잡을 길이 없고 잘못된 연습을 통해 영구화될 수도 있다. 오류에 대한 설명을 듣고 이를 바로 잡는 방법을 배울 때 비로소 진보가 이루어질 수 있다.

(6) 일관성을 갖는다

학생조종사들은 비행교관에게 인정받고 싶어하며, 이것은 사회에서 사원이 상사에게 인정받고 싶어하는 것과 동일하다. 학생조종사들은 비행교관의 마음에 들기위해 어떻게 해야하는지 관심을 가질 것이다. 만약 비행교관이 동일한 일에 대해 하루는 허용하고 다음날에는 허용하지 않는다면 학생조종사는 혼란스러울 수밖에 없게 된다. 비행교관의 원칙과 행동은 반드시 일관성이 있어야 한다.

(7) 비행교관의 오류를 인정한다

학생조종사들을 포함하여 누구도 비행교관이 완벽하기를 기대하지는 않는다. 실수를 했을 때 솔직하게 그것을 인정하는 것이 학생조종사들의 존경심을 얻을 수 있는 길이다. 만약, 실수를 덮으려고 한다거나 허세를 부린다면 학생조종사들은 비행교관의 그러한 태도를 재빨리 알아챌 것이고, 이러한 행동은 비행교관에 대한 학생조종사의 신뢰를 무너뜨릴 수 있다. 어떤 내용에 확신이 서지 않으면 비행교관은 이를 그대로 인정해야 한다.

02 비행교관의 추가적 책임

항공기 조종기술 학습은 학생조종사들에게 탐구와 실험의 기회를 제공하며, 학습기간, 학생조종사들은 올바른 패턴을 익히는 데 관심과 노력을 기울여야 한다. 학생조종사들은 궁극적으로 실제 항공기를 조종하게 될 것이므로 모든 비행교관에게는 막중한 책임이 있다.

비행교관들은 학생조종사들을 평가하고 단독비행준비가 갖춰졌는지 판단해야 하는 추가적 책임이 있다. 세부적으로 비행교관의 추가적 책임은 다음과 같이 구분할 수 있다.

비행교관의 추가적 책임

- 학생조종사 조종능력평가
- 조종감독
- 실기시험추천
- 비행교관승인
- 추가훈련과 승인
- 조종숙련도
- 육안포착 후 회피
- 학생조종사의 단독비행 전 사고(思考) 프로세스

비행교관은 지상 및 비행교육에 있어 최대한 폭넓은 교육을 제공해야 한다. 비행교육에 사용하는 항공기에 대해 최신지식과 숙련도를 갖추고, 학생조종사들이 각자 최선을 다해 학습하며 지속적으로 '기대치를 높이도록' 권장해야 한다.

비행교관은 교육과 학습에 전반적인 초점을 맞춰 안전한 비행능력을 갖춘 조종사들을 양성해낼 책임이 있다. 또한, 기준에 맞춰 훈련해야 하는 이유와 기준이 어떻게 설정되는지에 대해 학생조종사들을 이해시키는 역할도 중요하다.

1. 학생조종사의 생리적 장애고려

대부분의 학생조종사들은 항공기를 이용한 경험이 있지만, 훈련용 항공기를 한 번도 타보지 못한 학생조종사도 있을 수 있다. 이러한 학생조종사들은 익숙하지 않은 소음이나 진동, 중력으로 인해 불편한 느낌이나 위장장애를 경험할 수도 있다. 비행교관은 이러한 부정적인 요소들을 무시해서는 안 되며 불편함을 느끼는 학생조종사들을 놀리는 일은 더더욱 금물이다. 대부분 학생조종사들은 불편함의 원인을 이해함으로써 이를 극복할 수 있게 된다. 몸이 불편한 학생조종사는 잘 학습할 수 없다는 점을 비행교관은 잊지 말아야 한다.

2. 학생조종사의 기술능력 확인

비행교관은 반드시 학생조종사의 단독비행에 앞서 학생조종사가 필요한 기술과 지식을 갖추었는지 확인해야 한다. 학생조종사 또한 단독비행에 적합한 사항을 갖추었음을 보여주어야 하며, 여기에는 이륙, 착륙, 항공기제어 시 우선순위를 정하는 능력, 적절한 운항기술, 비행숙련도, 무선장치사용절차 및 통신기술, 지정비행경로운영 등이 포함된다.

또한, 항공교통관제소(ATC)와 통화하는 교육도 완료되어야 한다. 기술을 마스터한다는 것은 정확한 수행뿐 아니라 일관성과 지속적인 향상까지 포함한다. 비행교관은 적정시점에 이르러 학생조종사가 첫 단독비행을 할 수 있는 준비가 갖춰졌는지 판단해야 하며, 이러한 판단은 일반적으로 비행전 점검부터 엔진시동, 그리고 엔진정지까지 학생조종사를 관찰한 다음 학생조종사가 비행교관의 지원을 받지않고도 일관성 있게 비행을 수행할 수 있을 때 내려져야 한다.

3. 비행교관의 특별 강조사항

추가적으로 비행교관은 다음의 특별한 강조사항을 인식하고 있어야 한다.

비행교관의 특별 강조사항

- 능숙한 항공기제어
- 비행조종간의 명확한 교체절차
- 실속과 스핀인식(필요한 경우)
- 충돌방지
- 후방난기류와 저층난기류 및 바람시어 회피
- 활주로의 잘못된 진입방지
- 지형접근 관제비행(CFIT)
- 항공의사결정(ADM)/위험관리
- 체크리스트 사용
- 비행착각
- 일시비행제한(TFR,Temporary Flight Restrictions) 확인
- 특수사용공역(SUA, Special Use Airspace) 확인

- 항공보안
- 전선충돌방지
- 기타 실기시험이나 숙련도 점검단계에 적합한 것으로 간주되는 영역

03 비행교관의 전문성

비행교관은 비행훈련에서 중심적 존재이며 모든 훈련단계에 책임이 부여되기 때문에 비행교관이라면 반드시 전문성을 갖춰야 한다. 비행교관은 항공분야의 지식, 훈련 및 최신정보를 갖출 수 있도록 항상 노력해야 한다. 또한, 비행전문가들은 최신절차, 출판물 및 다양한 교육기회를 통해 자신의 분야에 대한 전문성을 유지시킬 수 있는 자원공급원을 구축해야 한다. 전문가가 된다는 것은 전문가적 방식으로 행동한다는 것을 의미하는 것이다.

비행교관은 학생조종사를 가르칠 때 다음에 제시된 '비행교관의 바람직한 행동'을 실천하도록 해야 한다.

비행교관의 바람직한 행동

- 언제나 전문성을 유지한다.
- 진실성을 보인다.
- 전문가적 외양과 습관을 보인다.
- 늘 침착한 태도를 유지한다.
- 항상 안전과 사고방지를 실천한다.
- 비속어의 사용을 피한다.
- 공통적 용어를 사용한다.
- 지속적으로 전문성을 개발한다.
- 학생조종사의 좌절을 최소화한다.
- 학생조종사에게 동기를 부여한다.
- 학생조종사에게 지속적으로 정보를 제공한다.

- 학생조종사 개개인을 고려한다.
- 적절하게 칭찬한다.
- 건설적 비판을 한다.
- 일관성을 갖는다.
- 자신의 오류를 인정한다.

비행교관은 또한 학생조종사를 가르칠 때 다음의 행동은 하지 않아야 한다.

비행교관이 하지 말아야 할 행동

- 학생조종사의 수행을 비웃는다.
- 비속어를 사용한다.
- 무책임한 비행행동을 보인다.
- 언행이 일치하지 않는다.
- 개인위생을 지키지 않는다.
- 학생조종사를 무시한다.
- 무리한 진보를 요구한다.
- 학생조종사가 항공용어에 익숙하지 않음을 간과한다.
- 학생조종사를 실패로 이끌어간다.
- 오류를 지적하기만 할 뿐 잘못된 점에 대한 설명을 하지 않는다.

비행관련 전문가인 비행교관에게 요구되는 전문성은 다음과 같다.

비행교관에게 요구되는 전문성

- 진실성
- 외양과 습관
- 적절한 언어사용
- 학생조종사의 오류수정
- 학생조종사에 대한 이해(수용)
- 태도
- 학생조종사에게 지속적으로 정보제공
- 전문성 개발

1. 진실성

비행교관은 올바르고 정직해야 한다. 주제와 관련없는 내용으로 자신의 부족함을 숨기려고 하는 비행교관은 존경은 물론, 학생조종사의 온전한 수업참여도 기대하기 어렵다. 비행교육은 비행교관의 교사로서의 자질과 조종사로서의 전문성에 대한 학생조종사의 인정을 바탕으로 한다. 실제로 그러하든 학생조종사의 오해이든 비행교관의 가식적인 겉치레는 비행교관에 대한 학생조종사의 신뢰를 떨어뜨리고 학습에 부정적 영향을 끼친다.

2. 학생조종사에 대한 이해(수용)

비행교관은 학생조종사들을 있는 그대로 받아들여야 하며, 이는 학생조종사들의 모든 과오와 문제점까지도 함께 수용해야 한다는 것을 의미한다. 학생조종사는 학습하고자 하는 사람이며 비행교관은 그러한 학습프로세스를 지원하는 사람이다. 비행교관과 학생조종사의 관계는 이를 이해하는 데서 시작하며, 서로가 서로에게 중요한 존재이고 양쪽 모두 같은 목적을 향해 노력한다는 상호인정을 기반으로 해야 한다.

비행교관은 어떠한 경우에도 학생조종사에 대한 비하가 내포된 행동을 해서는 안 되고, (조롱이 아닌) 수용과 (비난이 아닌) 지지가 학습을 장려한다. 학생조종사의 개념이해 수준과 관계없이 모든 학생조종사를 반드시 존중하는 태도로 대해야 한다.

3. 외양과 습관

외양은 전문가적 이미지에 중요한 영향을 미치게 된다. 비행교관은 학생조종사를 대하는 직책이니만큼 복장 또한 이에 적합해야 한다.

교관의 외양과 습관은 전문가적 이미지에 많은 영향을 미친다.

개인적 습관 또한 전문가적 이미지에 상당한 영향을 미치며 그 중에서도 기본적 예의가 가장 중요하다. 무례하고 배려심이 없으며 학생조종사에게 무관심한 비행교관은 조종사로서의 능력과 관계없이 학생조종사의 존경을 얻지 못한다. 개인적 청결 또한 중요한데, 흔히 비행교관과 학생조종사는 가까운 거리에서 함께 작업하기 때문에 사소한 문제도 학습에 있어 심각한 주의력 분산의 원인이 될 수 있다.

4. 태 도

비행교관의 태도와 행동은 전문가적 이미지에 크게 영향을 미칠 수 있다. 주의를 산만하게 하는 언어습관, 심한 감정기복 등은 피해야 하며, 전문가적 이미지는 사려 깊고 침착하며 절제있는 태도에서 비롯된다.

비행교관은 상충되는 지시를 내리거나 같은 오류에 다르게 반응하는 일이 없어야 하고, 무리한 수행이나 빠른 발전을 요구하지 않아야 한다. 학생조종사를 불공평하게 비판하거나 강압적인 태도, 경박한 분위기를 보이는 것 또한 피해야 한다.

교육은 비행교관의 차분하고 배려심 깊은 태도로 학생조종사가 편안함을 느낄 때 가장 효과적으로 이루어진다. 비행교관은 교육주제에 대한 자신의 능력과 학생조종사에 대한 진심어린 관심을 지속적으로 보여주어야 한다.

5. 적절한 언어사용

다른 전문활동과 마찬가지로 비행교육에서도 비속어와 외설적 표현의 사용은 비행교관에 대한 신뢰를 깨뜨리는 행동이며 많은 학생조종사들이 비행교관의 그러한 언어사용을 나쁜 것으로 평가하고 있다. 전문가 비행교관은 비속어가 섞이지 않은 일반적인 어조로 분명하고 조리있게 하고자 하는 말을 전달해야 한다.

6. 학생조종사에게 지속적으로 정보제공

학생조종사의 능력을 평가함에 있어서 중요한 것 중 하나는 학생조종사의 발전상황을 지속적으로 알려주는 것이다. 이는 학생조종사가 각 절차 및 기동을 완료했을 때나 비행 후 강평 및 강의실 강평시에 알려줄 수 있다. 이러한 강평은 비행교관이 비행이나 수업중에 주목했던 모든 사항을 다룰 수 있도록 메모와 같이 기록된 형식으로 제공해야 한다. 학생조종사 수행의 오류를 설명할 때 비행교관은 결함요인들을 지적하고 적절한 수정조치를 제안해야 한다.

7. 학생조종사의 오류수정

학생조종사의 오류를 수정하는 데 있어 학생조종사가 실수를 저지를 때 즉각 통제하는 것이 항상 좋은 방법은 아니며, 그보다는 안전에 문제가 없는 선에서 실수로 이어지는 과정을 계속해보도록 하고 학생조종사 스스로 벗어날 수 있는 길을 찾게하는 것이 대체로 더 좋은 방법이다.

학생조종사가 절차나 기동을 올바로 수행하기는 하지만 관련된 원리와 목적을 아직 완전히 이해하지 못했을 수도 있고, 이러한 점이 의심되면 비행교관은 해당 기동이나 절차를 조금 변형시켜 학생조종사에게 수행해보도록 하거나, 기동이나 절차를 다른 운항에 결합시켜보거나 동일한 요소들을 다른 기동이나 절차수행에 적용해보도록 해야 한다. 관련된 원리를 이해하지 못한 학생조종사는 이렇게 변형시킨 기동이나 절차를 잘 완수하지 못할 가능성이 높다.

8. 전문성 개발

항공분야는 빠른 속도로 변화하고 있다. 비행교관은 이러한 변화에 맞춰 성공적인 교육을 할 수 있도록 자신의 지식과 기술을 꾸준히 발전시켜야 한다. 뛰어난 비행교관은 자신의 자격과 능력에 대해 자만하거나 만족하지 않고 이를 더욱 향상시켜 학생조종사들에게 더 좋은 서비스를 제공할 수 있도록 지속적으로 노력해야 한다.

학생조종사들에게 있어 비행교관은 가장 최신정보의 공급자이다. 비행교관들은 학생조종사들 및 자신이 접촉하는 항공전문가들에게 새로운 절차와 기술을 소개할 기회를 항상 가지고 있으며 이를 소개해야 할 책임이 있다.

C·H·A·P·T·E·R 08

비행교육기법

CHAPTER 08

비행교육기법

01 비행교관의 의무 및 실기비행교육

02 비행교육 중 학습을 방해하는 것

03 비행훈련 전달방식

04 통합 비행교육

05 조종사 능력평가

01 비행교관의 의무 및 실기비행교육

1. 비행교관의 의무

비행교관은 반드시 모든 비행계기, 항공전자장치 및 훈련에 사용되는 항공기 시스템의 기능, 특성, 이용방법을 철저히 숙지해야 한다. 이는 위성항법시스템(Global Navigation Satellite System, GNSS)과 Glass Cockpit 디스플레이 다양성 때문에 더욱 중요해졌다.

최신 조종사 훈련기법과 인증요건을 숙지하는 것은 각 비행교관의 개별적인 책임이고, 이를 위해서는 최신정기간행물 및 기술관련 출판물을 탐독하면서 조종사 시험관 등과 개인적으로 접촉하거나 조종사와 비행교관을 위한 토론에 참여하는 방법 등을 들 수 있다. 또한, 오랜경력의 전문 비행교관들에게서도 정보를 얻을 수 있다.

비행교관의 교육에 필요한 사항들

- 비행 전 Briefing을 연습할 때 녹음기나 비디오카메라를 활용한다.
- 첫 실기시험들을 대비한 중요한 비행훈련(첫 단독비행 등) 단계에서 학생조종사가 수행한 것에 대해 또 다른 의견을 들려줄 멘토(mentor)를 구한다.
- 높은 수행기준을 장려한다.
- 합법적이라고 해서 반드시 안전한 것은 아니다. 실기시험 운영을 항상 높은 기준으로 감독한다.
- 안전문화를 조성한다.
- 각 비행후에는 적절한 과제를 할당한다. 과제는 조직적이고 구체적이어야 한다.
- 교육과 과제를 위해 온라인, 세미나, 비행시뮬레이터 등 이용할 수 있는 모든 정보원을 활용한다.
- 학생조종사와 함께 조종실에 오르기 전에 그 학생조종사의 경력, 자격, 보안문제, 복용하는 약 등에 대해 미리 파악해 둔다.
- 국토교통부의 감사에 대비하는 자세로 모든 훈련활동을 철저히 기록한다.
- 국토교통부 점검비행 이후에 이루어지는 비행후 Debriefing은 추가학습의 좋은 기회이다.

- 각 학생조종사가 개인 최저기준을 확립하도록 장려한다.
- 높은 수준의 교육활동으로 항공철도사고조사위원회의 사고조사보고서 검토를 포함하여 검토시킨다.

2. 실기비행 비행교관의 교육전략

비행교관은 비행훈련의 모든 단계에서 자신이 학생조종사의 롤 모델(model)임을 기억하고, 따라서 비행교관은 매 순간 우수한 비행감각을 보여주어야 한다. 비행에 임하는 경우 다음과 같은 교육전략을 가지고 비행에 임해야 한다.

실기비행 비행교관의 교육전략

- (비행 전): 안전과 비행 전 점검의 중요성 및 체크리스트 이용에 대해 논의한다.
- (비행 중): 비행, 운항, 통신에서 우선순위를 정한다. 학생조종사에게 '육안포착 후 회피(see and avoid)'의 중요성을 주지시킨다.
- (착륙 중): 안정감 있게 접근한다. 최종상태에서 바람직한 대기속도를 유지하고, 복행, 후방난기류, 운행, 지형회피여부에 대해 적절한 판단을 내린다. 항공의사결정(ADM)을 통해 잘못된 접근과 착륙오류를 바로 잡는다.
- (모든 경우): 안전이 최우선임을 기억한다.

비행교관은 안전한 비행능력을 갖춘 조종사들을 양성해야 할 책임이 있으며, 이를 위해 비행교관은 각 학생조종사에게 최선을 다해 학습시키고 지속적으로 기대치를 높이도록 권장해야 한다. 비행훈련은 전반적으로 교육과 학습, 그리고 기준이 만들어진 이유와 그것이 어떻게 설정되었는지에 대한 이해에 초점이 맞추어져야 한다.

02 비행교육 중 학습을 방해하는 것

다음은 비행교육 시 교육효과를 떨어뜨리는 공통적인 요소이며, 이는 학생조종사의 태도, 신체 및 심리상태와 직접적인 연관이 있다. 다음에 제시된 것 외에도 여러 가지 요소가 있을 수 있다는 것을 기억하여야 한다.

비행교육 중 학습을 방해하는 것들

- 불공평한 대우를 받는다는 느낌
- 걱정, 관심부족
- 피로
- 부실한 교육으로 인한 무관심
- 진도에 대한 초조감
- 신체적 불편함
- 탈수와 질병(열사병)
- 불안감

1. 불공평한 대우를 받는다는 느낌

자신이 받는 교육이 부적절하거나 자신의 노력이 제대로 평가되지 않는다고 생각하는 학생조종사들은 학습을 잘 진행하지 못한다. 이런 경우 조종술을 배우기 위해 아무리 집중한다 해도 학습동기가 약화되고, 비행교관이 자신에게 불합리한 수행과 성취를 바란다고 생각하는 경우에도 학습동기가 저하된다. 학생조종사에게는 어렵지만 가능하다고 생각될 만한 목표를 설정해 주는것이 좋은 방법이다.

2. 진도에 대한 초조감

초조한 마음으로 학습에 임하는 학생조종사는 사전훈련에 대한 필요성을 이해하지 못하며 목표에 도달하기 위한 과정은 고려하지 않고 궁극적인 목표만을 추구하게 된다. 복잡한 인간활동에서 주어진 임무를 적절하고 안전하게 수행하려면 기본사항을 숙지해야만 한다. 비행교관은 각 단계별로 명확히 서술된 목표와 함께 한 번에 한 단계씩 필요한 사전훈련을 제시함으로써 학생조종사의 초조감을 바로잡을 수 있다. 비행교관은 다음 단계의 수행에 대한 설명이나 시범 시 각 단계에서 익혀야 할 절차와 요소들을 명확히 해줘야 한다.

3. 걱정, 관심부족

지나친 걱정이나 관심부족도 학습에 영향을 미치게 된다. 무언가를 걱정하고 있거나 감정적으로 혼란을 느끼는 학생조종사는 학습할 준비가 안 된 상태이기에 교육효과가 거의 없게 된다. 걱정이나 주의산만은 훈련성취도에 대한 학생조종사의 우려때문일 수도 있고 교육과 전혀 무관한 이유때문일 수도 있다.

개인적 문제나 정신적 장애 또는 훈련프로그램이나 비행교관에 대한 반감으로 생긴 심리적 불안감일 수도 있다. 훈련외의 경험 또한 훈련활동과 수행에 큰 영향을 미치고, 이 두 가지는 따로 분리하여 생각하지 않아야 한다. 걱정이나 근심때문에 학생조종사들은 비행훈련을 시작할 때 관심, 열정, 두려움, 어려움을 가지고 훈련에 임하게 된다. 이러한 외적요인이 비행교관의 책임은 아니지만 학습프로세스에 중대한 영향을 미치기 때문에 무시해서도 안 된다.

교육은 학생조종사들이 느끼는 관심과 열정을 고취시키고, 학생조종사들의 걱정과 어려움을 주어진 임무에 대한 학습으로 이끌어야 한다. 이것은 쉽지 않은 일이지만 학습이 정상적으로 진행되기 위해서는 반드시 이루어져야 한다.

4. 신체적 불편함

신체적 불편함, 질병, 피로는 학술교육과 비행훈련 모두에서 학습속도를 현저히 떨어 뜨린다. 완전히 편안한 상태가 아닌 경우, 매우 춥거나 더운 온도, 환기불량,

어두운 조명, 소음 및 혼란과 같은 불편함으로 주의가 분산된 경우에는 정상적인 속도로 학습하는 것이 불가능해진다. 중대한 질병이나 부상은 물론, 감기와 같은 사소한 질병도 정상적인 학습에 방해가 되며 이것은 특히 비행교육에 큰 영향을 미치게 된다. 이는 대부분의 질병이 정확한 수행에 필수적인 시각, 청각, 촉각을 흐리게 하기 때문이다.

비행교육중의 멀미는 비행교육에 큰 장애가 될 수 있고, 멀미 때문에 고통받는 학생조종사는 정상적인 속도로 학습하지 못한다. 멀미는 확실한 치료방법이 없지만 어느 정도 짧은 기간 안에 저항성이나 면역성이 생길 수도 있다. 학생조종사가 비행기 멀미의 조짐이 보이면 신속히 비행교육을 중단해야 한다. 이러한 경우 학생조종사가 면역성을 기르는 동안 비행시간을 조금씩 늘려 정상 비행시간을 달성하도록 해야 한다. 학생조종사들은 직접 제어장치를 작동하는 동안에는 멀미를 잘 느끼지 않지만, 거친 대기상태와 예상치 못한 급격한 기동이 비행기 멀미를 유발하며 긴장과 불안 또한 비행기 멀미의 원인이므로 피해야 한다.

5. 피 로

피로는 비행안전에 가장 큰 위험요소 중 하나이며, 그 이유는 심각한 오류가 발생할 때까지 조종사가 잘 인식하지 못하기 때문이다. 피로에는 급성피로(단기적)와 만성피로(장기적)가 있다.

(1) 급성피로

급성피로는 일상생활 중에 발생하는 정상적인 피로로써 오랜 시간 신체적, 정신적 긴장을 겪은 후에 느껴지는 피곤함이다. 이 긴장에는 격렬한 근육의 사용, 부동상태, 극심한 정신적 부담, 감정적 스트레스, 단조로움, 수면부족 등이 있다. 이러한 피로는 비행훈련기간과 훈련빈도를 결정함에 있어서 주된 고려사항이다.

비행교육은 학생조종사가 집중력 있게 교육을 잘 받아들이고 학습경험에 적합한 수준으로 작업을 수행할 수 있을 때만 진행이 이루어져야 한다. 비행교관은 학생조종사가 수행저하나 수업초기에 기준 이하의 수행결과를 보이면 학생조종사의 피로를 감지할 수 있어야 하고, 만약 학습으로 인한 피로라면 수업과 연습중에 학생조종사에게 휴식시간을 주어야 한다. 급성피로의 징후는 다음과 같은 형태로 나타난다.

급성피로의 징후들

- 부주의
- 시간측정실수
- 정확성과 통제력 결여
- 과민반응
- 주의분산
- 과제태만
- 누적되는 실수에 대한 인식결여

(2) 만성피로

또 다른 형태의 피로는 만성피로이고 이는 반복된 급성피로로부터 회복할 시간이 부족한 경우에 발생한다. 때때로 만성피로의 근본원인은 휴식부족보다 더 심각할 수 있고 이때는 휴식만으로 만성피로가 해결되지 않는다.

만성피로는 생리학적 문제와 심리학적 문제가 결합되어 나타나는데, 금전, 가정생활, 직장관련 스트레스와 같은 심리학적 문제가 발생하면 휴식을 취하기가 어려워진다. 이런 경우 근본적인 문제를 완화해야만 피로를 해결할 수 있으며, 해결되지 않으면 업무수행능력은 지속적으로 떨어지고 판단력이 저하되어 위험부담이 커지게 된다. 만성피로를 극복하기 위해서는 장기적이고 세심한 해결책이 필요하다.

6. 탈수와 질병(열사병)

(1) 탈 수

탈수는 신체에서 심각한 증상으로 수분이 부족한 상태를 말한다. 탈수가 일어나면 조종사는 주의력이 떨어져 의사결정 프로세스가 느려지거나 항공기제어능력을 잃을 수도 있다. 탈수의 첫 번째 두드러지는 증상은 피로이며 피로를 느끼면 최상의 신체적, 정신적 수행능력을 발휘하기가 어려워진다. 더운 날씨 또는 높은 고도에서 장시간 비행하면 탈수가능성이 높아지는데, 높은 고도에서의 건조한 공기는 신체에서 수분이 빠져나가는 속도를 증가시키기 때문이다. 이때 수분을 보충하지 않으면 피로는 현기증, 신경쇠약, 메스꺼움, 손발저림, 경련성 복통 및 극심한 갈증으로 이어진다.

(2) 질병(열사병)

열사병은 신체가 자체적으로 체온을 유지하지 못할 때 발생한다. 이런 상태는 탈수증상만으로 인지할 수도 있지만 의식을 잃을 때까지 깨닫지 못하는 경우도 있다. 이런 증상을 방지하기 위해서는 갈증과 상관없이 수분을 충분히 섭취해야 한다.

장시간 비행시에도 물을 자주 마시는 것이 좋고, 항공기에 덮개나 지붕창이 있으면 옅은 색상의 다공성의복과 모자를 착용하여 태양열로부터 몸을 보호해야 한다. 조종실 환기상태를 적절히 유지하는 것 또한 과도한 열을 발산시키는 데 도움이 된다.

7. 부실한 교육으로 인한 무관심

학생조종사들은 비행교관이 수업준비를 제대로 하지 못했을 때 또는 수업내용이 부실하거나 모순되게 여겨질 때 학습에 무관심해진다. 학생조종사의 관심을 유지시키고 학습에 필수적인 동기부여가 지속적으로 이루어지기 위해서는 수업내용이 잘 계획되고 정확해야 한다. 수업의 내용이 빈약하게 구성되면 수업에 대한 학생조종사들의 관심은 어느 때보다도 크게 저하된다.

수업이 지나치게 세부적이거나 기초적인 경우 또는 너무 일반적이거나 복잡할 경우 학생조종사들은 흥미를 잃고 효과적인 학습이 이루어지지 않게 된다. 교육의 효과를 증대시키기 위해 비행교관은 반드시 학생조종사의 수준에 맞게 가르쳐야 하고, 프레젠테이션은 대상 학생조종사에 맞게 언제든 조정할 수 있어야 한다.

불충분한 수업준비 외에도 매너리즘, 비행교관의 단정치 못한 외양, 학생조종사에게 짜증을 내는 모습 등도 수업효과

에 큰 영향을 미치게 된다. 학생조종사를 무시하는 것 같은 인상은 학생조종사의 신뢰와 관심을 잃어버리는 가장 빠른 지름길이다. 한번 학생조종사의 신뢰를 잃으면 회복하기 어렵고 학습속도도 급격히 느려지게 된다.

8. 불안감

학생조종사의 불안감은 비행교관에게 또 다른 부담이 되는데 학생조종사가 불안감을 느끼면 인식능력과 통찰능력이 저하되기 때문이다. 효과적인 학습이 이루어지려면 학생조종사가 편안한 심리상태에서 비행교관과 항공기를 신뢰해야 한다. 편안한 심리상태와 신뢰학습 분위기를 조성하는 것은 비행교관의 첫 번째 임무이자 가장 중요한 임무 중 하나이다. 처음에는 이것이 어려울 수 있지만 학생조종사가 인식하고 있는 목표를 순차적으로 달성하고 우려되는 사건이나 상황을 피하면 학생조종사의 마음은 빠르게 편안해진다. 이는 모든 학생조종사들에게 적용되며 그 중 비행교관이 보기에 특별히 불안하거나 불편해 보이는 학생조종사는 더 세심한 조치를 해줄 필요가 있다.

03 비행훈련 전달방식

비행훈련 전달방식은 전통적으로 진행해온 방식과 시범수행방식, 말하고 수행하는 기술 세 가지로 구분할 수 있다.

전통적 교수방식	시범수행방식	말하고 수행하는 기법
준 비	설 명	준 비
프레젠테이션	시 범	비행교관이 말하고, 비행교관의 수행 학생조종사가 말하고, 비행교관의 수행
적 용	학생조종사 수행 감독	학생조종사가 말하고, 학생조종사의 수행
검토와 평가	평 가	학생조종사의 수행, 비행교관의 평가

1. 시범수행방식

시범수행방식은 비행훈련에서 오랫동안 사용되어 온 방식이다. 운동감각기술의 지도에 매우 효과적이어서 비행교관들은 절차와 기동을 가르치는 데 이 방법을 매우 유용하게 사용해 왔다.

시범수행방식은 다음의 네 가지 단계 즉, 설명, 시범, 비행교관 감독하의 학생조종사 수행, 평가로 진행할 수 있다.

- 설명
- 시범
- 교관감독하의 학생조종사 수행
- 평가

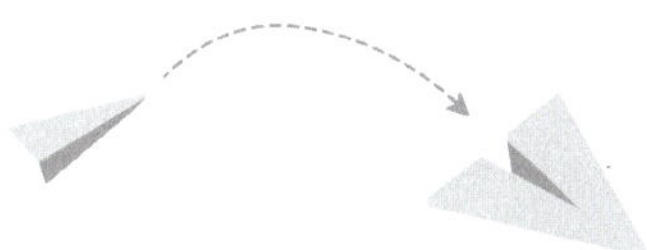

시범수행방식은 설명, 시범, 비행교관 감독하의 학생조종사 수행, 평가로 진행한다.

(1) 설명단계

복잡한 기동과 절차를 효과적으로 가르치기 위해 비행교관은 준비와 연구가 갖추어져 있어야 한다. 학생조종사 또한 학습활동에 대해 지적, 심리적으로 준비가 되어 있어야 한다.

설명단계는 비행수업에 앞서 수업목적과 완료기준검토 및 철저한 비행 전 Briefing으로 이루어진다. 설명은 반드시 명확해야 하고 수업목적과 관련있어야 하며 학생조종사들이 이미 가지고 있는 경험과 지식을 기반으로 해야 한다. 학생조종사들은 자신이 무엇을 학습하고 어떻게 학습하게 될지, 다시 말해서 수업이 어떻게 진행되고 평가가 어떻게 이루어질지에 대해 파악하여야 한다.

기술을 지도할 때 비행교관은 학생조종사들이 수행해야 할 동작을 정확히 설명해야 하고, 또한 필요한 단계외에 수행의 최종결과 및 적절한 안전절차에 대해서도 학생조종사들에게 설명해야 한다. 설명단계를 마치기 전에 학생조종사들이 아직 이해하지 못한 절차가 있다면 비행교관에게 질문하도록 유도해야 한다.

(2) 시범단계

비행교관은 기술을 수행하는 데 필요한 동작을 학생조종사들에게 보여주어야 한다. 비행교관의 시범을 학생조종사들이 보다 명확하게 이해시키려면 시범과 관련없는 동작은 가능한 한 배제해야 한다. 만약 어떤 예상치 못한 상황으로 인해 시범과 설명이 완전하게 일치하지 않는다면 달라지는 부분을 즉시 인지하고 이에 대해서는 설명을 해주어야 한다.

(3) 비행교관 감독 하 학생조종사 수행단계

비행교관 감독 하 학생조종사 수행단계는 두 가지 단계가 결합된 형태로 진행된다.

첫 번째 단계는 비행교관이 설명하고 시범보인 기술을 학생조종사가 수행해보는 것이고, 두 번째 단계는 비행교관이 이를 감독하는 것이다. 학생조종사 수행은 학생조종사가 직접 실행해보는 것으로 기술을 학습하기 위해 학생조종사는 연습하지 않으면 안 되고, 따라서 비행교관은 학생조종사 활동에 충분한 시간을 할당해야 한다. 연습을 통해서 학생조종사들은 올바른 절차와 기준을 따르는 방법을 배우며, 또한 학생조종사들에게는 시범후 가능한 한 신속히 기술을 수행할 수 있는 기회를 주어야 한다.

그런 다음 비행교관은 비행교육에서 다루어진 내용을 검토하고 학생조종사가 비행전 검토에서 개괄한 목적을 어디까지 달성했는지 확인해야 한다. 학생조종사가 비행시작 전에 사전준비를 잘하고 임무를 잘 이해했다면 그것만으로도 충분한 준비를 갖추었다고 보아야 한다. 비행교관은 학생조종사의 수행상태를 관찰한 뒤 적절하게 코멘트를 해줘야 한다.

(4) 평가단계

평가단계에서 비행교관은 학생조종사의 수행을 평가하고 기록하며 목표하는 바를 학생조종사가 어느 정도 달성했는지 구두로 설명해야 한다. 교육이 충분히 잘 이루어졌음에도 학생조종사의 수행에 여전히 결함이 있을 수 있다. 개선이 필요한 부분을 지적할 때는 학생조종사에게 도움이 될 수 있는 구체적인 해결방법을 제시해야 한다. 평가를 부정적인 코멘트로 마무리하는 것은 되도록 피해야 한다.

2. 말하고 수행하는 기법

말하고 수행하는 기법은 비행교관이 말하고 비행교관의 수행하는 단계, 학생조종사가 말하고 비행교관의 수행하는 단계, 학생조종사가 말하고 학생조종사가 수행하는 단계, 학생조종사가 수행하고 비행교관의 평가단계로 진행한다.

(1) 비행교관이 말하고 비행교관의 수행단계

먼저 비행교관이 구두설명과 함께 절차 및 기동시범을 보여준다. 비행 중 기동시범을 보일때는 필요한 출력맞춤, 항공기자세 및 기타 관련요소들에 대해 설명한다. 이 단계에서 학생조종사는 수동적인 자세로 비행교관의 설명에 집중해야 하고, 시범은 가능한 한 설명과 일치해야 하며, 또한 학생조종사가 혼동하지 않고 잘 기억할 수 있도록 설명한 것과 동일한 순서로 시범을 보여야 한다. 일반적으로 학생조종사들은 비행교관의 수행을 모방하기 때문에 비행교관은 학생조종사가 그 기술을 정확히 연습할 수 있도록 시범을 보여야 한다. 학생조종사가 따라야 할 안전절차에 대해서도 마찬가지인데, 만약 어떤 예상치 못한 상황으로 인해 시범과 설명이 완전하게 일치하지 않는다면 달라지는 부분을 즉시 인지하고 이에 대해 설명을 해주어야 한다.

비행훈련에서 무엇보다 중요한 것은 의사소통이며 비행교관은 다음과 같은 방법으로 수평선회의 시범을 보이고 설명할 수 있다.

비행교관의 수평선회 시범의 예

- 외부육안 참조물을 이용하고 비행계기를 주시한다.
- 항공기 주변의 공역을 확보한 후 출력을 조금 올려 항공기를 원하는 방향으로 선회시키고 고도를 유지하기 위해 yoke에 약간의 압력을 가한다.
- 원하는 Bank각에 도달할 때 보조익을 좌우로 치우치지 않게 중립화하고 필요한 경우 트림을 맞춘다.
- Bank각 값 절반정도로 roll-out을 유도한다. 보조익을 조정하고 방향타 제어압력을 활용한다.
- Bank각 절반으로 roll-out 기수방위를 유도하는 것은 초기훈련에서 좋은 경험이 된다. 날개위치에 도달하면 출력을 줄이고 제어압력을 제거하기 위해 트림을 맞춘다.

(2) 학생조종사가 말하고 비행교관의 수행단계

이 단계에서 학습이 이루어지고 수행습관이 학생조종사에게 형성된다. 학생조종사가 충분한 준비를 갖춘 상태에서 비행교관이 절차나 기동에 대해 적절히 설명하고 시범을 보였다면 유익한 학습이 이루어진 것이다.

(3) 학생조종사가 말하고 학생조종사의 수행단계

이 단계에서 학생조종사는 생각을 구두로 표현하며 이는 임무에 대한 학생조종사의 집중력에 초점을 둔 것으로 기동에 대한 완전한 몰입이 요구된다. 학생조종사의 신체적, 정신적 능력이 총동원되는 것이다. 이때 비행교관은 학생조종사의 사고프로세스를 파악해야 하며, 이를 통해 오류발생원인이 잘못된 개념으로 인한 것인지 아니면 단순한 운동기능부족 때문인지 쉽게 판단할 수 있어야 한다. 즉, 이 단계는 학생조종사의 입장에서 철저한 집중을 요하는 것 외에도 학생조종사가 수행중에 사고하는 바를 비행교관이 지속적으로 파악할 수 있게 해줘야 한다. 이는 학생조종사가 학습대상뿐 아니라 자가교육 프로세스까지 학습하게 되는 것이며 이는 기술개발에 있어 대단히 바람직하다.

학생조종사의 기동연습 중에 비행교관이 취해야 할 절차는 학생조종사의 숙련도 수준, 기동유형, 훈련단계 등에 맞춰야 한다. 비행교관이 비행제어에 얼마나 개입해야 하는지도 잘 판단해야 한다. 위험성이 높거나 어려운 기동일 경우, 비행교관은 주의를 게을리하면 안 되고 언제든지 학생조종사 대신 제어할 준비를 해야 한다. 그러나 학생조종사가 정상적으로 기동을 수행하고 있다면 비행교관은 불필요한 중단이나 지나치게 간섭하는 것은 피해야 한다. 비행교관이 제어에 얼마나 개입해야 하는지는 보통 학생조종사가 처음 몇 차례 항공기착륙을 시도할 때 판단하게 되는데, 비행교관은 학생조종사가 도움을 필요로 하는지 신속하게 판단하고 필요한 경우 즉시 비행제어를 넘겨받아야 한다. 또한, 학생조종사가 수업목적에 부합하는 숙련도 수준을 달성할 수 있도록 필요한 전체기동을 반복해서 연습시켜야 한다.

(4) 학생조종사가 수행하고 비행교관의 평가단계

이 단계는 훈련의 평가단계라기보다는 학습단계이기 때문에 오류나 불안전한 습관을 긍정적이고 시의 적절하게 지적, 교정해줘야 한다. 때때로 학생조종사가 지정된 시간내에 수업목적에 규정된 숙련도수준을 달성하지 못할 수 있는데, 이러한 경우 비행교관은 추가훈련일정을 준비해야 한다.

04 통합 비행교육

통합 비행교육은 학생조종사가 외부 육안참조물과 비행계기를 모두 참조하여 비행기동을 수행하도록 교육하는 비행교육이다. 이러한 교육이 완전한 효과를 거두기 위해서는 새로운 기동을 소개할 때마다 먼저 계기를 참조하도록 해야 한다. 외부 참조물을 이용하든 계기지시를 이용하든 조종사의 비행제어장치운용은 달라지지 않는다. 이러한 훈련기법이 사용되는 경우 외부 육안참조물을 통한 항공기 제어교육은 동일한 비행운영의 비행계기지시 참조교육과 통합되어야 한다. 통합 비행교육내용에는 습관패턴형성, 운영효율향상, 절차훈련, 육안포착 후 회피가 있다.

통합 비행교육내용

- 습관패턴형성
- 운영효율향상
- 절차훈련
- 육안포착 후 회피

1. 습관패턴 형성

학생조종사는 비행훈련 초기부터 비행계기를 관찰하고 의존하는 습관을 길러야 한다. 비행기동 수행중에 항공기에 대한 감각, 예로 항공기가 트림을 벗어나거나 높은 기수 및 낮은 기수에 있을 때의 느낌을 아는 것만큼이나 계기를 참조하는 것 또한 매우 중요하다. 외부 참조물과 함께 비행계기를 참조하여 정상적인 비행기동을 수행해야 하는 학생조종사들은 처음부터 자신의 수행과 항공기의 움직임을 지속적으로 주시하는 습관을 기르게 된다.

계기 Cross-check, 계기해석, 항공기 제어습관을 조기에 길러두면 학생조종사에게 대단히 유용한데, 습관적으로 계기지시에 집중함으로써 보다 정밀하게 계기속도를 제어할 수 있고, 이를 통해 착륙기술이 향상될 수 있기 때문이다. 또한 계기를 효과적으로 이용하는 습관을 가지면 보다 높은 수준의 공중항법(Cross-country)기술을 수행할 수 있어 전반적인 조종능력을 향상시킬 수 있다.

2. 운영효율 향상

학생조종사가 비행계기를 참조하여 자신의 비행기법을 주시하고 조정하는 데 익숙해짐에 따라 이용가능한 항공기기능이 더욱 늘어나게 되며, 특히 올바른 운항대기 속도이용에 반응하는 복잡한 현대식 항공기나 고성능항공기의 경우 더욱 그러하다. 올바른 출력설정과 상승속도이용, 상승중 정확한 기수방위제어는 상승수행능력을 크게 향상시키고, 또한 순항비행 중 정밀한 기수방위와 고도유지는 순항수행을 더욱 향상시킨다. 통합 비행교육을 통해 학생조종사는 외부 참조물을 놓쳤을 때도 제한된 시간 동안 비행중인 항공기를 제어할 수 있게 된다. 이러한 능력을 기름으로써 비상시 조종사의 생명과 탑승자들의 생명을 구할 수 있다.

비행계기참조 훈련이 한계상황의 기상상태나 계기비행기상상태(IMC)에서 운항에 대비하는 것은 아니다. 통합 비행훈련을 하는 동안 비행교관은 이 점을 반드시 강조해야 한다.

학생조종사들이 계기비행등급을 부여받기 전에, VFR 최저 기준미만의 기상조건에서 비행할 때 나올 수 있는 모든 결과를 지속적으로 각인시켜주어야 한다. 항공철도사고조사위원회 사고데이터에 의하면 비행중 기상상태로 인해 VFR에서 IMC로 전환하는 것은 일반항공(GA, General Aviation)비행에서 가장 위험성이 높은 것으로 조사되었다.

3. 절차훈련

통합 비행교육은 먼저 비행제어장치의 기능에 관한 Briefing으로 시작된다. Briefing 내용에는 항공기를 제어하는 데 이용되는 외부 참조물 및 예상되는 계기지시가 포함되어야 한다. 새로운 비행기동을 소개할 때는 학생조종사가 외부 참조물 및 계기를 통해 항공기 기동능력을 향상시킬 수 있도록 외부 참조물 이용과 계기참조를 모두 다루어야 한다. 또한 학생조종사들은 항공기자세를 결정하는 데 있어 어느 쪽을 참조하든 비행제어장치의 운용은 동일하다는 사실을 자연스럽게 받아들이게 된다.

이 연습은 전체비행교육의 모든 기동에서 지속적으로 이루어져야 한다. 즉, 이러한 훈련이 완전한 효과를 거두기 위해서는 훈련전체에 걸쳐 육안참조물 이용과 계기참조가 지속적으로 통합되어야 한다.

4. 육안포착 후 회피

비행교관은 비행훈련시작 때부터 학생조종사에게 항상 다른 항공기를 살피도록 하는 습관을 길러주어야 한다. 만약 학생조종사가 관찰과 충돌방지절차의 모든 책임이 비행교관에게 있다고 생각한다면 그 학생조종사는 지속적으로 주위를 경계하는 습관을 기르지 못할 것이다. 이러한 습관은 안전에 있어 필수적이다. 다른 항공기를 주의깊게 살펴보지 않고 비행기동에 들어가는 학생조종사가 발견되면 비행교관은 반드시 이러한 행동을 즉각 시정시켜 주어야 한다.

항공기 공중충돌에 대한 연구에서 미국의 경우 다음과 같은 사항들이 밝혀졌다.

미국의 비행중 공중충돌 사고결과의 예

- 연구대상 사고의 항공기 중 37%는 비행교관이 탑승하고 있었다.
- 충돌과 관련된 항공기는 대부분 특별한 비행계획없이 자유로운 여가활동비행 중이었다.
- 대부분의 공중충돌은 주말 낮시간 동안 VFR 기상조건에서 일어났다.
- 사고의 대다수는 관제탑이 없는 공항이나 그 부근의 1,000피트 미만 고도에서 일어났다.
- 공중충돌사고를 당한 조종사들의 경력은 첫 단독비행에 나선 조종사부터 20,000시간의 비행경력을 갖춘 베테랑조종사까지 다양했다.
- 대부분의 충돌사고는 시계가 3마일 이상인 낮시간에 일어났다.

05 조종사 능력평가

평가는 교수 프로세스의 필수적 구성요소로 학생조종사가 무엇을 어떻게 얼마나 잘 학습하고 있는지를 판단하고자 하는 것이다. 잘 설계된 평가는 학생조종사가 앞으로 더욱 노력하거나 학습해야 할 것이 무엇인지를 제시해 준다. 따라서 평가는 학생조종사의 수행수준을 높이는 방향과 지침을 제공해줘야 한다.

학생조종사들은 반드시 평가의 목적을 이해하고 있어야 한다. 그렇지 않으면 평가를 잘 받아들이지 못하고 발전이 더뎌질 것이다.

평가는 또한 재교육을 위해 이용될 수도 있다. 모든 평가가 재교육에 적합한 것은 아니지만 비행교관은 그 적합성을 살피고 이용해야 한다.

비행교관은 학생조종사 능력을 평가함에 있어서 먼저 학생조종사가 절차나 기동을 이해하고 있는지 여부를 확인해야 한다. 그 다음에는 비행교관이 기동시범을 보이고, 비행교관의 지도하에 학생조종사가 기동을 연습하게 한 다음, 마지막으로 학생조종사의 수행을 관찰하여 성취도를 평가해야 한다.

조종사 능력평가들

- 능력입증
- 조종능력 첫 평가
- 첫 단독비행
- 단독비행 후 Debriefing
- 학생조종사 오류수정
- 조종사 감독 및 착륙연습

1. 능력입증

비행교육중에 이루어지는 학생조종사 능력평가는 조종사로서의 발전단계와 학생조종사의 경험에 적합하게 맞춘 수행기준을 기반으로 해야 한다. 평가는 단순히 전반적인 수행을 평가하기보다는 기동과 관련된 요소들에 학생조종사가 얼마나 숙련되어 있는지를 고려해야 한다. 학생조종사가 단독비행승인을 받으려면 비행임무에 대한 자격과 숙련도를 갖추고 있는지 반드시 확인해야 한다. 이때 학생조종사가 다양한 비행기동에서 일관성 있게 실력을 보여주는지를 바탕으로 평가가 이루어져야 한다.

2. 조종능력 첫 평가

학생조종사의 조종능력을 평가함에 있어서 중요한 것 중 하나는 학생조종사의 발전상황을 지속적으로 알려주는 것이다. 조종능력의 첫 평가는 학생조종사가 각 절차 및 기동을 완료했을 때나 비행 후 비평시에 알려줄 수 있다. 비행 후 비평은 비행교관이 비행이나 수업중에 주목했던 모든 사항을 다룰 수 있도록 메모와 같이 기록된 형식으로 제공되어져야 한다.

전통적인 방식에서 비행교관은 수행중의 오류에 대해 설명하고 결함요인들을 지적하며 적절한 수정조치를 제안해 왔다. 전통적인 평가는 '매우 우수, 우수, 보통, 부족' 또는 '기준초과, 기준충족, 추가훈련필요'의 등급으로 구분하여져 왔다. 이것은 비행교관에게는 편리하지만 학생조종사의 필요를 충족시키지는 못할 수 있다.

3. 첫 단독비행

학생조종사의 첫 단독비행 중에 비행교관은 학생조종사의 질문에 답변하거나 비행 중 문제가 발생할 경우 이를 해결하기 위해 도와줘야 한다. 또한 비행교관은 단독비행이 학생조종사에게 유익한 경험이 될 수 있도록 비행스케줄을 세울 때 하루 중 적절한 시간을 선택해야 한다. 시간대 별로 교통량, 바람조건, 태양의 각도 등이 달라질 수 있기 때문이다.

비행교관은 가능한 경우, 단독비행감독 중에 휴대용 무선장치사용을 추천한다. 무선장치가 있으면 상황이 전개되는 것을 살펴서 비상시 단독비행을 중단시키는 것이 가능하다. 단독비행중인 학생조종사와 통신할 때는 적절한 시점에 해야하며 가능하면 무선통신은 최소화하고 착륙접근 직전에는 통화를 절제하여야 한다.

4. 단독비행 후 Debriefing

학생조종사의 단독비행 후 비행교관은 Debriefing을 통해 단독비행중에 있었던 일들을 검토해야 한다. 그리고 단독비행 후 학생조종사가 갖게 되는 의문점들에 답변해 줘야 한다. 학생조종사가 올바른 비행절차를 수행했는지 확인하기 위해 비행교관은 모든 비행과정에 관여해야 한다. 또한 Debriefing은 단독비행 직후에 이루어지는 것이 중요한데, 비행과정이 학생조종사의 기억에 아직 생생하게 남아 있는 상태에서 비행교관에게 질문할 수 있기 때문이다.

5. 학생조종사의 오류수정

학생조종사의 오류를 수정하는 데 있어 학생조종사가 실수를 저지를 때 즉각 통제하는 것이 항상 좋은 방법만은 아니다. 안전에 문제가 없는 선에서 실수로 이어지는 과정을 계속해보도록 하고 학생조종사 스스로 벗어날 수 있는 길을 찾게 하는 것이 대체로 가장 좋은 방법이다. 학생조종사는 종종 실수를 일으키지만 실수는 시간이 지나면서 점차 고쳐지게 된다. 학생조종사에게 자신이 실수한 결과를 직접 살피도록 하는 것이 학습에 매우 큰 도움이 된다. 오류를 수정할 기회가 거의 없으면 오히려 기동을 적절히 배우기가 매우 어려워진다.

학생조종사가 절차나 기동을 올바로 수행하여도 관련된 원리와 목적을 아직 완전히 이해하지 못했을 수도 있고, 이러한 점이 의심되면 비행교관은 해당 기동을 조금 변형시켜 학생조종사에게 수행해보도록 해야 한다. 아니면 다른 운항과 결합시켜보거나 동일한 요소들을 다른 기동을 수행해보도록 해야 한다. 원리를 이해하지 못한 학생조종사는 이를 잘 완수하지 못할 가능성이 높다.

6. 조종사 감독 및 착륙연습

비행교관은 학생조종사들의 단독비행에 대해 지침과 제약을 주어야 하며 이것은 비행교관의 책임 중 가장 중요한 책임이다. 비행교관은 학생조종사가 단독비행준비가 갖춰졌음을 결정하는 유일한 사람이다. 비행교관은 학생조종사의 단독비행을 승인하기 전에 학생조종사가 기본적인 기동을 모두 잘 수행할 수 있는지

입증할 수 있어야 한다. 비행교관은 비행중에 일상적으로 직면할 수 있는 문제들의 해결방법을 학생조종사들에게 가르쳐야 한다. 공중교통체증, 활주로 변경, 예상치 못한 측풍 등은 학생조종사가 개별적으로 마스터해야 할 과제들이다.

비행교관은 항공기 정지거리 보장을 위해 활주로 첫 1/3 지점에서 착륙할 것을 강조해야 한다. 만약 학생조종사가 첫 1/3 지점에 착륙하지 못하면 즉시, 복행하도록 훈련시켜야 한다. 학생조종사가 착륙 시에 bouncing을 일으킬 때도 즉시 복행하도록 해야 한다.

이러한 교육지침을 따름으로써 학생조종사는 단독비행 시 착륙을 적절히 수행할 수 있게 된다.

C·H·A·P·T·E·R 09

위험관리

CHAPTER 09

위험관리

01 위험관리의 정의 및 프로세스

위험이란 사람의 부상, 자원의 손실을 일으킬 만한 위험에 노출되었을 때 사고나 손실의 확률 및 예상되는 심각성을 말한다. 그리고 위험관리란 위험에 대한 공식화된 사고(思考)로 위험을 통제하지 않고 방치할 경우의 편익에 대한 잠재적(위험) 비용을 평가하는 논리적 프로세스이다.

즉, 위험관리란 위험을 체계적으로 확인하고, 위험수준을 평가하고, 최선의 행동방침을 결정하는 의사결정 프로세스이다.

위험과 관련된 핵심용어들은 다음과 같이 정의된다.

위험과 관련된 핵심용어들

- (Hazard): 예상치 못한, 바람직하지 않은 사고를 초래할 수 있는 현재의 조건, 사건, 목적, 상황으로 위험상태의 발생원을 가리킨다. 예를 들어, 프로펠러에 흠이 있으면 이것은 Hazard가 될 수 있다.
- (Risk): 통제(및 제거)되지 않은 위험이 끼칠 수 있는 영향으로 피해나 부상 가능성을 일컫는다. 위험수준은 영향을 받는(위험에 노출되는) 사람 및 자원의 수, 피해가능성의 범위(심각성), 피해가능성(확률)을 통해 측정할 수 있다.
- (Safety): 사망, 부상, 질병, 설비손상 및 재산손실, 환경피해를 일으키는 조건에서 벗어난 상태로, 모든 위험조건에서 완전히 벗어나는 것은 불가능하기 때문에 절대적인 안전은 있을 수 없다는 점을 유의해야 한다. 즉, Safety는 인식되고 수용되는 위험수준을 의미하는 상대적인 용어이다.

위험은 다음과 같은 유형으로 구분되며, 구체적인 내용은 다음과 같다.

위험 유형	
종합 위험	확인된 위험과 미확인위험의 합
확인된 위험	다양한 분석기법을 통해 내용이 확인된 위험. 시스템 안전의 첫 번째 임무는 실무적 한도내에서 가능한 모든 위험을 확인하는 것이다.
미확인위험	아직 확인되지 않은 위험. 미확인위험 중 일부는 사고가 발생한 후에 확인되고, 어떤 위험은 끝까지 확인되지 않는다.
수용불가 위험	허용될 수 없는 위험. 확인된 위험 중 반드시 제거하거나 통제해야 하는 위험이다.
수용가능 위험	수용가능한 위험은 확인된 위험 중 추가적인 기술조치나 관리조치가 없어도 되는 위험이다. 이를 결정하는 일은 어렵지만 위험관리에 꼭 필요한 일이다. 이러한 결정은 이 위험에 노출되는 것이 항공기이용자 자신이라는 점을 완전히 인식한 상태에서 내려진다.
잔류위험	잔류위험은 시스템 안전조치가 완전히 이루어진 후에도 여전히 남아있는 위험이다. 이것은 수용가능한 위험와 완전히 동일하지는 않다. 잔류위험은 수용가능 위험와 미확인위험의 합이다. 즉, 항공기 이용자가 감내해야 하는 종합위험이다.

1. 위험관리에는 네 가지 원칙이 있다

위험관리의 네 가지 원칙

- 불필요한 위험은 수용하지 않는다.
- 위험의 적절한 수준을 정한다.
- 편익이 비용을 초과하는 경우에는 위험을 수용한다.
- 모든 비행단계계획에 위험관리를 포함시킨다.

(1) 불필요한 위험은 수용하지 않는다

불필요한 위험이란 별다른 편익이나 기회가 없는 위험이다. 모든 비행에는 위험이 있고 비행운영에 있어 가장 논리적인 선택은 최소한의 수용가능한 위험은 모든 필요사항을 충족시키는 선택이다. 이 공리(公理)에 따르는 정리는 "운영이나 임무를 성공적으로 완료하는 데" 필요한 위험은 수용한다는 것이다. 위험없는 비행은 불가능하지만 아무 편익이 없는 위험은 불필요한 위험이다.

(2) 위험의 적절한 수준을 정한다

위험수준을 정하는 것은 누구나 할 수 있으며, 뛰어난 의사결정자는 위험통제방법을 생각하고 이를 시행할 수 있는 사람이다. 의사결정자는 반드시 전형적인 수준에서 위험을 수용할 수 있는 권한이 있어야 한다. 단일조종사가 비행하는 상황에서는 조종사가 위험수용여부를 결정해야 한다.

(3) 편익이 비용을 초과하는 경우에는 위험을 수용한다

모든 편익은 비용과 비교해야 하며 편익의 합이 비용의 합을 초과하는 것이 분명할 경우에는 높은 위험의 작업도 시도해볼 수 있다. 비행활동에서 어느 정도의 위험을 수용하는 것은 필요하다.

(4) 모든 비행단계계획에 위험관리를 포함시킨다

위험은 운영의 계획단계에서 더 쉽게 평가하고 관리할 수 있으며, 운영관리와 실행프로세스에서 변경이 늦으면 늦을수록 위험범위가 더 커지고 더 많은 시간이 소모된다. 위험은 모든 비행에 불가피하게 존재하므로, 비행 전 계획단계뿐 아니라 비행의 모든 단계에서 적절하고 효과적으로 위험을 관리하는 것이 안전하다.

2. 위험관리 프로세스

위험관리는 운영상의 위험을 확인하고 사람, 기기, 임무에 대한 위험을 줄이기 위해 합리적인 조치를 취하는 프로세스이며 다음의 여섯 단계로 구분된다.

위험관리 프로세스의 단계

- 1단계: 위험(Hazard)확인
- 2단계: 위험평가
- 3단계: 위험통제조치분석
- 4단계: 통제결정
- 5단계: 위험통제시행
- 6단계: 감독과 검토

(1) 1단계: 위험(Hazard)확인

위험은 악화, 부상, 질병, 사망, 설비손상 및 재산손실을 일으킬 수 있는 실질적 또는 잠재적 조건이라 정의할 수 있다. 조종사의 경험, 상식 및 분석도구는 위험확인에 도움이 된다.

(2) 2단계: 위험평가

평가단계에서는 특정위험과 관련된 위험수준을 정하기 위해 양적 · 질적측정을 하게 된다. 이 과정에서 인간과 재산이 어느 정도 위험에 노출되었는지를 기반으로 위험에서 비롯될 사고의 확률과 심각성을 정의한다.

(3) 3단계: 위험통제조치분석

위험을 감소, 완화, 제거할 전략과 도구를 조사한다. 모든 위험에는 다음의 두 가지 요소 즉, 발생확률과 위험의 심각성이 있다.

(4) 4단계: 통제결정

적절한 의사결정자를 정한다. 의사결정자는 앞의 1단계와 2단계의 분석을 기반으로 최선의 통제조치를 선택해야 한다.

(5) 5단계: 위험통제시행

선택한 통제조치를 어떻게 적용할 것인지 계획을 세우고, 이러한 조치를 실행하는 데 필요한 시간, 자료, 인원을 제공해야 한다.

(6) 6단계: 감독과 검토

일단 통제조건이 갖추어지면 그 유효성을 확인하기 위해 정기적으로 프로세스를 재평가해야 하며, 사람들은 모든 단계에서 통제조치가 지속적으로 유지될 수 있도록 반드시 각자의 역할에 충실해야 한다. 위험관리 프로세스는 시스템, 임무활동이 이어지는 동안 지속되어진다.

위험관리 프로세스의 시행은 다음의 과정을 거친다.

위험관리 프로세스 시행과정

- (순서대로 단계적용): 각 단계는 다음 단계의 기반이며 다음 단계로 진행하기 전에 반드시 완료되어야 한다.
- (프로세스의 균형유지): 모든 단계는 중요하므로, 각 단계 모두 수행시간과 자원을 할당해야 한다.
- (프로세스의 주기적 적용): 또 다른 위험여부를 확인하기 위해 '감독과 검토' 단계에서는 완전히 새로운 시각으로 운영분석을 하는 것이 필요하다.
- (사람들을 프로세스에 참여시키기): 위험통제를 담당한 사람들에게 이를 하나의 임무처럼 긍정적인 이미지를 심어준다.

02 위험의 수준, 평가, 완화

1. 위험수준

위험상황의 위험수준은 다음의 두 가지 즉, 심각성(예상 피해범위)과 확률(위험으로 인해 피해가 발생할 가능성)로 측정된다.

2. 위험평가

위험에 대한 평가는 위험관리의 중요한 일부분이다. 예를 들어, 프로펠러에 흠이 있으면 비행중일 때 위험이 되는데 손상된 프로펠러가 정상적인 엔진작동 시 지속적인 진동을 받게 될 경우 균열이 발생하고, 엔진, 항공기기체 및 탑승자에게 큰 피해를 일으킬 수 있는 높은 위험으로 발전하게 된다.

모든 비행에는 위험이 따르고 위험에는 일정 수준의 위험이 존재할 수밖에 없다. 조종사, 특히 학생조종사들에게 있어 낮은 위험의 비행과 높은 위험의 비행을 미리 구별하고, 검토 프로세스를 확립하여 위험완화전략을 세우는 것은 매우 중요한 일이다.

위험평가 매트릭스

가능성 \ 심각성	재난적	임계적	한계적	무시 가능
가 능	매우 높음	매우 높음	높음	
가끔 일어날 수 있는	매우 높음	높음		
희 박	높음		중간	낮음
거의 불가능				

이 위험평가 매트릭스는 가능성과 심각성을 지정하는 방식으로 거의 모든 비행운영에 이용할 수 있다. 예에서 가능성에 '가끔 일어날 수 있는'을 심각성에 '재난적'을 지정했다면, 이는 높은 위험영역에 해당된다.

가장 기본적인 위험평가방법은 위험매트릭스를 이용하는 것으로 이것은 사건발생 가능성과 그 사건의 심각성(결과) 두 가지 항목을 평가한다.

(1) 사건의 심각성은 다음의 형태로 구분되어 평가된다

- (재난적): 사망, 총체적 피해로 이어짐
- (임계적): 중상, 중대한 피해
- (한계적): 경상, 경미한 피해
- (무시가능): 경상미만, 경미한 시스템피해 미만임

(2) 사건의 가능성은 다음의 형태로 구분되어 평가된다

- (가능): 사건이 여러 차례 발생할 수 있음
- (가끔 일어날 수 있는): 사건이 이따금 발생할 것임
- (희박): 사건이 일어날 가능성이 크지는 않지만 그래도 가능함
- (거의 불가능): 사건이 일어날 가능성이 거의 없음

3. 위험완화

위험이 발생되면 조종사는 위험을 완화시켜야 한다. 한계상황의 VFR조건에서 A지점부터 B지점까지 비행하는 조종사가 위험을 줄일 수 있는 방법은 다음과 같다.

VFR 항법비행의 위험완화방법들

- 기상이 양호한 VFR조건이 될 때까지 기다린다.
- 계기비행규칙(IFR, Instrument Flight Rules) 조종사 등급을 가진 조종사와 동반한다.
- 비행을 연기한다.
- 비행을 취소한다.
- 자동차를 이용한다.

비행을 준비하는 조종사는 다음의 점검방법을 이용하여 위험을 확인하고 완화조치를 할 수 있는데 위험완화 점검방법은 IMSAFE 체크방법과 PAVE 체크방법이 있다.

(1) IMSAFE 체크방법

IMSAFE 체크방법

- **질병**(Illness): 나에게 질병증상이 있는가?
- **약물**(Medication): 나는 처방약을 투약하고 있는가?
- **스트레스**(Stress): 나는 직무에서 심리적 압박을 받고 있는가? 재정/건강문제 또는 가족불화 때문에 걱정하고 있는가?
- **음주**(Alcohol): 8시간 내에 음주한 적이 있는가? 24시간 내에는?
- **피로**(Fatigue): 나는 피곤한 상태이고 충분한 휴식을 취하지 못했는가?
- **식사**(Eating): 자신에게 충분한 영양을 공급했는가?

조종사는 비행에 앞서서 마치 항공기 감항성을 평가하듯이 자신의 적합성을 평가해야 한다.

(2) PAVE 체크방법

PAVE 체크방법

- P = **지휘조종사**(PIC, Pilot in Command): 조종사는 스스로에게 경험, 최신정보, 신체적 · 감정적 조건면에서 "이 비행을 하는 데 있어 나 자신이 준비되어 있는가?"라는 질문을 던져야 한다.
- A = **항공기**(Aircraft): 항공기는 비행에 어떠한 한계를 가져올 수 있을까?라는 질문을 던져야 한다.
- V = **환경**(EnVironment): 조종사는 비행 시 기상(상승한도와 시계, 예보와의 차이, 바람성분 및 강도, 착빙 등)에 대한 사항들을 고려해야 하며, 지형 또한 비행환경 분석에서 중요한 요소이다.
- E = **외부압력**(External Pressures): 조종사가 종종 안전을 희생하면서까지 비행을 완료하게 하는 비행외부적 영향력(능력평가에 대한 시선, 감정적 압박 등)이다.

03 조종사를 위한 위험관리

1. 조종사를 위한 3P 모델

항공의사결정(ADM)을 위한 인식(Perceive), 처리(Process), 수행(Perform)모델(model)은 조종사가 위험을 관리할 수 있는 단순하고 실무적이며 구조화된 방법이다. 조종사는 다음과 같이 3P 모델을 활용하여 위험관리를 할 수 있다.

3P 위험관리모델

- 주어진 상황들을 인식한다.
- 비행안전과 관련해 이러한 상황들의 영향을 평가처리한다.
- 최선의 행동방침을 수행한다.

(1) 1단계의 목표인식

이 단계는 위험을 파악하여 상황을 보다 잘 인식하는 것이다. 위험은 이후 바람직하지 않은 사고를 초래할 수 있는 현재의 사건, 대상, 상황을 가리킨다. 이 단계에서 조종사는 비행의 모든 측면, 즉 조종사, 항공기, 환경, 외부압력과 관련된 위험을 체계적으로 확인하고 열거한다. 특히 각각의 위험들이 어떻게 조합될 수 있는지를 고려하는 것이 중요하다.

(2) 2단계의 목표처리

이 단계는 확인된 위험이 될지 여부를 판단하기 위해 해당 정보를 처리하는 것이다. 직면한 위험에 따른 위험의 수준은 위험에 노출된 정도(영향을 받는 사람 및 자원의 수), 심각성(피해가능성의 범위), 확률(위험이 피해를 발생시킬 가능성)을 통해 측정할 수 있다. 낮은 상승한도가 위험요소라면, 위험수준은 조종사의 훈련수준이나 경험, 항공기 기기 및 연료용량과 같은 여러 요소에 의해 좌우된다.

(3) 3단계의 목표수행

이 단계는 위험을 제거하거나 위험을 완화시키는 조치를 취한 다음 이 조치의 결과를 지속적으로 평가하는 것이다. 목적지에서의 낮은 상승한도에 대해 조종사는 적절한 대안을 선택하고, 기상상태가 좋은 곳을 파악하고, 도달할 충분한 연료를 적재함으로써 항공의사결정(ADM) 프로세스를 훌륭히 수행할 수 있다. 이러한

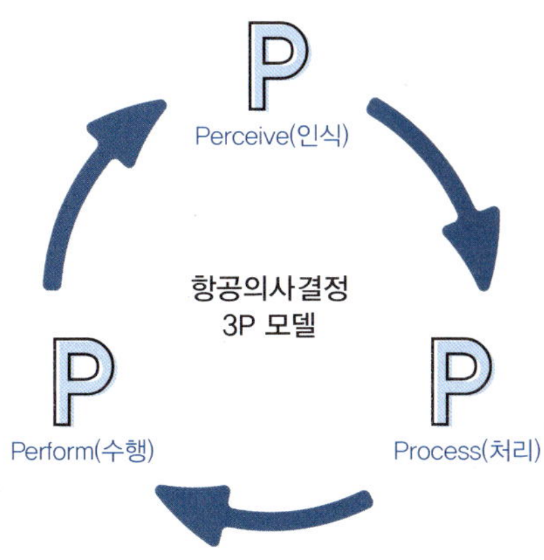

3P 모델은 인식, 처리, 수행이 환류한다.

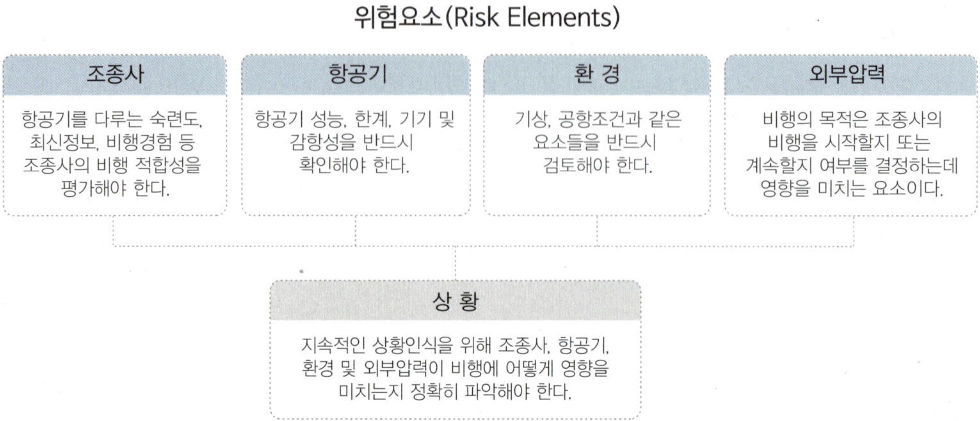

기장(지휘조종사)이 반드시 내려야 하는 가장 중요한 결정 중 하나는 출발/취소결정이다. 각 위험 요소에 대한 평가는 기장의 출항 · 취소 및 비행을 계속할지 여부를 결정하는 데 도움이 된다.

행동방침은 위험을 완화시킬 것이고, 또한 기상이 좋아질 때까지 기다려 위험이 완전히 제거되는 것을 택할 수도 있다.

비행을 준비하는 조종사는 다음의 위험요소를 검토하고, 항공의사결정 3P 모델은 Perceive(인식), Process(처리), Perform(수행)의 프로세스를 통하여 의사결정이 이루어져야 한다.

2. 상황인식의 이해

(1) 상황인식

상황인식은 비행 전, 비행 중, 비행후의 안전에 영향을 미치는 위험요소내의 모든 요인과 조건들을 정확히 인식하고 이해하는 것이다. 상황을 지속적으로 인식하기 위해서는 이러한 요소들의 상대적 중요성과 비행에 미칠 영향을 파악해야 한다. 조종사가 상황을 잘 인식하면 한 가지 요소에만 고착되지 않고 전체적인 비행의 운영을 개관할 수 있게 된다. 조종사가 고려해야 할 항공기내의 요소들은 항공기시스템, 조종사 및 탑승자의 상태이며 또한, 항공기의 공간적 방향감각 및 지형, 통행량, 기상, 공역과 같은 비행의 환경적 조건도 지속적으로 인식해야 한다.

(2) 상황인식의 장애물

조종사가 지속적으로 상황을 인식하는 데 방해가 될 수 있는 것은 여러 가지가 있다. 피로, 스트레스, 작업과부하 상태의 조종사는 비행상황을 전반적으로 인식하기보다 자신이 인식한 한 가지 항목에 고착되기가 쉽다. 주의산만 또한 많은 사고의 원인이 되는데, 조종사의 주의력이 분산되어 계기를 주시하지 못하거나 항공기 외부관찰을 제대로 하지 못함으로 인해 사고가 발생하는 것이다. 조종실 내에서의 주의산만은 보통 게이지 측정값이 올바르지 않는 것과 같은 사소한 문제로 시작되지만, 조종사가 그 문제에 주의를 빼앗겨 적절한 항공기제어를 태만하게 됨에 따라 사고로 이어진다.

피로는 조종사의 주의력과 수행능력을 저하시켜 항공안전에 위협이 되며, 피로는 졸리거나 지친상태부터 기진맥진한 상태까지 모두 해당된다. 피로를 일으키는 두 가지 중요한 생리적 현상은 수면부족과 생체리듬의 교란이다. 다음은 피로에 대한 징후들이다.

피로의 경고 징후들

- 눈의 초점이 반복적으로 흐려진다.
- 자신도 모르게 머리를 꾸벅거린다.
- 하품이 계속된다.
- 바로 직전의 일을 잊어버린다.
- 생각이 오락가락하거나 가닥이 잡히지 않는다.
- 일상적인 절차를 빠뜨리거나 실수한다.
- 항공기 제어의 정확도가 떨어진다.

피로는 조종사의 주의력과 수행능력을 저하시켜 항공안전에 위협이 된다.

심한 졸음을 느끼게 되면 사람은 동기부여, 전문성, 훈련수준과 무관하게, 주의력 결핍을 일으킬 심각한 결과에도 불구하고 언제든지 잠들 수 있다.

자기안심 또한 지속적인 상황인식의 장애물이 된다. 자기안심은 반복적인 경험이 쌓여감에 따라 생긴 과도한 자신감이라 정의할 수 있으며, 수많은 항공사고의 원인으로 알려져 왔다. 자기안심은 피로와 마찬가지로 조종사의 효과적인 조종 및 관리능력을 저하시킬 뿐만 아니라 피로보다 더 자각하는데 어려움이 있다. 자동화장치 성능이 높을수록 자기안심에 빠지게 되는데, 조종사는 상식적으로 다르게 행동해야 할 때도 자동화장치의 지시를 따르게 된다. 또한, 자동조종장치가 제기능을 발휘하고 있다고 생각하면 계기나 항공기의 위치를 자주 대조하지 않게되며, 이럴 경우, 자동조종장치에 이상이 생기면 조종사가 항공기를 수동조종할 수 있는 정신적 준비를 제대로 갖추지 못할 수 있다.

피로대처법

- 낮잠을 푹 자면(3~4시간) 12~15시간 동안 주의력을 유지할 수 있다.
- 짧은 시간(10~30분)의 낮잠이라도 숙면을 취하면 3~4시간 동안 주의력이 유지된다.
- 고단백식사를 한다.
- 음료, 특히 물을 충분히 섭취한다.
- 비행임무를 교대하고 다른 승무원이나 탑승자와 대화를 나눈다.
- 조종실 온도를 시원하게 유지한다.
- 앉은 채로 움직이거나 스트레칭을 한다. 가능하면 주기적으로 일어나서 주변을 걷는다.
- 잠에서 깬 다음 비행임무를 재개하기 전에 15~20분의 여유시간을 가져야 한다.

3. 단일조종사 자원관리(SRM, Single-Pilot Resource Management)

단일조종사 자원관리(SRM)는 비행의 성공적 결과보장을 위해 (비행 전/중에) 단일조종사에게 제공되는 (항공기 내/외부 공급원으로부터의) 모든 자원을 관리하는 기술이며 과학이다. 단일조종사 자원관리(SRM)는 항공의사결정(ADM), 위험관리(Risk Management: RM), 업무관리(Task Management: TM), 자동화관리(Automation Management: AM), 지형접근 관제비행(CFIT)인식, 상황인식(Situational Awareness: SA)을 포함한다.

단일조종사 자원관리(SRM) 훈련은 조종사가 자동화장치 및 관련된 항공기 제어기능과 운항업무를 능숙히 다루어 지속적으로 비행상황을 인식할 수 있게 하는 훈련이다. 단일조종사 자원관리(SRM) 훈련을 통해 조종사는 위험을 정확하게 평가하고 관리하며 시기적절한 의사결정을 내릴 수 있게 된다.

운항중의 위험요인들

- (**동료관계에서 비롯된 압박**): 상황의 객관적 평가가 아닌, 동료들에 대한 감정적 대응으로 잘못된 의사결정을 내릴 수 있다.
- (**고정된 사고(思考)**): 조종사가 주어진 변화를 인식하고 이에 대처하는 능력이 부족한 경우이다.
- (**목표에 대한 과도한 집착**): '무리하더라도 무조건 그곳에 도착해야 해'식의 사고방식은 조종사의 판단력을 저해한다. 이러한 성향의 조종사는 처음 목표나 목적지에 집착해 모든 대안적 행동방침을 무시한다.
- (**무리한 하강**): 공항에 접근 중에 있는 조종사는 때때로 최저비행고도이하로 하강하여 공항에 진입하고자 한다. 이때 조종사는 심리적으로 모든 접근절차에는 허용되는 오차범위가 있다고 믿거나 어차피 착륙완료가 불가능하여 진입복행을 해야 한다고 믿고싶어 한다.
- (**무리한 초저공비행**): 계기비행 조건임에도 조종사가 낮은 고도에서 지형과의 시각적 접촉을 유지하려고 할 때 발생한다.
- (**계기비행 조건에서 시계비행지속**): 조종사가 계기비행 조건에서 시계비행을 지속할 경우 공간방향감각을 상실하거나 지면 · 장애물과의 충돌이 일어날 수 있다. 만일 조종사가 계기비행등급을 가지지 못했거나 최근 비행경험이 부족하면 이는 더욱 위험할 수 있다.
- (**항공기를 주도적으로 통제하지 못하는 경우**): 특정 사건이나 상황에 압도되어 조종사의 손발이 묶이는 경우에 종종 발생한다. 조종사가 항공기를 온전히 통제하지 못하면 연이어 무슨 일이 일어날지 몰라 계속해서 긴장상태로 운항하게 된다.
- (**위치인식, 상황인식의 실패**): 조종사가 항공기를 온전히 통제하지 못하는 상태가 지속되면 위치나 상황을 인식하지 못하게 된다. 즉, 항공기의 지리적 위치를 파악하지 못하거나 상황이 악화되고 있음에도 이를 인식하지 못할 수 있다.
- (**연료가 충분하지 않은 상태에서의 운항**): 조종사가 과도한 자신감에 빠져있거나 비행계획의 결여 혹은 해당 규정을 무시할 때 최소 예비연료요건을 고려하지 않는 실수를 저지르게 된다.
- (**최소 구간고도 미만으로의 하강**): 계기비행규칙 비행의 중간구간에서 무리한 하강을 시도하는 경우이다.
- (**정상범위를 벗어난 비행**): 자신의 비행기술을 과대평가한 조종사가 항공기의 성능을 믿고 무리한 수행을 할 때 종종 발생한다.
- (**비행계획, 비행 전 점검 및 체크리스트 무시**): 때때로 조종사는 확립된 절차와 체크리스트 대신 자신의 단기기억과 장기기억, 정규비행기술 및 익숙한 경로에 의존한다. 이 같은 경향은 어느 정도 경험을 갖춘 조종사들에게서 많이 보인다.

(1) 단일조종사 자원관리(SRM)와 5P 체크리스트

단일조종사 자원관리(SRM)에 능숙해지기 위해서는 조종사들이 비행중에 단일 조종사 자원관리(SRM)을 이해하고 활용하는 방법을 숙지해야 하며, 그 중 한 가지 방법은 5P를 적용하는 것이다. 5P는 계획(Plan), 항공기(Plane), 조종사(Pilot), 탑승자(Passengers), 프로그래밍(Programming)을 의미하는 약자로 이루어진 명칭이다.

5P 체크리스트 요소

1) 계획(Plan)

계획에는 공중항법(cross-country) 비행계획, 기상, 경로, 연료, 최신간행물 등의 기본적 요소들이 포함된다. 계획은 비행과정 중에 여러 번 검토하고 업데이트해야 한다. 항공기정비, 급변하는 기상, 촉박하게 통보된 일시비행제한(TFR)으로 인한 이륙지연 등은 모두 기존계획을 완전하게 변경시킬 수 있다. 계획은 비행계획뿐 아니라 비행을 둘러싼 모든 일과 관련되는데 조종사는 계획을 통해 임무를 달성할 수 있다.

2) 항공기(Plane)

계획과 항공기는 대부분 조종사들이 늘 접하는 것으로, 항공기는 조종사, 운영자가 식별할 수 있는 일반기계부분과 외형부분으로 구성된다. 최근에 항공기는 발전된 항공전자장치의 등장과 함께, 데이터베이스, 자동화상태 및 비상백업시스템을 포함하도록 시스템이 확장되어져 왔다. 자동조종장치 사용여부의 결정은 개인이 정하며 매 비행마다 달라진다. 자동조종장치가 갖춰지지 않은 항공기를 조종할 때 낮은 IFR 기상조건은 앞으로 살펴볼 다른 P에 영향을 받을 수 있고, 조종사숙련도, 최신정보, 피로 등이 여기에 포함된다.

3) 조종사(Pilot)

운송용 항공기 비행과 같은 경우, 조종사는 높은 고도비행, 장거리, 긴 항속시간, 까다로운 기상조건에 노출된다. 발전된 항공전자장치를 갖춘 항공기라 하더라도 그런 고급기능 때문에 조종사가 오히려 더 많은 스트레스를 받을 수도 있다. 여기에는 전통적인 IMSAFE 체크방법이 좋은 해결책을 주기도 한다.

4) 탑승자(Passengers)

승무원 자원관리(CRM, Crew Resource Management)와 단일조종사 자원관리(SRM)의 핵심적 차이 중 하나는 탑승자가 조종사와 소통하는 방식이다. 고성능 단발항공기 조종사는 탑승자와 매우 가깝게 소통할 수 있으며, 실제로 조종사와 탑승자는 비행시간 내내 매우 가까운 거리에 위치한다. 탑승자는 조종사도 될 수 있고 만약 아무도 지휘조종사(PIC, Pilot in Commander)로 지정되어 있지 않은 상태에서 예상치 못한 상황이 발생하면 여러 조종사들의 의사결정 스타일이 상충될 수도 있다.

5) 프로그래밍(Programming)

발전된 항공전자장치를 갖춘 항공기는 비행방식에 완전히 새로운 차원의 변화를 가져왔다. 전자식계기 디스플레이, GNSS(GPS) 및 자동조종장치를 통해 조종사는 작업부하를 줄이고 상황인식을 보다 효과적으로 할 수 있게 되었다. 이러한 장치들의 프로그래밍과 작동은 상당히 간단하고 단순하지만, 그 전신인 아날로그 계기와는 달리 장시간 조종사 주의력을 붙잡는 경향이 있다. 이를 방지하기 위해 조종사는 접근, 경로변경, 공항정보수집을 위한 프로그래밍을 언제 어디에서 수행하고 수행하지 말아야 할지를 미리 계획해야 한다.

(2) 단일조종사 자원관리(SRM) 프로세스

단일조종사 자원관리(SRM) 프로세스는 단순하다. 조종사는 비행 중 적어도 다섯 차례 계획, 항공기, 조종사, 탑승자, 프로그래밍을 검토하고 상황에 맞춰 결정을 내려야 한다. 특별한 의사결정을 내리지 않고 현재상황을 유지하는 것도 결정이라고 할 수 있다. 단일조종사 자원관리(SRM)와 5P하에서는 현재계획을 변경하지 않는 것도 모두 위험요소들을 신중하게 고려하여 결정한 것이기 때문이다.

4. 의사결정기술 가르치기

시스템안전성을 논할 때면 비행교관 조종사들은 종종 학생조종사들이 전통적인 조종간과 방향타기술을 놓치게 될까 우려한다. 위험관리, 항공의사결정(ADM), 단일조종사 자원관리(SRM) 및 상황인식과 같은 항목을 강조하다 보면 안전한 조종훈련에 소홀할 수 있다는 것이다. 시스템 안전비행훈련은 다음의 세 가지 단계로 이루어진다.

(1) 1단계는 전통적인 조종간과 방향타기동이다

조종사는 비판적 사고기술을 적용하기에 앞서 항공기를 조종하는 자신의 능력에 대해 자신감을 가져야 한다. 이후 비행교관은 학생조종사들이 안전한 비행을 위해 위험을 확인하고 위험을 관리하며 이용가능한 자원을 잘 활용하는 방법을 배우기 시작할 때 시스템안전의 원칙을 도입한다. 이를 위해서는 가르치는 기술들을 반영한 시나리오를 활용해야 한다. 마지막으로, 보다 다양한 비행안전문제가 내포된 복잡한 시나리오를 제시한다. 즉, 시나리오는 단순한 것으로 시작했다가 학생조종사의 학습이 향상됨에 따라 복잡성과 난이도를 높여가야 한다.

(2) 2단계는 단거리착륙을 수행할 때 필요한 많은 요소들을 도입하며, 여기에는 활주로 상태, no-flap 착륙, 공항장애물, 착륙거부 등이 포함된다

단거리착륙 훈련계획에 언급된 모든 위험 및 고려사항은 교육프로그램 지상훈련에서 상세히 검토되어져야 한다. 장애물 없는 6,000피트 길이 활주로 공항에서 훈련받은 학생조종사들에게 활주로이륙 종단부분에 장애물이 있는 1,800피트의 활주로에서 동일한 항공기를 조종하는 경우를 가정해보게 한다. 추가로 고밀도 고도조건 하에서 최대 총 중량항공기를 조종한다는 가정을 더하면 훈련시나리오가 여러 측면에서 복잡해진다. 이런 가정뒤에 이어지는 토론은 중요한 훈련이 되며, 추가지상훈련이나 비행훈련이 거의 필요치 않게 된다.

(3) 3단계는 앞에서 논의한 위험 및 고려사항들을 다루고 이것들을 결합해 더욱 복잡한 시나리오를 구성한다

이러한 시나리오를 통해 학생조종사는 특정학습(이 경우에는 단거리착륙)뿐 아니라 이를 보다 큰 맥락, 즉 전체비행에서 바라보게 된다. 예를 들어, 공중항법(cross-country)비행에 나선 학생조종사에게 탑승자의 몸 상태가 좋지 않다는 현실적인 주의분산요소를 추가로 제시할 수도 있다.

시나리오 기반훈련(SBT)은 비행교관이 항공의사결정(ADM)과 위험관리를 효과적으로 가르치는 데 도움이 된다. 시나리오 기반훈련(SBT)의 무엇을, 왜, 어떻게와 같은 질문을 전체에 걸쳐 살펴보았다. 항공의사결정(ADM)을 가르침에 있어서 학습목적은 학생조종사의 적절한 판단과 의사결정을 내리는 것이고, 따라서 비행교관은 가능한 한 빠른 시간안에 학생조종사가 스스로 비행계획을 세우고 실행할 수 있도록 지도해야 한다. 비행교관의 기술기동시범 및 교육은 지속적으로 이루어져야 하지만, 학생조종사가 의사결정을 내리기 시작하면 비행교관은 학생조종사의 멘토(mentor) 및 학습조력자로 바뀌어져야 한다.

효과적인 시나리오 기반훈련(SBT)교육을 위해서 비행교관과 학생조종사는 다음 사항을 확실히 정해야 한다.

효과적인 시나리오 기반훈련(SBT) 고려사항

- 시나리오 상의 목적지
- 바람직한 학습결과
- 바람직한 학생조종사의 수행수준
- 비행 중 시나리오 변경

효과적인 시나리오 기반훈련(SBT)교육에 적용하기 위한 좋은 시나리오는 다음과 같다.

시나리오 기반훈련(SBT)에 좋은 시나리오

- 시험이 아니다.
- 하나의 정답만 있는 것이 아니다.
- 정해진 답을 주지 않는다.
- 세 가지 학습영역과 모두 연관된다.
- 대화형이다.
- 오류를 촉발하지 않아야 한다.
- 상황인식과 의사결정을 내릴 기회에 주력한다.
- 의사결정에 시간제한을 둔다.

비행교관은 가능한 한 현실에 가깝게 상황을 설정해야 한다. 즉, 학생조종사가 어디로 가고 비행에서 무슨 일이 일어날지를 알아야 한다. 실제비행은 원래 계획과 다를 수 있지만 시나리오를 통해 학생조종사가 실제 상황에 처해보도록 해야 하며, 학생조종사 비행계획 시 다음 사항을 포함시켜야 한다.

시나리오 기반훈련(SBT) 비행계획 포함사항

- 경로
- 목적지
- 기상
- 항공고시보(NOTAMS)
- 비상절차

시나리오에서는 좋은 결과와 좋지 않은 결과가 모두 나올 수 있다. 비행교관은 긍정적인 결과와 부정적인 결과를 미리 파악하고 학생조종사에게 어떤 결정이든 자유롭게 내릴 수 있는 선택권을 주어야 한다. 물론 학생조종사가 안전하지 않은 결정을 내리거나 안전하지 않은 행위를 저지르는 것까지 허용해야 한다는 것은 아니다. 불안전한 경우만 아니라면 학생조종사가 자신의 경험수준에서 적합한 결정을 내리고 긍정적인 결과를 도출하게끔 해야 한다.

부 록

우리나라는 항공안전법에서 조종사를 양성하려면 반드시 전문교육기관으로 지정을 받도록 하고 있다. 또한 항공안전법 시행규칙에서 전문교육기관의 각 과정별 교육에 대한 교관의 자격 · 경력 및 정원, 시설 및 장비, 교육평가방법, 연간 교육계획, 교육규정 등을 세부적으로 제시하고 정기적 또는 수시로 점검을 통하여 교관에 대한 전문성을 관리하고 있다. 본 부록에서는 안전한 비행교육훈련과 항공안전관리를 위한 비행관련 전문교육기관에 대하여 살펴본다.

항공안전법(법률 제14116호)

第48조(전문교육기관의 지정 등) ① 항공종사자를 양성하려는 자는 국토교통부령으로 정하는 바에 따라 국토교통부장관으로부터 항공종사자 전문교육기관(이하 “전문교육기관”이라 한다)으로 지정을 받을 수 있다. 다만, **제35조 제1호부터 제4호까지의 항공종사자를 양성하려는 자는 전문교육기관으로 지정을 받아야 한다**.

> 제35조(자격증명의 종류) 자격증명의 종류는 다음과 같이 구분한다.
> **1. 운송용 조종사**
> **2. 사업용 조종사**
> **3. 자가용 조종사**
> **4. 부조종사**
> 5. 항공사
> 6. 항공기관사
> 7. 항공교통관제사
> 8. 항공정비사
> 9. 운항관리사

② 제1항에 따라 전문교육기관으로 지정을 받으려는 자는 국토교통부령으로 정하는 기준(이하 “전문교육기관 지정기준”이라 한다)에 따라 교육과목, 교육방법, 인력, 시설 및 장비 등 교육훈련체계를 갖추어야 한다.

③ 국토교통부장관은 전문교육기관을 지정하는 경우에는 교육과정, 교관의 인원 · 자격 및 교육평가방법 등 국토교통부령으로 정하는 사항이 명시된 훈련운영기준을 전문교육기관지정서와 함께 해당 전문교육기관으로 지정받은 자에게 발급하여야 한다.

④ 국토교통부장관은 교육훈련과정에서의 안전을 확보하기 위하여 필요하다고 판단되면 직권으로 또는 전문교육기관의 신청을 받아 제3항에 따른 훈련운영기준을 변경할 수 있다.

⑤ 전문교육기관으로 지정을 받은 자는 제3항에 따른 훈련운영기준 또는 제4항에 따라 변경된 훈련운영기준을 준수하여야 한다.
⑥ 전문교육기관으로 지정을 받은 자는 훈련운영기준에 따라 교육훈련체계를 계속적으로 유지하여야 하며, 새로운 교육과정의 개설 등으로 교육훈련체계가 변경된 경우에는 국토교통부장관이 실시하는 검사를 받아야 한다.
⑦ 국토교통부장관은 전문교육기관으로 지정받은 자가 교육훈련체계를 유지하고 있는지 여부를 정기 또는 수시로 검사하여야 한다.
⑧ 국토교통부장관은 전문교육기관이 항공운송사업에 필요한 항공종사자를 양성하는 경우에는 예산의 범위에서 필요한 경비의 전부 또는 일부를 지원할 수 있다.
⑨ 국토교통부장관은 항공교육훈련정보를 국민에게 제공하고 전문교육기관 등 항공교육훈련기관을 체계적으로 관리하기 위하여 시스템(이하 "항공교육훈련통합관리시스템"이라 한다)을 구축·운영하여야 한다.
⑩ 국토교통부장관은 항공교육훈련통합관리시스템을 구축·운영하기 위하여 「항공사업법」 제2조제35호에 따른 항공교통사업자 또는 항공교육훈련기관 등에게 필요한 자료 또는 정보의 제공을 요청할 수 있다. 이 경우 자료나 정보의 제공을 요청받은 자는 정당한 사유가 없으면 이에 따라야 한다.

항공안전법 시행규칙(국토교통부령)

제104조(전문교육기관의 지정 등) ① 법 제48조제1항에 따른 전문교육기관으로 지정을 받으려는 자는 별지 제57호서식의 항공종사자 전문교육기관 지정신청서에 다음 각 호의 사항이 포함된 교육계획서를 첨부하여 국토교통부장관에게 제출하여야 한다.
1. 교육과목 및 교육방법
2. 교관현황(교관의 자격·경력 및 정원)
3. 시설 및 장비의 개요
4. 교육평가방법
5. 연간 교육계획
6. 교육규정

② 법 제48조제2항에 따른 **전문교육기관의 지정기준은 별표** 12와 같으며, 지정을 위한 심사 등에 관한 세부절차는 국토교통부장관이 정하여 고시한다.
③ 법 제48조제3항에서 "국토교통부령으로 정하는 사항"이란 다음 각 호의 사항을 말한다.
1. 교육과정, 교관의 인원·자격 및 교육평가방법
2. 훈련용 항공기의 지정 및 정비방법에 관한 사항
3. 전문교육기관의 책임관리자

4. 교육훈련기록관리에 관한 사항
5. 교육훈련의 품질보증체계에 관한 사항
6. 그 밖에 교육훈련에 필요한 사항으로서 국토교통부장관이 정하여 고시하는 사항

④ 국토교통부장관은 제1항에 따른 신청서를 심사하여 그 내용이 제2항에서 정한 지정기준에 적합한 경우에는 법 제35조, 제37조 및 제44조에 따른 자격별로 별지 제58호서식의 항공종사자 전문교육기관 지정서 및 별지 제58호의2서식의 훈련운영기준(Training Specifications)을 발급하여야 한다.

⑤ 국토교통부장관은 제4항에 따라 지정한 전문교육기관(이하 "지정전문교육기관"이라 한다)을 공고하여야 한다.

⑥ 국토교통부장관은 법 제48조 제4항에 따라 직권으로 훈련운영기준을 변경하는 때에는 지체없이 변경내용과 그 사유를 전문교육기관의 장에게 알리고 새로운 훈련운영기준을 발급해야 한다.

⑦ 법 제48조 제4항에 따라 전문교육기관의 장이 훈련운영기준 변경신청을 하려는 경우에는 변경하는 훈련운영기준을 적용하려는 날의 15일전까지 별지 제58호의3서식의 훈련운영기준 변경신청서에 변경하려는 내용과 그 사유를 적어 국토교통부장관에게 제출해야 한다.

⑧ 국토교통부장관은 제7항에 따른 훈련운영기준 변경신청을 받으면 그 내용을 검토하여 교육훈련과정에서의 안전확보에 문제가 있는 경우를 제외하고는 변경된 훈련운영기준을 신청인에게 발급해야 한다.

⑨ 국토교통부장관은 법 제48조제7항에 따라 지정전문교육기관이 교육훈련체계를 유지하고 있는지 여부를 다음 각 호의 기준에 따라 검사하여야 한다.

1. 정기검사: 매년 1회
2. 수시검사: 교육훈련체계가 변경되는 경우 등 국토교통부장관이 필요하다고 판단하는 때

⑩ 지정전문교육기관은 다음 각 호의 사항을 법 제48조 제9항에 따른 항공교육훈련통합관리시스템에 입력하여야 한다.

1. 법 제48조 제2항에 따른 교육훈련체계의 변경사항
2. 해당 교육훈련과정의 이수자 명단

항공안전법 시행규칙(별표 12): 전문교육기관 지정기준(조종사 관련 사항 발췌)

1. 자가용 조종사과정지정기준

가. 교육과목 및 교육방법

1) 학과교육: 과목별 교육내용 및 시간은 다음을 표준으로 하되, 총교육시간은 180시간

이상이어야 한다. 다만, 과목별 교육시간은 100분의 35의 범위에서 조정할 수 있고, 교육내용별 교육시간은 조정하여 실시할 수 있다.

과목교육	내 용	교육시간	계
항공법규	국제 · 국내항공법규	7.5	15
	조종 관련 항공법규	7.5	
공중항법	항법이론	15	45
	비행단계별 비행절차	15	
	인적수행능력(위기 및 오류관리 포함)	15	
항공기상	기상일반	15	30
	항공기상, 분석 및 실무	15	
비행이론	비행이론 일반	10	45
	항공기의 구조와 시스템	15	
	기초비행원리	10	
	항공기 성능	10	
항공교통 · 통신 · 정보업무	교통관제업무 일반	15	40
	조난 · 비상 · 긴급통신 방법 및 절차	10	
	항공통신 · 항공정보	15	
시험(중간시험을 한 번 이상 실시해야 한다)		5	5
계			180

2) 실기교육: 과목별 시간배분은 다음을 표준으로 하며, 과목별 교육시간은 100분의 35 범위 내에서 조정이 가능하되, 단독 비행시간 10시간을 포함한 총 교육시간은 35시간 이상이어야 한다.

구 분	과 목	동승 비행시간	단독 비행시간 (또는 기장시간)	계
비행기	1. 장주이착륙	7	3	10
	2. 공중조작	7	2	9
	3. 기본계기비행	1	-	1
	4. 야외비행	5	5	10
	5. 야간비행	2	-	2
	6. 비정상 및 비상절차	1	-	1
	7. 시험(중간시험을 한 번 이상 실시하여야 한다)	2	-	2
계		25	10	35
회전익 항공기	1. 장주이착륙	8	2	10
	2. 공중조작	3	2	5
	3. 지표부근에서의 조작	4	1	5

	4. 야외 행	5	5	10
	5. 비정상 및 비상절차	3	-	3
	6. 시험(중간시험을 한 번 이상 실시하여야 한다)	2	-	2
계		25	10	35

단, 지방항공청장이 지정한 모의비행훈련장치를 이용한 비행훈련시간은 5시간 이내에서 인정한다.

나. 교관 확보기준

1) 학과교관

가) 자격요건

(1) 21세 이상일 것

(2) 해당 과목에 대한 지식과 능력을 갖추고 있을 것

(3) 해당 과목에 대한 교육경력이 있을 것

(4) 항공기 종류 및 등급에 해당하는 자가용 조종사, 사업용 조종사, 부조종사 또는 운송용 조종사 자격증명(항공법규, 인적수행능력, 항공기상, 비행이론, 항공교통·통신·정보업무 과목의 학과교관의 경우에는 제외한다)을 가질 것

(5) 다음 표에 해당하는 교과목별 학과교관이 가져야 할 자격증명은 다음과 같다.

과 목	자격증명 등
1. 항공법규	항공종사자 자격증명 소지자 또는 해당 분야의 실무경력(교육경력을 포함한다)이 3년 이상인 사람
2. 항공기상	항공종사자 자격증명(항공정비사를 제외한다) 소지자 또는 해당 분야의 실무경력(교육경력을 포함한다)이 3년 이상인 사람
3. 비행이론	항공종사자 자격증명 소지자 또는 해당 분야의 실무경력(교육경력을 포함한다)이 3년 이상인 사람
4. 항공교통·통신·정보업무	항공종사자 자격증명(항공정비사를 제외한다) 소지자 또는 해당 분야의 실무경력(교육경력을 포함한다)이 3년 이상인 사람
5. 인적수행능력 (위기 및 오류관리 포함)	항공종사자 자격증명 소지자 또는 항공의학, 심리학, 철학을 전공하고 인적수행능력 과정을 이수한 사람(항공우주의료 관련 해당분야 실무경력 또는 교육경력이 3년 이상인 사람을 포함한다)

나) 운영기준

(1) 학과교관의 강의는 1주당 30시간을 초과하지 않을 것(비행실기교관으로 근무한 시간을 포함하며 학과시험 감독으로 근무한 시간은 제외한다)

(2) 학과교관의 강의준비시간은 강의 1시간당 1시간이상 주어질 것.

2) 비행실기교관

가) 자격요건

(1) 21세 이상일 것

(2) 해당 과정의 실기교육(모의비행장치 비행훈련 포함)에 필요한 아래의 항공종사자 자격증명 중 어느 하나를 가질 것. 다만, 사업용 조종사 자격증명을 가진 비행실기교관 중 25% 이상은 계기비행증명을 가질 것

(가) 사업용 조종사 자격증명 및 조종교육증명

(나) 부조종사 자격증명 및 조종교육증명

(다) 운송용 조종사 자격증명 및 조종교육증명

(라) 군의 비행실기교관 자격

나) 운영기준

(1) 비행실기교관의 조종교육시간은 연간 1,200시간(학과교관으로 근무한 시간을 포함하며, 학과시험감독으로 근무한 시간은 제외한다)을 초과하지 아니할 것

(2) 비행실기교관 1명이 담당하는 교육생은 8명 이하로 할 것

3) 주임교관

가) 24세 이상일 것

나) 해당 교육과정운영에 필요한 지식, 경력, 능력 및 지휘통솔력을 갖춘 학과 및 비행실기 교관 중 각각 1명을 학과주임교관 및 실기주임교관으로 임명할 것

4) 실기시험관

가) 자격요건

(1) 23세 이상일 것

(2) 해당 과정의 실기시험(모의비행장치 실기시험 포함)에 필요한 아래의 항공종사자 자격증명 중 어느 하나를 가진 사람으로서 400시간 이상의 조종교육경력과 1,000시간 이상의 총 비행경력이 있을 것

(가) 사업용 조종사 자격증명 및 선임 조종교육증명

(나) 운송용 조종사 자격증명 및 선임 조종교육증명

(다) 군의 비행평가교관자격

(3) 최근 2년 이내에 「항공법」 또는 「항공안전법」을 위반하여 행정처분을 받은 사실이 없을 것

나) 운영기준

(1) 필요 시 실기시험관은 학과교관 및 비행실기교관을 겸임할 수 있도록 할 것

(2) 실기시험관은 자신이 비행실기과목을 교육한 학생에 대하여는 그 과목에 대한 평가업무를 수행할 수 없도록 할 것

다. 시설 및 장비확보기준

1) 강의실, 자료열람실, 비행계획실, 브리핑실, 교관실 및 행정사무실 등 학과교육 및 비행실기교육에 필요한 교육훈련시설은 학생 수를 고려하여 충분히 확보해야 하며, 건축관계 법규, 「소음 · 진동관리법」 및 「소방법」 등 관련 법규의 기준에 적합할 것
2) 실기비행훈련에 사용되는 훈련용 항공기는 「항공법」 또는 「항공안전법」에 따른 감항성을 확보할 수 있도록 유지 · 관리할 것
3) 모의비행훈련장치는 모의비행훈련장치지정기준 및 검사요령에 따라 지정되고 유지 · 관리할 것
4) 이착륙 시설(훈련비행장)은 실기비행훈련에 사용되는 항공기의 이착륙에 적합해야 하며, 교신이 가능한 무선송수신 통신장비를 갖출 것

라. 교육평가방법

1) 학과시험은 3회 이상 실시할 것
2) 실기시험은 2회 이상 실시할 것
3) 교육생은 총 학과교육시간의 100분의 85 이상을 이수하도록 할 것
4) 학과시험 범위는 제1호 가목 1) 학과시험 과목에 따라 실시할 것
5) 실기시험 범위는 제1호 가목 2) 실기시험 과목에 따라 실시할 것
6) 과목별 합격기준은 100분의 70 이상으로 할 것
7) 과목별 불합격자는 해당 과목 교육시간의 100분의 20 이내에서 추가교육을 한 후 2회의 재시험을 실시할 수 있도록 할 것

마. 교육계획: 교관, 시설 및 장비 등을 고려한 연간 최대 교육인원을 포함한 교육계획을 수립할 것

바. 교육규정에 포함하여야 할 사항

1) 교육기관의 명칭
2) 교육기관의 소재지
3) 항공종사자 자격별 교육과정명
4) 교육목표 및 목적
5) 교육기관 운영과 관련된 조직 및 인원과 관련된 임무
6) 교육생 응시기준 및 선발방법 등
7) 교육생 정원(연간 최대 교육인원)
8) 편입기준
9) 결석자에 대한 보충교육방법
10) 시험시행 횟수, 시기 및 방법

11) 학사운영(입학 및 수료 등) 보고에 관한 사항
12) 수료증명서 발급에 관한 사항
13) 교육과정 운영과 관련된 기록 · 유지 등에 관한 사항
14) 그 밖에 전문교육기관 운영에 필요한 사항 등

사. 항공안전관리시스템(SMS)을 마련할 것

2. 사업용 조종사과정지정기준

가. 교육과목 및 교육방법

1) 학과교육: 과목별 교육내용 및 시간은 다음을 표준으로 하되, 총 교육시간은 510시간 이상이어야 한다. 다만, 과목별 교육시간은 100분의 35의 범위에서 조정할 수 있고, 교육내용별 교육시간은 조정하여 실시할 수 있다.

과목교육	내 용	교육시간	계
항공법규	국제 · 국내항공법규	45	90
	조종 관련 항공법규	45	
공중항법	항법이론	30	105
	비행단계별 비행절차	30	
	인적수행능력(위기 및 오류관리 포함)	45	
항공기상	기상일반	15	90
	항공기상	30	
	항공기상분석 및 실무	45	
비행이론	비행이론일반	10	115
	항공기의 구조와 시스템	45	
	기초비행원리	30	
	항공기 성능	30	
항공교통 · 통신 · 정보업무	교통관제업무 일반	30	90
	조난 · 비상 · 긴급통신 방법 및 절차	15	
	항공통신	30	
	항공정보	15	
시험(중간시험을 네 번 이상 실시해야 한다)		20	20
계			510

※ 비고: 총 교육시간의 50% 범위 내에서 국토교통부장관이 인정하는 CBT(Computer Based Training)를 이용하여 교육을 실시할 수 있다.

2) 실기교육: 과목별 시간배분은 다음을 표준으로 하며, 과목별 교육시간은 100 분의 35 범위내에서 조정이 가능하되, 기장으로서의 비행시간 70시간을 포함한 총교육시간은 150시간 이상이어야 한다.

구 분	과 목	동승 비행시간	단독 비행시간 (또는 기장시간)	계
비행기	1. 장주이착륙	15	20	35
	2. 공중조작	10	15	25
	3. 기본계기비행	10	10	20
	4. 야외비행	34	20	54
	5. 야간비행	5	5	10
	6. 비정상 및 비상절차	1	-	1
	7. 시험(중간시험을 세 번 이상 실시하여야 한다)	5	-	5
계		80	70	150
헬리콥터	1. 장주이착륙	15	5	20
	2. 공중조작	3	3	6
	3. 지표 부근에서의 조작	5	2	7
	4. 기본계기비행	5	5	10
	5. 야외비행	15	10	25
	6. 야간비행	2	5	7
	7. 비정상 및 비상절차	15	5	20
	8. 시험(중간시험을 두 번 이상 실시하여야 한다)	5	-	5
계		65	35	100

단, 지방항공청장이 지정한 모의비행훈련장치를 이용한 비행훈련시간은 10시간 이내에서 인정한다.

나. 교관확보기준

1) 학과교관

가) 자격요건

(1) 21세 이상일 것

(2) 해당 과목에 대한 지식과 능력을 갖추고 있을 것

(3) 해당 과목에 대한 교육경력이 있을 것

(4) 항공기 종류 및 등급에 해당하는 자가용 조종사, 사업용 조종사, 부조종사 또는 운송용 조종사 자격증명(항공법규, 인적수행능력, 항공기상, 비행이론, 항공교통 · 통신 · 정보업무 과목의 학과교관의 경우에는 제외한다)을 가질 것

(5) 다음 표에 해당하는 교과목별 학과교관이 가져야 할 자격증명은 다음과 같다.

과 목	자격증명 등
1. 항공법규	항공종사자 자격증명 소지자 또는 해당 분야의 실무경력(교육경력을 포함한다)이 3년 이상인 사람
2. 항공기상	항공종사자 자격증명(항공정비사를 제외한다) 소지자 또는 해당 분야의 실무경력(교육경력을 포함한다)이 3년 이상인 사람
3. 비행이론	항공종사자 자격증명 소지자 또는 해당 분야의 실무경력(교육경력을 포함한다)이 3년 이상인 사람
4. 항공교통 · 통신 · 정보업무	항공종사자 자격증명(항공정비사를 제외한다) 소지자 또는 해당 분야의 실무경력(교육경력을 포함한다)이 3년 이상인 사람
5. 인적수행능력 (위기 및 오류관리 포함)	항공종사자 자격증명 소지자 또는 항공의학, 심리학, 철학을 전공하고 인적수행능력 과정을 이수한 사람(항공우주의료 관련 해당분야 실무경력 또는 교육경력이 3년 이상인 사람을 포함한다)

나) 운영기준

(1) 학과교관의 강의는 1주당 30시간을 초과하지 않을 것(비행실기교관으로 근무한 시간을 포함하며, 학과시험 감독으로 근무한 시간은 제외한다)

(2) 학과교관의 강의준비시간은 강의 1시간당 1시간 이상 주어질 것

2) 비행실기교관

가) 자격요건

(1) 21세 이상일 것

(2) 해당 과정의 실기교육(모의비행장치 비행훈련 포함)에 필요한 아래의 항공종사자 자격증명 중 어느 하나를 가질 것, 다만, 사업용 조종사 자격증명 또는 군의 비행실기교관 자격을 가진 비행실기교관 중 100분의 75 이상은 계기비행증명 또는 군의 계기비행증명을 가질 것

(가) 사업용 조종사 자격증명 및 조종교육증명

(나) 운송용 조종사 자격증명 및 조종교육증명

(다) 군의 비행실기교관 자격

나) 운영기준

(1) 비행실기교관의 조종교육시간은 연간 1,200시간(학과교관으로 근무한 시간을 포함하며, 학과시험 감독으로 근무한 시간은 제외한다)을 초과하지 아니할 것

(2) 비행실기교관 한명이 담당하는 교육생은 6명 이하로 할 것

3) 주임교관

가) 24세 이상일 것

나) 해당 교육과정운영에 필요한 지식, 경력, 능력 및 지휘통솔력을 갖춘 학과 및 비행실기교관 중 각각 1명을 학과주임교관 및 실기주임교관으로 임명할 것

4) 실기시험관

가) 자격요건

(1) 23세 이상일 것

(2) 해당 과정의 실기시험(모의비행장치 실기시험 포함)에 필요한 아래의 항공종사자 자격증명 중 어느 하나를 가진 사람으로서 500시간 이상의 조종교육경력과 1,500시간 이상의 총 비행경력이 있을 것

(가) 사업용 조종사(계기비행증명을 보유할 것) 자격증명 및 선임조종교육증명

(나) 운송용 조종사 자격증명 및 조종교육증명

(다) 군의 비행평가교관 자격(군의 계기비행증명을 보유할 것)

(3) 최근 2년 이내에 「항공법」 또는 「항공안전법」을 위반하여 행정처분을 받은 사실이 없을 것

나) 운영기준

(1) 필요 시 실기시험관을 학과교관 및 비행실기교관을 겸임할 수 있도록 할 것

(2) 전문교육기관 설치자 및 관리자는 실기시험관을 겸직하지 않도록 할 것

(3) 실기시험관은 자신이 비행실기과목을 교육한 학생에 대하여는 그 과목에 대한 평가업무를 수행할 수 없도록 할 것

다. 시설 및 장비확보기준

1) 강의실, 자료열람실, 비행계획실, 브리핑실, 교관실 및 행정사무실 등 학과교육 및 비행실기교육에 필요한 교육훈련시설은 학생 수를 고려하여 충분히 확보해야 하며, 건축관계법규, 「소음 · 진동관리법」 및 「소방법」 등 관련 법규의 기준에 적합할 것

2) 실기비행훈련에 사용되는 훈련용 항공기는 「항공안전법」에 따른 감항성을 확보할 수 있도록 유지 · 관리할 것

3) 모의비행훈련장치는 모의비행훈련장치 지정기준 및 검사요령에 따라 지정되고 유지 · 관리할 것

4) 훈련비행장은 실기비행훈련에 사용되는 항공기 이착륙에 적합해야 하며, 교신이 가능한 무선송수신 통신장비를 갖출 것

라. 교육평가방법

1) 학과시험은 5회 이상 실시할 것

2) 실기시험은 4회 이상 실시할 것

3) 교육생은 총 학과교육시간의 100분의 85 이상을 이수하도록 할 것

4) 학과시험 범위는 제2호 가목 1) 학과시험 과목에 따라 실시할 것

5) 실기시험 범위는 제2호 가목 2) 실기시험 과목에 따라 실시할 것

6) 과목별 합격기준은 100분의 70 이상으로 할 것

7) 과목별 불합격자는 해당 과목 교육시간의 100분의 20 이내에서 추가교육을 한 후 2회의 재시험을 실시할 수 있도록 할 것

마. 교육계획: 교관, 시설 및 장비 등을 고려한 연간 최대 교육인원을 포함한 교육계획을 수립할 것

바. 교육규정에 포함하여야 할 사항

1) 교육기관의 명칭
2) 교육기관의 소재지
3) 항공종사자 자격별 교육과정명
4) 교육목표 및 목적
5) 교육기관운영과 관련된 조직 및 인원과 관련된 임무
6) 교육생 응시기준 및 선발방법 등
7) 교육생 정원(연간 최대 교육인원)
8) 편입기준
9) 결석자에 대한 보충교육방법
10) 시험시행 횟수, 시기 및 방법
11) 학사운영(입학 및 수료 등) 보고에 관한 사항
12) 수료증명서 발급에 관한 사항
13) 교육과정운영과 관련된 기록 · 유지 등에 관한 사항
14) 그 밖에 전문교육기관 운영에 필요한 사항 등

사. 항공안전관리시스템(SMS)을 마련할 것

3. 부조종사(MPL: Multi-crew Pilot Licence) 과정 지정기준

가. 교육과목 및 교육방법

1) 학과교육: 과목별 시간배분은 다음을 표준으로 하며, 과목별 교육시간은 100분의 35 범위 내에서 조정이 가능하되, 총교육시간은 650시간 이상이어야 한다. 다만, 총 교육시간의 50% 범위 내에서 국토교통부장관이 인정하는 CBT(Computer Based Training)를 이용한 교육시간은 이를 포함할 수 있다.

과 목	교육시간
1. 항공법규	18
2. 항공교통관제 및 항공정보(수색 및 구조포함)	40
3. 전파법규 및 전기통신술	10
4. 무선공학(항공보안무선시설 및 무선기기)	27
5. 항공기상	77
6. 공중항법	68
7. 항공계기	20
8. 운항관리(비행계획 포함)	10
9. 항공역학(비행이론, 감항검사 포함)	40
10. 항공기구조	20
11. 항공장비	30
12. 동력장치	30
13. 정비방식, 중량배분, 중심위치, 항공기성능	30
14. 항공기조종법	30
15. 항공기취급법	10
16. 인적성능 및 한계(위기 및 오류관리 포함)	20
17. 특정 형식의 항공기 비행교범(구조, 동력장치, 장비, 성능, 운용제한 및 중량배분 등 포함)	116
18. 특정 형식의 항공기조종실 절차훈련(CPT: Cockpit Procedure Training)	20
19. 항공사 운영(항공역사, 운송항공회사, 항공경제, ICAO와 IATA의 역할 포함)	10
20. 시험(중간시험을 여덟 번 이상 실시하여야 한다)	24
계	650

2) 실기교육: 과목별 시간배분은 다음을 표준으로 하며, 과목별 교육시간은 100 분의 35 범위 내에서 조정이 가능하되, 지방항공청장이 지정한 특정 형식의 항공기 모의비행훈련장치를 이용한 비행훈련시간과 최소한 40시간 이상의 실제 비행기에 의한 비행경력을 포함하여 총 240시간 이상이어야 한다.

과 목	동승 비행시간	단독 비행시간 (또는 기장시간)	계
1. 항공기 비행 전 지상작동	10	3	13
2. 항공기 이륙	30	12	42
3. 항공기 상승비행	25	10	35
4. 항공기 순항비행	15	10	25
5. 항공기 강하비행	15	10	25
6. 항공기 접근비행	25	10	35
7. 항공기 착륙	30	12	42
8. 항공기 비행 후 지상작동	10	3	13
9. 시험(중간시험을 여덟 번 이상 실시하여야 한다)	10	-	10
계	170	70	240

나. 교관확보기준

1) 학과교관 자격요건

가) 자격요건

(1) 21세 이상일 것

(2) 해당 과목에 대한 지식과 능력을 갖추고 있을 것

(3) 해당 과목에 대한 교육경력이 있을 것

(4) 항공기 종류 및 등급에 해당하는 자가용 조종사, 사업용 조종사, 부조종사 또는 운송용 조종사 자격증명을 가질 것

(5) 다음 표에 해당하는 교과목별 학과교관이 소지해야 할 자격증명은 다음과 같다.

과 목	자격증명 등
1. 항공교통관제, 항공정보, 항공기상, 운항관리 등	자가용 조종사, 사업용 조종사, 부조종사, 운송용 조종사, 운항관리사, 항공교통관제사 중 1개
2. 전파법규, 전기통신술, 무선공학 등	자가용 조종사, 사업용 조종사, 부조종사, 운송용 조종사 또는 해당 과목교육에 적합한 국가기술자격증명 중 1개
3. 항공계기, 항공역학, 항공기구조, 항공장비, 동력장치, 정비방식, 중량배분 중심위치, 항공기 성능, 항공기 취급법 등	자가용 조종사, 사업용 조종사, 부조종사, 운송용 조종사, 항공기관사, 항공정비사 중 1개
4. 인적성능 및 한계 중 항공생리 · 심리 및 구급법	자가용 조종사, 사업용 조종사, 부조종사, 운송용 조종사, 항공의학에 관한 교육을 받은 의사 중 1개

나) 운영기준

(1) 학과교관의 강의는 1주당 20시간을 초과하지 않을 것(비행실기교관으로 근무한 시간을 포함하며 학과시험 감독으로 근무한 시간은 제외한다)

(2) 학과교관의 강의준비시간은 강의 1시간당 1이상 주어질 것

2) 비행실기교관

가) 자격요건

(1) 21세 이상일 것

(2) 해당 과정의 실기교육(모의비행장치 비행훈련 포함)에 필요한 아래의 항공종사자 자격증명 중 어느 하나를 가질 것. 다만, 사업용 조종사 자격증명 또는 군의 비행실기교관 자격을 가진 비행실기교관 중 100분의 75 이상은 계기비행증명 또는 군의 계기비행증명을 가질 것

(가) 사업용 조종사 자격증명 및 조종교육증명

(나) 운송용 조종사 자격증명 및 조종교육증명

(다) 군의 비행실기교관 자격

나) 운영기준

(1) 비행실기교관의 조종교육시간은 연간 1,200시간(학과교관으로 근무한 시간을 포함하며, 학과시험감독으로 근무한 시간은 제외한다)을 초과하지 아니할 것

(2) 비행실기교관 한 명이 담당하는 교육생은 6명 이하로 할 것

3) 주임교관

가) 24세 이상일 것

나) 해당 교육과정운영에 필요한 지식, 경력, 능력 및 지휘통솔력을 갖춘 학과 및 비행실기교관 중 각각 1명을 학과주임교관 및 실기주임교관으로 임명할 것

4) 실기시험관

가) 자격요건

(1) 23세 이상일 것

(2) 실기시험관은 해당 과정의 실기시험(모의비행장치 실기시험 포함)에 필요한 아래의 항공종사자 자격증명 중 어느 하나를 가지고 500시간 이상의 조종교육경력과 1,500시간 이상의 총 비행경력이 있을 것

(가) 사업용 조종사(계기비행증명을 보유할 것) 자격증명 및 선임 조종교육증명

(나) 운송용 조종사 자격증명 및 선임 조종교육증명

(다) 군의 비행평가교관 자격(군의 계기비행증명을 보유할 것)

(3) 최근 2년 이내에 「항공법」 또는 「항공안전법」을 위반하여 행정처분을 받은 사실이 없을 것

나) 운영기준

(1) 필요 시 실기시험관은 학과교관 및 비행실기교관을 겸임할 수 있도록 할 것

(2) 전문교육기관 설치자 및 관리자는 실기시험관을 겸직하지 않도록 할 것

(3) 실기시험관은 자신이 비행실기과목을 교육한 학생에 대해서는 그 과목에 대한 평가업무를 수행할 수 없도록 할 것

다. 시설 및 장비확보기준

1) 강의실, 자료열람실, 비행계획실, 브리핑실, 교관실 및 행정사무실 등 학과교육 및 비행실기교육에 필요한 교육훈련시설은 학생 수를 고려하여 충분히 확보해야 하며, 건축관계법규, 「소음 · 진동관리법」 및 「소방법」 등 관련법규의 기준에 적합할 것

2) 실기비행훈련에 사용되는 훈련용 항공기는 「항공안전법」에 따른 감항성을 확보할 수 있도록 유지 · 관리할 것

3) 모의비행훈련장치는 모의비행훈련장치 지정기준 및 검사요령에 따라 지정되고 유지 · 관리할 것

4) 이착륙시설(훈련비행장)은 실기비행훈련에 사용되는 항공기의 이착륙에 적합해야 하며, 교신이 가능한 무선송수신 통신장비를 갖출 것

라. 교육평가방법

1) 교육과정 중 학과시험 및 실기시험은 각각 9회 이상 실시할 것
2) 교육생은 총 학과교육시간의 100분의 85 이상을 이수토록 할 것
3) 학과시험범위는 제3호 가목 1) 학과시험과목에 따라 실시할 것
4) 실기시험범위는 제3호 가목 2) 실기시험과목에 따라 실시할 것
5) 과목별 합격기준은 100분의 70 이상으로 할 것
6) 과목별 불합격자는 해당 과목교육시간의 100분의 20 이내에서 추가교육을 한 후 2회의 재시험을 실시할 수 있도록 할 것

마. 교육계획: 교관, 시설 및 장비 등을 고려한 연간 최대 교육인원을 포함한 교육계획을 수립할 것

바. 교육규정에 포함하여야 할 사항

1) 교육기관의 명칭
2) 교육기관의 소재지
3) 항공종사자 자격별 교육과정명
4) 교육목표 및 목적
5) 교육기관 운영과 관련된 조직 및 인원과 관련된 임무
6) 교육생 응시기준 및 선발방법 등
7) 교육생 정원(연간 최대 교육인원)
8) 편입기준
9) 결석자에 대한 보충교육방법
10) 시험시행 횟수, 시기 및 방법
11) 학사운영(입학 및 수료 등) 보고에 관한 사항
12) 수료증명서 발급에 관한 사항
13) 교육과정운영과 관련된 기록 · 유지 등에 관한 사항
14) 그 밖에 전문교육기관 운영에 필요한 사항 등

사. 항공안전관리시스템(SMS)을 마련할 것

4. 조종사 등급 한정 추가과정지정기준

가. 교육과목 및 교육방법

1) 학과교육: 과목별 시간배분은 다음을 표준으로 하며, 과목별 교육시간은 100분의 35 범위 내에서 조정이 가능하되, 총 교육시간은 20시간 이상이어야 한다.

과 목	교육시간
1. 항공기 일반(다발항공기의 구조, 동력장치, 장비, 성능, 운용제한 및 중량배분 등 포함)	10
2. 항공기조종법	9
3. 시 험	1
계	20

2) 실기교육: 과목별 시간배분은 다음을 표준으로 한다.

과 목	동승비행시간
1. 장주 이착륙	2
2. 공중조작	3
3. 기본계기비행	2
4. 비정상 및 비상절차	2
5. 시 험	1
계	10

나. 교관확보기준

1) 학과교관

가) 자격요건

(1) 21세 이상일 것

(2) 해당 과목에 대한 지식과 능력을 갖추고 있을 것

(3) 해당 과목에 대한 교육경력이 있을 것

(4) 항공기 종류 및 등급에 해당하는 사업용 조종사, 부조종사 또는 운송용 조종사 자격증명을 가질 것. 단 항공기 일반과목의 학과교관은 해당 종류의 항공정비사 자격증명을 가진 사람도 가능

나) 운영기준

(1) 학과교관의 강의는 1주당 20시간을 초과하지 않을 것(비행실기교관으로 근무한 시간을 포함하며, 학과시험감독으로 근무한 시간은 제외한다)

(2) 학과교관의 강의준비시간은 강의 1시간당 1시간 이상 주어질 것

2) 비행실기교관

가) 자격요건

(1) 21세 이상일 것

(2) 해당 과정의 실기교육에 필요한 아래의 항공종사자 자격증명 중 어느 하나를 가질 것

(가) 사업용 조종사 자격증명(계기비행증명을 보유할 것) 및 조종교육증명

(나) 운송용 조종사 자격증명 및 조종교육증명

(다) 군의 비행실기교관 자격(군의 계기비행증명을 보유할 것)

나) 운영기준

(1) 비행실기교관의 조종교육시간은 연간 1,200시간(학과교관으로 근무한 시간을 포함하며, 학과시험감독으로 근무한 시간은 제외한다)을 초과하지 아니할 것

(2) 비행실기교관 한명이 담당하는 교육생은 6명 이하로 할 것

3) 주임교관

가) 24세 이상일 것

나) 해당 교육과정 운영에 필요한 지식, 경력, 능력 및 지휘통솔력을 갖춘 학과 및 비행실기교관 중 각각 1명을 학과주임교관 및 실기주임교관으로 임명할 것

4) 실기시험관

가) 자격요건

(1) 23세 이상일 것

(2) 해당 과정의 실기시험에 필요한 아래의 항공종사자 자격증명 중 어느 하나를 가지고 400시간 이상의 조종교육경력과 1,000시간 이상의 총 비행경력이 있을 것

(가) 사업용 조종사(계기비행증명을 보유할 것) 자격증명 및 선임 조종교육증명

(나) 운송용 조종사 자격증명 및 선임 조종교육증명

(다) 군의 비행평가교관 자격(군의 계기비행증명을 보유할 것)

(3) 최근 2년 이내에 「항공법」 또는 「항공안전법」을 위반하여 행정처분을 받은 사실이 없을 것

나) 운영기준

(1) 필요 시 실기시험관을 학과교관 및 비행실기교관을 겸임할 수 있도록 할 것

(2) 전문교육기관 설치자 및 관리자는 실기시험관을 겸직하지 않도록 할 것

(3) 실기시험관은 자신이 비행실기과목을 교육한 학생에 대해서는 그 과목에 대한 평가업무를 수행할 수 없도록 할 것

다. 시설 및 장비확보기준

1) 강의실, 자료열람실, 비행계획실, 브리핑실, 교관실 및 행정사무실 등 학과교육 및 비행실기교육에 필요한 교육훈련시설은 학생 수를 고려하여 충분히 확보해야 하며, 건축관계법규, 「소음 · 진동관리법」 및 「소방법」 등 관련 법규의 기준에 적합할 것

2) 실기비행훈련에 사용되는 훈련용 항공기는 「항공안전법」에 따른 감항성을 확보할 수 있도록 유지 · 관리할 것

3) 이착륙시설(훈련비행장)은 실기비행훈련에 사용되는 항공기의 이착륙에 적합해야 하며, 교신이 가능한 무선송수신 통신장비를 갖출 것

라. 교육평가방법

1) 교육과정 중 학과시험 및 실기시험은 각각 한 번 이상 실시할 것
2) 교육생은 총 학과교육시간의 100분의 85 이상을 이수토록 할 것
3) 학과시험범위는 제4호 가목 1) 학과시험과목에 따라 실시할 것
4) 실기시험범위는 제4호 가목 2) 실기시험과목에 따라 실시할 것
5) 과목별 합격기준은 100분의 70 이상으로 할 것
6) 과목별 불합격자는 해당 과목 교육시간의 100분의 20 이내에서 추가교육을 한 후 2회의 재시험을 실시할 수 있도록 할 것

마. 교육계획: 교관, 시설 및 장비 등을 고려한 최대 교육인원을 포함한 교육계획을 수립할 것

바. 교육규정에 포함하여야 할 사항

1) 교육기관의 명칭
2) 교육기관의 소재지
3) 항공종사자 자격별 교육과정명
4) 교육목표 및 목적
5) 교육기관운영과 관련된 조직 및 인원과 관련된 임무
6) 교육생 응시기준 및 선발방법 등
7) 교육생 정원(연간 최대 교육인원)
8) 편입기준
9) 결석자에 대한 보충교육 방법
10) 시험시행 횟수, 시기 및 방법
11) 학사운영(입학 및 수료 등) 보고에 관한 사항
12) 수료증명서 발급에 관한 사항
13) 교육과정 운영과 관련된 기록 · 유지 등에 관한 사항
14) 그 밖에 전문교육기관 운영에 필요한 사항 등

5. 조종사형식 한정추가과정지정기준

가. 교육과목 및 교육방법

1) 학과교육: 과목별 시간배분은 다음을 표준으로 하며, 과목별 교육시간은 100분의 35 범위 내에서 조정이 가능하되, 총 교육시간은 140시간 이상이거나 항공기 제작회사가 정한 형식한정 변경에 필요한 학과교육 시간 이상이어야 한다. 다만, 총 교육시간의 50% 범위 내에서 국토교통부장관이 인정하는 CBT(Computer Based Training)를 이용

한 교육시간은 이를 포함할 수 있다.

과 목	교육시간
1. 해당 항공기 비행교범(구조, 동력장치, 장비, 성능, 운용제한 및 중량배분 등 포함)	116
2. 해당 항공기 조종실 절차훈련(CPT, Cockpit Procedure Training)	20
3. 시험(중간시험을 두 번 이상 실시하여야 한다)	4
계	140

2) 실기교육: 과목별 배분시간은 다음을 표준으로 한다.

<table>
<tr><th rowspan="2">구 분</th><th rowspan="2">과 목</th><th colspan="2">동승비행시간</th></tr>
<tr><th>제트발동기</th><th>왕복발동기</th></tr>
<tr><td rowspan="3">비행기</td><td>1. 모의비행훈련</td><td>20</td><td>16</td></tr>
<tr><td>2. 항공기 실제비행훈련</td><td>2</td><td>2</td></tr>
<tr><td>3. 시험(중간시험을 한 번 이상 실시하여야 한다)</td><td>2</td><td>2</td></tr>
<tr><td colspan="2">계</td><td>24</td><td>20</td></tr>
<tr><td rowspan="2">헬리콥터</td><td>1. 항공기 실제비행훈련</td><td colspan="2">20</td></tr>
<tr><td>2. 시험(중간시험을 한 번 이상 실시하여야 한다)</td><td colspan="2">2</td></tr>
<tr><td colspan="2">계</td><td colspan="2">22</td></tr>
</table>

※비고

1. 항공기 제작회사가 정한 형식한정변경에 필요한 실기교육시간 또는 국토교통부장관이 인가한 훈련규정에서 정한 실기교육시간 이상으로 운영가능
2. 헬리콥터의 경우 다른 헬리콥터에 대한 형식한정자격이 있는 사람의 경우 항공기 실제비행훈련 동승비행시간은 10시간 이상

나. 교관확보기준

1) 학과교관

가) 자격요건

(1) 21세 이상일 것

(2) 해당 과목에 대한 지식과 능력을 갖추고 있을 것

(3) 해당 과목에 대한 교육경력이 있을 것

(4) 해당 과정에 맞는 형식의 사업용 조종사, 부조종사 또는 운송용 조종사 자격증명을 가질 것. 단 항공기 비행교범과목의 학과교관은 해당 형식의 항공기에 대한 정비경력이 있는 항공정비사 자격증명을 가진 사람도 가능

나) 운영기준

(1) 학과교관의 강의는 1주당 20시간을 초과하지 않을 것(비행실기교관으로 근무한 시간을 포함하며, 학과시험감독으로 근무한 시간은 제외한다)

(2) 학과교관의 강의준비시간은 강의 1시간당 1시간 이상 주어질 것

2) 비행실기교관
 가) 자격요건
  (1) 21세 이상일 것
  (2) 해당 과정에 맞는 항공기의 형식한정자격을 가진 사람으로서 아래의 항공종사자 자격증명 중 어느 하나를 가져야 한다.
   (가) 사업용 조종사 자격증명(비행기에 대해서만 계기비행증명을 보유할 것) 및 조종교육증명
   (나) 운송용 조종사 자격증명 및 조종교육증명
   (다) 군의 비행실기교관 자격(비행기에 대해서만 군의 계기비행증명을 보유할 것)
 나) 운영기준
  (1) 비행실기교관의 조종교육시간은 연간 1,200시간(학과교관으로 근무한 시간을 포함하며, 학과시험감독으로 근무한 시간은 제외한다)을 초과하지 아니할 것
  (2) 비행실기교관 한명이 담당하는 교육생은 6명 이하로 할 것
3) 주임교관
 가) 24세 이상일 것
 나) 해당 교육과정 운영에 필요한 지식, 경력, 능력 및 지휘통솔력을 갖춘 학과 및 비행실기교관 중 각각 1명을 학과주임교관 및 실기주임교관으로 임명할 것
4) 실기시험관
 가) 자격요건
  (1) 23세 이상일 것
  (2) 해당 과정의 실기시험에 필요한 아래의 항공종사자 자격증명 중 어느 하나를 가지고 500시간 이상의 조종교육경력과 해당 형식의 항공기 비행시간 100시간을 포함하여 1,500시간 이상의 총비행경력이 있을 것
   (가) 사업용 조종사(계기비행증명을 보유할 것) 자격증명 및 조종교육증명
   (나) 운송용 조종사 자격증명 및 선임 조종교육증명
   (다) 군의 비행평가교관 자격(군의 계기비행증명을 보유할 것)
  (3) 최근 2년 이내에 「항공법」 또는 「항공안전법」을 위반하여 행정처분을 받은 사실이 없을 것
 나) 운영기준
  (1) 필요 시 실기시험관을 학과교관 및 비행실기교관을 겸임할 수 있도록 할 것
  (2) 전문교육기관 설치자 및 관리자는 실기시험관을 겸직하지 않도록 할 것
  (3) 실기시험관은 자신이 비행실기과목을 교육한 학생에 대해서는 그 과목에 대한 평가업무를 수행할 수 없도록 할 것

다. 시설 및 장비확보기준

1) 강의실, 자료열람실, 비행계획실, 브리핑실, 교관실 및 행정사무실 등 학과교육 및 비행실기교육에 필요한 교육훈련시설은 학생 수를 고려하여 충분히 확보해야 하며, 건축관계법규, 「소음 · 진동관리법」 및 「소방법」등 관련 법규의 기준에 적합할 것
2) 실기비행훈련에 사용되는 훈련용 항공기는 「항공안전법」에 따른 감항성을 확보할 수 있도록 유지 · 관리할 것
3) 이착륙 시설(훈련비행장)은 실기비행훈련에 사용되는 항공기의 이착륙에 적합해야 하며, 교신이 가능한 무선송수신 통신장비를 갖출 것

라. 교육평가방법

1) 학과시험은 3회 이상 실시할 것
2) 실기시험은 2회 이상 실시할 것
3) 교육생은 총 학과교육시간의 100분의 85 이상을 이수토록 할 것
4) 학과시험범위는 제5호 가목 1) 학과시험과목에 따라 실시할 것
5) 실기시험범위는 제5호 가목 2) 실기시험과목에 따라 실시할 것
6) 과목별 합격기준은 100분의 70 이상으로 할 것
7) 과목별 불합격자는 해당 과목 교육시간의 100분의 20 이내에서 추가교육을 한 후 2회의 재시험을 실시할 수 있도록 할 것

마. 교육계획: 교관, 시설 및 장비 등을 고려한 최대 교육인원을 포함한 교육계획을 수립할 것

바. 교육규정에 포함하여야 할 사항

1) 교육기관의 명칭
2) 교육기관의 소재지
3) 항공종사자 자격별 교육과정명
4) 교육목표 및 목적
5) 교육기관 운영과 관련된 조직 및 인원과 관련된 임무
6) 교육생 응시기준 및 선발방법 등
7) 교육생 정원(연간 최대 교육인원)
8) 편입기준
9) 결석자에 대한 보충교육 방법
10) 시험시행 횟수, 시기 및 방법
11) 학사운영(입학 및 수료 등) 보고에 관한 사항
12) 수료증명서 발급에 관한 사항

13) 교육과정운영과 관련된 기록 · 유지 등에 관한 사항
14) 그 밖에 전문교육기관운영에 필요한 사항 등

6. 계기비행증명과정 지정기준

가. 교육과목 및 교육방법

1) 학과교육: 과목별 교육내용 및 시간은 다음을 표준으로 하되, 총교육시간은 70시간 이상이어야 한다. 다만, 과목별 교육시간은 100분의 35의 범위에서 조정할 수 있고, 교육내용별 교육시간은 조정하여 실시할 수 있다.

과 목	교육 내용	교육시간	계
계기비행	항공법규(계기비행 등에 관한 사항)	8	68
	운항일반	15	
	계기비행 및 비상절차	30	
	항공교통관제시스템	15	
시험(중간시험을 한 번 이상 실시해야 한다)		2	2
계			70

※ 비고: 총 교육시간의 50% 범위 내에서 국토교통부장관이 인정하는 CBT(Computer Based Training)를 이용하여 교육을 실시할 수 있다.

2) 실기교육: 과목별 배분시간은 다음을 표준으로 한다. 다만, 과목별 비행시간은 100분의 35 범위 내에서 조정이 가능하되, 총교육시간은 40시간 이상이어야 한다.

과 목	동승 비행시간
1. 기본계기비행(정상, 비정상 및 비상상태 회복절차 등 포함)	10
2. 계기비행(계기이륙, 표준계기 출발 및 도착, 항공로 비행, 체공, 접근 및 착륙 등 포함)	18
3. 야외 계기비행	10
4. 시험(중간시험을 한 번 이상 실시하여야 한다)	2
계	40

다만, 지방항공청장이 지정한 모의비행훈련장치 시간은 20시간 이내에서 인정한다.

나. 교관확보기준

1) 학과교관
 가) 자격요건
  (1) 20세 이상일 것
  (2) 해당 과목에 대한 지식과 능력을 갖추고 있을 것
  (3) 해당 과목에 대한 교육경력이 있을 것
  (4) 해당 과정에 맞은 항공기 종류의 사업용 조종사, 부조종사 또는 운송용 조종사

자격증명(항공법규, 운항일반, 항공교통관제시스템 과목의 학과교관은 제외한다)을 가질 것

(5) 다음 표에 해당하는 교과목별 학과교관이 가져야 할 자격증명은 다음과 같다.

과 목	자격증명 등
1. 항공법규, 운항일반	항공종사자 자격증명 소지자 또는 해당 분야의 실무경력(교육경력을 포함한다)이 3년 이상인 사람
2. 항공교통관제시스템	자가용 · 사업용 · 운송용 조종사, 항공교통관제사, 운항관리사 자격증명 소지자 또는 해당 분야의 실무경력(교육경력을 포함한다)이 3년 이상인 사람

나) 운영기준

(1) 학과교관의 강의는 1주당 20시간을 초과하지 않을 것(비행실기교관으로 근무한 시간을 포함하며, 학과시험 감독으로 근무한 시간은 제외한다)

(2) 학과교관의 강의준비 시간은 강의 1시간당 1시간 이상 주어질 것

2) 비행실기교관

가) 자격요건

(1) 21세 이상일 것

(2) 비행실기교관은 해당 과정에 맞는 다음 항공종사자 자격증명 중 어느 하나를 가질 것

(가) 사업용 조종사 자격증명(계기비행증명을 보유할 것) 및 조종교육증명

(나) 운송용 조종사 자격증명 및 조종교육증명

(다) 군의 비행실기교관 자격(군의 계기비행증명을 보유할 것)

나) 운영기준

(1) 비행실기교관의 조종교육시간은 연간 1,200시간(학과교관으로 근무한 시간을 포함하며, 학과시험감독으로 근무한 시간은 제외한다)을 초과하지 아니할 것

(2) 비행실기교관 한명이 담당하는 교육생은 6명 이하로 할 것

3) 주임교관

가) 24세 이상일 것

나) 해당 교육과정 운영에 필요한 지식, 경력, 능력 및 지휘통솔력을 갖춘 학과 및 비행실기 교관 중 각각 1명을 학과주임교관 및 실기주임교관으로 임명할 것

4) 실기시험관

가) 자격요건

(1) 23세 이상일 것

(2) 해당 과정의 실기시험에 필요한 아래의 항공종사자 자격증명 중 어느 하나를 가지고 500시간 이상의 조종교육경력과 해당 종류의 항공기 계기비행시간 100시간

을 포함하여 1,500시간 이상의 총 비행경력이 있을 것

(가) 사업용 조종사(계기비행증명을 보유할 것) 자격증명 및 선임 조종교육증명

(나) 운송용 조종사 자격증명 및 선임 조종교육증명

(다) 군의 비행평가교관 자격(군의 계기비행증명을 보유할 것)

(3) 최근 2년 이내에 「항공법」 또는 「항공안전법」을 위반하여 행정처분을 받은 사실이 없을 것

나) 운영기준

(1) 필요 시 실기시험관을 학과교관 및 비행실기교관을 겸임할 수 있도록 할 것

(2) 전문교육기관 설치자 및 관리자는 실기시험관을 겸직하지 않도록 할 것

(3) 실기시험관은 자신이 비행실기과목을 교육한 학생에 대해서는 그 과목에 대한 평가업무를 수행할 수 없도록 할 것

다. 시설 및 장비 확보기준

1) 강의실, 자료열람실, 비행계획실, 브리핑실, 교관실 및 행정사무실 등 학과교육 및 비행실기교육에 필요한 교육훈련시설은 학생 수를 고려하여 충분히 확보해야 하며, 건축관계법규, 「소음 · 진동관리법」 및 「소방법」 등 관련법규의 기준에 적합할 것

2) 실기비행훈련에 사용되는 훈련용 항공기는 「항공안전법」에 따른 감항성을 확보할 수 있도록 유지 · 관리할 것

3) 이착륙시설(훈련비행장)은 실기비행훈련에 사용되는 항공기의 이착륙에 적합해야 하며, 교신이 가능한 무선송수신 통신장비를 갖출 것

라. 교육평가방법

1) 교육과정 중 학과시험 및 실기시험은 각각 2회 이상 실시할 것

2) 교육생은 총 학과교육시간의 100분의 85 이상을 이수토록 할 것

3) 학과시험범위는 제6호 가목1) 학과시험과목에 따라 실시할 것

4) 실기시험범위는 제6호 가목2) 실기시험과목에 따라 실시할 것

5) 과목별 합격기준은 100분의 70 이상으로 할 것

6) 과목별 불합격자는 해당 과목 교육시간의 100분의 20 이내에서 추가교육을 한 후 2회의 재시험을 실시할 수 있도록 할 것

마. 교육계획: 교관, 시설 및 장비 등을 고려한 연간 최대 교육인원을 포함한 교육계획을 수립할 것

바. 교육규정에 포함하여야 할 사항

1) 교육기관의 명칭

2) 교육기관의 소재지

3) 항공종사자 자격별 교육과정명
4) 교육목표 및 목적
5) 교육기관 운영과 관련된 조직 및 인원과 관련된 임무
6) 교육생 응시기준 및 선발방법 등
7) 교육생 정원(연간 최대 교육인원)
8) 편입기준
9) 결석자에 대한 보충교육 방법
10) 시험시행 횟수, 시기 및 방법
11) 학사운영(입학 및 수료 등) 보고에 관한 사항
12) 수료증명서 발급에 관한 사항
13) 교육과정 운영과 관련된 기록 · 유지 등에 관한 사항
14) 그 밖에 전문교육기관 운영에 필요한 사항 등

7. 조종교육증명과정 지정기준

가. 교육과목 및 교육방법

1) 학과교육: 과목별 시간배분은 다음을 표준으로 하며, 과목별 교육시간은 100분의 35 범위 내에서 조정이 가능하되, 총 교육시간은 135시간 이상이어야 한다. 다만, 총 교육시간의 50% 범위 내에서 국토교통부장관이 인정하는 CBT(Computer Based Training)를 이용한 교육시간은 이를 포함할 수 있다.

과 목	교육시간
1. 항공법규(항공교통관제 및 항공정보 포함)	10
2. 사업용 조종사에 필요한 학과교육의 복습	40
3. 교육심리학(학습진도, 인간의 행동, 효과적인 의사소통, 교수과정, 교육방법, 비평, 평가, 교육보조자료의 이용 등을 포함)	50
4. 교육방법(비행교육기술, 교육계획 등을 포함)	20
5. 비행안전이론	5
6. 인적수행능력(위기 및 오류관리 포함)	5
7. 시험(중간시험을 한 번 이상 포함하여야 한다)	5
계	135

2) 실기교육: 실기교육시간은 15시간 이상이어야 한다.

과 목	동승 비행시간
1. 비행 전후 점검	1
2. 공중조작(해당 항공기에 대한 자가용 및 사업용 조종사 실기교육에 필요한 과목)	2
3. 지상참조 비행	2
4. 장주비행	2
5. 야간비행	2
6. 야외비행(계기비행 포함)	2
7. 비정상 및 비상절차	2
8. 시험(중간시험을 한 번 이상 포함하여야 한다)	2
계	15

※ 비고: 조종교육증명 과정수료 시 교육생의 총 비행시간은 230시간 이상이어야 한다.

나. 교관 확보기준

1) 학과교관

가) 자격요건

(1) 21세 이상일 것

(2) 해당 과목에 대한 지식과 능력을 갖추고 있을 것

(3) 해당 과목에 대한 교육경력이 있을 것

(4) 해당 과정에 맞는 항공기 종류의 사업용 조종사, 부조종사 또는 운송용 조종사 자격증명(항공법규, 교육심리학, 인적수행능력 과목의 학과교관은 제외한다)을 가질 것

(5) 다음 표에 해당하는 교과목별 학과교관이 가져야 할 자격증명은 다음과 같다.

과 목	자격증명 등
1. 항공법규	항공종사자 자격증명 소지자 또는 해당 분야의 실무경력(교육경력을 포함한다)이 3년 이상인 사람
2. 교육심리학	항공종사자 자격증명 소지자, 심리학을 전공한 사람 또는 해당 분야의 실무경력(교육경력을 포함한다)이 3년 이상인 사람
3. 인적수행능력 (위기 및 오류관리 포함)	항공종사자 자격증명 소지자 또는 항공의학, 심리학, 철학을 전공하고 인적수행능력 과정을 이수한 사람(항공우주의료 관련 해당분야 실무경력 또는 교육경력이 3년 이상인 사람을 포함한다)

나) 운영기준

(1) 학과교관의 강의는 1주당 20시간을 초과하지 않을 것(비행실기교관으로 근무한 시간을 포함하며, 학과시험감독으로 근무한 시간은 제외한다)

(2) 학과교관의 강의준비시간은 강의 1시간당 1시간 이상 주어질 것

2) 비행실기교관

가) 자격요건

(1) 21세 이상일 것

(2) 해당 과정에 맞는 다음의 항공종사자 자격증명 중 어느 하나를 가지고 있을 것

(가) 사업용 조종사(계기비행증명을 보유할 것) 자격증명 및 조종교육증명

(나) 운송용 조종사 자격증명 및 조종교육증명

(다) 군의 비행평가교관자격(군의 계기비행증명을 보유할 것)

나) 운영기준

(1) 비행실기교관의 조종교육시간은 연간 1,200시간(학과교관으로 근무한 시간을 포함하며, 학과시험 감독으로 근무한 시간은 제외한다)을 초과하지 아니할 것

(2) 비행실기교관 한명이 담당하는 교육생은 6명 이하로 할 것

3) 주임교관

가) 24세 이상일 것

나) 해당 교육과정 운영에 필요한 지식, 경력, 능력 및 지휘통솔력을 갖춘 학과 및 비행실기 교관 중 각각 1명을 학과주임교관 및 실기주임교관으로 임명할 것

4) 실기시험관

가) 자격요건

(1) 23세 이상일 것

(2) 해당 과정의 실기시험에 필요한 아래의 항공종사자 자격증명 중 어느 하나를 가지고 500시간 이상의 조종교육경력과 해당 종류의 항공기 계기비행시간 100시간을 포함하여 1,500시간 이상의 총 비행경력이 있을 것

(가) 사업용 조종사(계기비행증명을 보유할 것) 자격증명 및 선임 조종교육증명

(나) 운송용 조종사 자격증명 및 선임 조종교육증명

(다) 군의 비행평가교관자격(군의 계기비행증명을 보유할 것)

(3) 최근 2년 이내에 「항공법」 또는 「항공안전법」을 위반하여 행정처분을 받은 사실이 없을 것

나) 운영기준

(1) 필요 시 실기시험관을 학과교관 및 비행실기교관을 겸임할 수 있도록 할 것

(2) 전문교육기관설치자 및 관리자는 실기시험관을 겸직하지 않도록 할 것

(3) 실기시험관은 자신이 비행실기과목을 교육한 학생에 대해서는 그 과목에 대한 평가업무를 수행할 수 없도록 할 것

다. 시설 및 장비확보기준

1) 강의실, 자료열람실, 비행계획실, 브리핑실, 교관실 및 행정사무실 등 학과교육 및 비행실기교육에 필요한 교육훈련시설은 학생 수를 고려하여 충분히 확보해야 하며, 건

축 관계 법규, 「소음 · 진동관리법」 및 「소방법」 등 관련 법규의 기준에 적합할 것
2) 실기비행훈련에 사용되는 훈련용 항공기는 「항공안전법」에 따른 감항성을 확보할 수 있도록 유지 · 관리할 것.
3) 이착륙시설(훈련비행장)은 실기비행훈련에 사용되는 항공기의 이착륙에 적합해야 하며, 교신이 가능한 무선송수신 통신장비를 갖출 것

라. 교육평가방법

1) 학과시험은 3회 이상 실시할 것
2) 실기시험은 2회 이상 실시할 것
3) 교육생은 총 학과교육시간의 100분의 85 이상을 이수토록 할 것
4) 학과시험범위는 제7호 가목 1) 학과시험과목에 따라 실시할 것
5) 실기시험범위는 제7호 가목 2) 실기시험과목에 따라 실시할 것
6) 과목별 합격기준은 100분의 70 이상으로 할 것
7) 과목별 불합격자는 해당 과목 교육시간의 100분의 20 이내에서 추가교육을 한 후 2회의 재시험을 실시할 것

마. 교육계획: 교관, 시설 및 장비 등을 고려한 연간 최대 교육인원을 포함한 교육계획을 수립할 것

바. 교육규정에 포함하여야 할 사항

1) 교육기관의 명칭
2) 교육기관의 소재지
3) 항공종사자 자격별 교육과정명
4) 교육목표 및 목적
5) 교육기관운영과 관련된 조직 및 인원과 관련된 임무
6) 교육생 응시기준 및 선발방법 등
7) 교육생 정원(연간 최대 교육인원)
8) 편입기준
9) 결석자에 대한 보충교육방법
10) 시험시행 횟수, 시기 및 방법
11) 학사운영(입학 및 수료 등) 보고에 관한 사항
12) 수료증명서발급에 관한 사항
13) 교육과정운영과 관련된 기록 · 유지 등에 관한 사항
14) 그 밖에 전문교육기관 운영에 필요한 사항 등

8. 경량항공기 조종사과정 지정기준

가. 교육과목 및 교육방법

1) 학과교육: 과목별 시간배분은 다음을 표준으로 하며, 총교육시간은 20시간 이상이어야 한다.

교육과목	교육시간
1. 항공법규	2
2. 항공기상	3
3. 항공역학(비행이론)	10
4. 항공교통통신(정보업무, 공중항법 포함한다)	3
5. 시험(중간시험을 한 번 이상 실시하여야 한다)	2
계	20

2) 실기교육: 과목별 시간배분은 다음을 표준으로 하며, 단독비행시간 또는 기장시간(자기의 책임하에 비행한 시간을 말한다. 이하 같다) 5시간을 포함한 총교육시간은 20시간 이상이어야 한다.

구 분	과 목	동승 비행시간	단독 비행시간 (또는 기장시간)	교육시간
타면조종형비행기, 체중이동형비행기, 동력패러슈트	1. 장주이륙 · 착륙	7	3	10
	2. 공중조작	4	2	6
	3. 비정상 및 비상절차	2	-	2
	4. 시험(중간시험을 한 번 이상 실시하여야 한다)	2	-	2
계		15	5	20
회전익경량항공기	1. 장주이륙 · 착륙	3	2	5
	2. 공중조작	3	2	5
	3. 지표부근에서의 조작	4	1	5
	4. 비정상 및 비상절차	3	-	3
	5. 시험(중간시험을 한 번 이상 실시하여야 한다)	2	-	2
계		15	5	20

나. 교관 확보기준

1) 학과교관

가) 자격요건

(1) 20세 이상일 것

(2) 해당 과목에 대한 지식과 능력을 갖추고 있을 것

(3) 해당 과목에 대한 교육경력이 있을 것
(4) 경량항공기 종류에 해당하는 조종사 자격증명을 가질 것

나) 운영기준
(1) 학과교관의 강의는 1주당 30시간을 초과하지 않을 것(비행실기교관으로 근무한 시간을 포함하며, 학과시험감독으로 근무한 시간은 제외한다)
(2) 학과교관의 강의준비 시간은 강의 1시간당 1시간 이상 주어질 것

2) 비행실기교관
가) 자격요건
(1) 20세 이상일 것
(2) 경량항공기 조종사 자격증명 및 조종교육증명을 가질 것

나) 운영기준
(1) 비행실기교관의 조종교육시간은 연간 1,200시간(학과교관으로 근무한 시간을 포함하며, 학과시험 감독으로 근무한 시간은 제외한다)을 초과하지 아니할 것
(2) 비행실기교관 한 명이 담당하는 교육생은 8명 이하로 할 것

3) 주임교관
가) 24세 이상일 것
나) 해당 교육과정운영에 필요한 지식, 경력, 능력 및 지휘통솔력을 갖춘 학과 및 비행실기교관 중 1명을 주임교관으로 임명할 것

4) 실기시험관
가) 자격요건
(1) 23세 이상일 것
(2) 해당 경량항공기의 조종사 자격증명을 가진 사람으로서 300시간 이상의 비행경력이 있을 것
(3) 최근 2년 이내에 「항공법」 또는 「항공안전법」을 위반하여 행정처분을 받은 사실이 없을 것

나) 운영기준
(1) 필요 시 실기시험관을 학과교관 및 비행실기교관을 겸임할 수 있도록 할 것
(2) 전문교육기관 설치자 및 관리자는 실기시험관을 겸직하지 않도록 할 것
(3) 실기시험관은 자신이 비행실기과목을 교육한 학생에 대해서는 그 과목에 대한 평가업무를 수행할 수 없도록 할 것

다. 시설 및 장비확보기준

1) 강의실, 자료열람실, 비행계획실, 브리핑실, 교관실 및 행정사무실 등 학과교육 및 비행실기교육에 필요한 교육훈련시설은 학생 수를 고려하여 충분히 확보해야 하며, 건축관계법규, 「소음 · 진동관리법」 및 「소방법」 등 관련 법규의 기준에 적합할 것

2) 실기비행훈련에 사용되는 훈련용 경량항공기는 「항공안전법」에 따른 안전성인증을 확보할 수 있도록 유지 · 관리할 것
3) 이착륙시설(훈련비행장)은 실기비행훈련에 사용되는 경량항공기의 이착륙에 적합해야 하며, 교신이 가능한 무선송수신 통신장비를 갖출 것

라. 교육평가방법

1) 교육과정 중 학과시험 및 실기시험은 각각 2회 이상 실시할 것
2) 학과시험범위는 제1호 가목 (1) 학과교육과목에 따라 실시할 것
3) 실기시험범위는 제1호 가목 (2) 실기교육과목에 따라 실시할 것
4) 과목별 합격기준은 100분의 70 이상으로 할 것
5) 과목별 불합격자는 해당 과목 교육시간의 100분의 20 이내에서 추가교육을 한 후 2회의 재시험을 실시할 수 있도록 할 것.

마. 교육계획: 교관, 시설 및 장비 등을 고려한 연간 최대 교육인원을 포함한 교육계획을 수립할 것

바. 교육규정에 포함되어야 할 사항

1) 교육기관의 명칭
2) 교육기관의 소재지
3) 항공종사자 자격별 교육과정명
4) 교육목표 및 목적
5) 교육기관 운영과 관련된 조직 및 인원과 관련된 임무
6) 교육생 응시기준 및 선발방법 등
7) 교육생 정원(연간 최대 교육인원)
8) 편입기준
9) 결석자에 대한 보충교육 방법
10) 시험시행 횟수, 시기 및 방법
11) 학사운영(입학 및 수료 등) 보고에 관한 사항
12) 수료증명서발급에 관한 사항
13) 교육과정운영과 관련된 기록 · 유지 등에 관한 사항
14) 그 밖에 전문교육기관 운영에 필요한 사항 등

[저자소개]

■ **박원태**

한국항공대학교 항공운항학과 졸업
충북대학교 일반행정학 석사
한서대학교 항공운항관리학 박사
현, 청주대학교 항공운항학과 교수 및 비행교육원장

■ **그림 표현: 박고운**

비행교육안내서

2019년 6월 20일 1쇄 인쇄
2019년 6월 25일 1쇄 발행

저 자 박원태
발행인 류재식 · 박용범
발행처 도서출판 **북 넷**
서울시 용산구 효창원로 70길46 대신빌딩 2층
등 록 2010년 6월 7일(제2010-000069호)
전 화 (02)395-2341
팩 스 (02)395-2303

정가 25,000원 ISBN 979-11-86947-40-1

e-mail: book2341@naver.com